中国大洋矿产资源研究开发协会资助
"西南印度洋多金属硫化物资源与环境评价"丛书

洋中脊多金属硫化物成矿预测与资源量估算方法

陶春辉 陈建平 廖时理 等 编著

科学出版社
北 京

内 容 简 介

本书是对当前洋中脊硫化物成矿预测与资源量估算方法最新成果的介绍和总结。对洋中脊热液活动与多金属硫化物成矿作用进行了分析，总结了镁铁质岩型、超镁铁质岩型多金属硫化物矿床模型；从洋中脊多金属硫化物的主要控矿要素和矿化信息入手，介绍了洋中脊多金属硫化物的找矿模型和成矿预测方法，并进一步阐述了多金属硫化物的探测模型；以北大西洋 TAG 热液区为例，介绍了基于地形应力的洋中脊多金属硫化物成矿预测方法，并以北大西洋中脊为例，介绍了基于 GIS 的洋中脊多金属硫化物成矿预测方法。最后阐述了洋中脊硫化物资源量估算方法，并以西南印度洋多金属硫化物研究区为实例，介绍了区域资源量估算方法的应用。

本书可作为海底矿产资源、海洋地质、海洋地球物理和海洋技术等学科的研究人员和高等院校相关专业教师、研究生的参考书，也可作为高年级本科生的参考资料。

图书在版编目（CIP）数据

洋中脊多金属硫化物成矿预测与资源量估算方法/陶春辉等编著. —北京：科学出版社，2019.6
（"西南印度洋多金属硫化物资源与环境评价"丛书）
ISBN 978-7-03-060361-6

Ⅰ.①洋… Ⅱ.①陶… Ⅲ.①洋中脊–海底矿物资源–硫化物矿床–成矿预测 Ⅳ.①P736.3

中国版本图书馆 CIP 数据核字（2018）第 301013 号

责任编辑：朱 瑾 白 雪 习慧丽 / 责任校对：郑金红
责任印制：吴兆东 / 封面设计：无极书装

科学出版社 出版
北京东黄城根北街 16 号
邮政编码：100717
http://www.sciencep.com

北京虎彩文化传播有限公司 印刷
科学出版社发行　各地新华书店经销

*

2019 年 6 月第 一 版　开本：787×1092 1/16
2019 年 6 月第一次印刷　印张：14 1/4
字数：320 000
定价：210.00 元
（如有印装质量问题，我社负责调换）

"西南印度洋多金属硫化物资源与环境评价"丛书编委会

指导委员：李家彪　李　波　郑玉龙　李裕伟　黄永祥
主　　编：陶春辉
编　　委：（按姓氏拼音排序）

　　　　　陈建平　邓显明　董传万　李　伟　李江海
　　　　　梁　锦　廖时理　刘　佳　刘　颖　刘镇盛
　　　　　倪建宇　阮爱国　苏　新　王　渊　王春生
　　　　　王汉闯　王叶剑　吴　涛　武光海　席振珠
　　　　　杨　振　杨伟芳　章伟艳　周　洋　周建平

《洋中脊多金属硫化物成矿预测与资源量估算方法》作者名单

陶春辉	陈建平	廖时理	邵　珂	杨　振
章伟艳	苏　新	刘　颖	曹　亮	任梦依
杨伟芳	丁　腾	陈钦柱	梁　锦	李怀明
黄　威	陈　升	吴　涛	王汉闯	柳云龙
周建平	邓显明	王　渊	刘为勇	顾春华
张国堙	刘露诗	朱忠民	郭志馗	王　冀
李　泽	孙金烨	潘东雷	彭自栋	袁　园
於俊宇	张富元			

探秘西南印度洋

序

深海蕴藏着地球上远未认识和开发的宝藏，是人类未来生存和发展的战略新疆域。深海资源开发、深海环境保护、深海技术装备发展和深海治理是当今国际深海活动的重要主题。

我国于 1980 年启动太平洋多金属结核资源调查，随着 1990 年中国大洋矿产资源研究开发协会（China Ocean Mineral Resources R & D Association，COMRA）的成立，大规模深海资源勘查与深海活动全面展开，先后启动了东太平洋多金属结核、西太平洋富钴结壳、洋中脊多金属硫化物和富稀土沉积物等多种资源的勘查工作，并同步开展了深海生物基因和各勘探区环境基线、生物多样性的调查研究。到 2018 年，我国已经成为国际上拥有国际海底资源勘探合同区种类最齐全、数量最多的国家，包括 1 个多金属硫化物、2 个多金属结核和 1 个富钴结壳勘探合同区。我国在三大洋（印度洋、太平洋、大西洋）开展深海资源勘查的战略布局已经形成，带动了我国深海技术的飞跃发展和国际话语权的提高。

海底热液活动是发源于活动板块边界和板块内部，在岩石圈和大洋水圈之间进行能量和物质交换的过程，对认识整个地球内部岩浆活动、火山活动和构造运动等具有指示性意义，在当前深海科学研究中占据重要地位。其中，洋中脊热液系统是由发育在洋中脊的热液活动及其所处的物理、化学和生物环境构成的有机整体。海底热液活动引起的热液成矿作用促使海底成为一个待开发的矿产资源宝库。作为一种重要的战略资源，洋中脊多金属硫化物资源越来越受到各国政府和财团的重视。

中国大洋矿产资源研究开发协会在 2005 年开展了首次环球科学考察，开启了全球洋中脊硫化物资源的系统调查研究，并于 2007 年在西南印度洋中脊首次发现了超慢速扩张洋中脊活动热液区，并在三大洋取得了大量发现。2011 年我国率先与国际海底管理局（International Seabed Authority，ISA）签署了国际海底多金属硫化物勘探合同，在西南印度洋获得了 1 万 km^2 的勘探合同区，标志着我国对海底多金属硫化物已从科学调查研究转入资源勘查与环境评价的阶段。该勘探合同将持续 15 年，在第 8 年完成 50%的区域放弃，在第 10 年完成 75%的区域放弃。

不同于陆地矿产资源勘查，海底多金属硫化物勘探刚刚兴起，国际上无先例可循，极具探索性和挑战性。其勘查与评价研究不仅需要发展海底硫化物成矿理论、总结找矿标志、研发探测技术，还需要更谨慎地对待勘探过程中对深海环境潜在的影响。深海环境保护是国际海底工作的重要领域，日益受到国际社会的广泛关注。《"区域"内多金属硫化物探矿和勘探规章》要求在勘探区内收集环境基线数据并确定环境基线，用于评估勘探开发活动可能对海洋环境造成的影响。同时，还要求建立和实施对海洋环境影响的监测计划。

西南印度洋多金属硫化物资源与环境评价团队在中国大洋矿产资源研究开发协会的领导和科学技术部、国家自然科学基金委员会、国家海洋局[①]等有关项目的资助下，通过 10 多个航次，组织国内优势力量开展技术攻关，创建了快速找矿与初步评价方法技术体系，在洋中脊硫化物成矿理论、找矿方法技术和硫化物资源潜力评价等方面取得了突破。不仅在西南印度洋发现了国际上首个超慢速扩张洋中脊活动热液区，还在东太平洋海隆赤道附近、南大西洋 10°S 以南及西北印度洋均实现首个发现并发现大量海底热液区，为国际海底热液活动调查研究做出了重大贡献。同时，实现了我国在国际海底多金属硫化物"零"发现的突破，推动我国成为海底硫化物调查的先进国家之一。该团队基于 10 多年来的航次调查经验和研究成果，组织力量编写《西南印度洋多金属硫化物资源与环境评价》丛书，从多学科、多角度及时总结介绍洋中脊多金属硫化物调查方法与技术、洋中脊多金属硫化物成矿预测和资源量评价方法等。该系列丛书的出版，将有助于提高我国海底热液活动调查研究水平和海底多金属硫化物勘探能力，促进我国深海科学技术的发展，同时对相关国家的洋中脊硫化物勘查具有示范作用。

中国工程院院士

2018 年 10 月 8 日

[①] 2018 年 3 月，根据第十三届全国人民代表大会第一次会议批准的国务院机构改革方案，将国家海洋局的职责整合；组建中华人民共和国自然资源部，自然资源部对外保留国家海洋局牌子。

前　言

海底多金属硫化物是海底热液成矿作用的主要产物，广泛分布于约占地球表面积 49% 的国际海底区域，其中 65% 的热液活动分布在总长约 65 000km 的全球洋中脊，为自然界馈赠人类的共同财富。这类硫化物通常富含 Fe、Cu、Zn、Au 和 Ag 等金属元素，且在一定的地质环境中可堆积形成百万吨级的大型海底多金属硫化物矿床（Herzig and Hannington，1995；Fouquet and Scott，2009）。据估计，全球海底多金属硫化物约含有 6 亿 t 的金属资源量（Hannington et al.，2010）。海底多金属硫化物可能是目前世界上最先开采和利用的深海底金属矿产资源，近年来世界各国和国际财团都对分布在国际海域的洋中脊多金属硫化物给予了高度重视。随着经济的快速发展，我国对金属矿产资源的需求与日俱增，洋中脊多金属硫化物的勘探和开发关系到我国的国际海底权益拓展和战略资源安全。

中国大洋矿产资源研究开发协会在 2005 年开展了首次环球科学考察，开启了我国对全球洋中脊硫化物资源的系统调查研究。在中国大洋矿产资源研究开发协会的领导和资助下，西南印度洋多金属硫化物资源与环境评价团队于 2007 年在西南印度洋中脊首次发现了超慢速扩张洋中脊活动热液区，并在三大洋都获得了重要发现。2010 年 6 月，国际海底管理局出台了《"区域"内多金属硫化物探矿和勘探规章》（以下简称《规章》）。2011 年，我国率先与国际海底管理局签署了国际海底多金属硫化物勘探合同，并获得了西南印度洋 1 万 km² 的勘探合同区，这不仅是我国首个洋中脊多金属硫化物勘探合同区，也是世界上首个获批的国际海底多金属硫化物勘探合同区（陶春辉，2011），标志着我国对海底多金属硫化物已从科学调查研究转入资源勘查与环境评价阶段。随后，俄罗斯、韩国、法国、德国、印度和波兰也分别与国际海底管理局签署了位于大西洋中脊和印度洋中脊的多金属硫化物勘探合同。

矿产资源勘查是一项高风险、高投入、高产出的活动。相对于陆地，洋中脊多金属硫化物的预测、勘查和资源评价是一个全新的领域，与之相关的理论和方法研究尚不成熟，用于勘查的技术手段也相对匮乏。我国签订的是世界上第一个洋中脊多金属硫化物勘探合同，没有成熟的经验可供借鉴，全球范围内也没有相关的勘查技术规范。因此，如何尽可能快速高效地获得多元矿化信息，迅速缩小勘查范围，进而快速发现多金属硫化物矿床，并减少调查和采样的盲目性，以及如何提高调查数据的利用率，并降低勘查成本等，是我们面临的难题。成矿预测是矿产资源勘查的先导性工作，贯穿于矿产资源勘查的全过程，是提高洋中脊多金属硫化物勘查工作成效的重要措施。开展洋中脊多金属硫化物成矿预测和资源评价研究、总结不同成因类型多金属硫化物的成矿和找矿模型、归纳主要控矿要素和矿化信息，对于促进洋中脊多金属硫化物的勘查理论和方法发展，以及实现其资源潜力快速评价、缩小靶区范围等，都具有重要的科学和现实意义。

本书共分为 8 章，前言由陶春辉编写；第 1 章为洋中脊多金属硫化物成矿预测与资源评价的研究现状及基本特点，由陶春辉、陈建平等编写；第 2 章为洋中脊热液活动与多金属硫化物成矿作用，由杨伟芳、苏新、丁腾、黄威、梁锦、曹亮等编写；第 3 章为洋中脊多金属硫化物矿床模型，由杨振、曹亮、杨伟芳等编写；第 4 章为洋中脊多金属硫化物矿床控矿要素与矿化信息，由曹亮、陈升、王汉闯、杨振、吴涛、张国堙、王昪、柳云龙、李泽等编写；第 5 章为洋中脊多金属硫化物成矿预测理论与方法，由陶春辉、陈建平、廖时理、陈钦柱、王汉闯等编写；第 6 章以大西洋中脊 TAG 热液区为例，介绍了基于地形应力的多金属硫化物成矿预测，由陈钦柱、陶春辉等编写；第 7 章以北大西洋中脊为例，介绍了基于 GIS 的多金属硫化物成矿预测，由陈建平、邵珂、孙金烨、袁园等编写；第 8 章为洋中脊多金属硫化物资源量估算方法，由章伟艳等编写；结语由陶春辉编写。全书在课题组成员编写的基础上，由陶春辉、廖时理、陈建平、杨振、於俊宇、潘东雷、张富元、彭自栋等统稿校稿。

本书得到了中国大洋矿产资源研究开发协会和自然资源部第二海洋研究所等单位领导的大力支持。在编写过程中得到了中国大洋矿产资源研究开发协会国际海域资源调查与开发"十三五"重大项目"多金属硫化物合同区资源勘探与评价"（DY135-S1-1）、国际海域资源调查与开发"十二五"重大项目"西南印度洋多金属硫化物合同区资源评价"（DY125-11）、科技部重点研发计划"透视超慢速扩张洋脊热液循环系统"（2018YFC0309901、2018YFC0309902）、科技部国家重点研发计划（课题）（2017YFC0306803、2017YFC0306603、2017YFC0306203）、"973"计划课题"硫化物矿区特征和找矿标志"（2012CB417305）、国际海底管理局捐赠基金"International Cooperative Study on Hydrothermal System at Ultraslow Spreading SWIR"等课题的资助。本书是西南印度洋多金属硫化物资源与环境评价团队及其他团队自中国大洋矿产资源研究开发协会全球航次以来对洋中脊多金属硫化物调查、研究的经验总结，是专家组、参加项目和航次支撑的专家及全体科学考察队员的智慧结晶。在本书编写过程中，李裕伟研究员、黄永样教授级高级工程师、董传万教授和徐启东教授提出了大量有益的建议和修改意见，在此表示衷心的感谢。特别感谢支撑航次工作的全体船员和技术保障人员。

限于笔者水平及目前洋中脊多金属硫化物勘查所处的阶段，本书存在许多不足之处和可商榷之处，敬请读者批评指正。本书作为集体智慧结晶，有些工作未能详尽地列出所有贡献者或参考文献，在此表示感谢和歉意。

2018 年 10 月于杭州

目 录

第1章 研究现状及基本特点 ··· 1
　1.1 研究现状 ·· 1
　　1.1.1 矿产资源成矿预测研究现状 ·· 1
　　1.1.2 洋中脊多金属硫化物资源评价现状 ······································ 6
　1.2 洋中脊多金属硫化物成矿预测的基本特点 ······································ 11

第2章 洋中脊热液活动与多金属硫化物成矿作用 ······································ 13
　2.1 洋中脊热液活动与热液循环系统 ·· 13
　　2.1.1 洋中脊类型 ·· 13
　　2.1.2 洋中脊热液循环系统 ·· 15
　　2.1.3 洋中脊热液活动的分布 ·· 18
　2.2 洋中脊多金属硫化物成矿作用 ·· 21
　　2.2.1 洋中脊多金属硫化物矿床的形成 ·· 21
　　2.2.2 热液成矿系统 ·· 22
　　2.2.3 洋中脊多金属硫化物矿物及化学组成 ······································ 25
　2.3 超慢速扩张西南印度洋中脊热液成矿作用 ·· 35
　　2.3.1 区域地质背景 ·· 35
　　2.3.2 西南印度洋中脊热液活动概述 ·· 37
　　2.3.3 西南印度洋中脊热液成矿作用 ·· 45

第3章 洋中脊多金属硫化物矿床模型 ·· 53
　3.1 镁铁质岩系统多金属硫化物矿床模型 ·· 53
　　3.1.1 镁铁质岩系统矿床模型 ·· 54
　　3.1.2 镁铁质岩系统多金属硫化物矿床产出环境 ·································· 55
　3.2 超镁铁质岩系统多金属硫化物矿床模型 ·· 58
　　3.2.1 超镁铁质岩系统矿床模型 ·· 58
　　3.2.2 超镁铁质岩系统多金属硫化物矿床产出环境 ································ 60
　3.3 有沉积物覆盖系统多金属硫化物矿床模型 ·· 63
　　3.3.1 有沉积物覆盖系统矿床模型 ·· 63
　　3.3.2 有沉积物覆盖系统多金属硫化物矿床产出环境 ······························ 65

第4章 洋中脊多金属硫化物矿床控矿要素与矿化信息 ·································· 67
　4.1 洋中脊多金属硫化物矿床控矿要素 ·· 67

    4.1.1　洋中脊扩张速率 ··· 67
    4.1.2　深部岩浆作用 ··· 67
    4.1.3　构造条件 ··· 69
    4.1.4　海底地形 ··· 69
    4.1.5　水深 ··· 70
    4.1.6　地质盖层 ··· 74
    4.1.7　围岩类型 ··· 75
    4.1.8　洋壳渗透性 ··· 76
  4.2　洋中脊多金属硫化物矿床的矿化信息 ··· 77
    4.2.1　矿化露头信息 ··· 77
    4.2.2　构造信息 ··· 77
    4.2.3　地貌形态信息 ··· 79
    4.2.4　热液羽状流信息 ··· 80
    4.2.5　地球物理信息 ··· 84
    4.2.6　地球化学信息 ··· 90
第5章　洋中脊多金属硫化物成矿预测理论与方法 ··· 94
  5.1　洋中脊多金属硫化物成矿预测理论 ··· 94
  5.2　洋中脊多金属硫化物成矿预测方法 ··· 96
    5.2.1　地形应力成矿预测 ··· 96
    5.2.2　综合信息成矿预测 ·· 100
    5.2.3　基于GIS的定量成矿预测 ·· 104
  5.3　洋中脊多金属硫化物探测模型 ·· 106
    5.3.1　洋中脊多金属硫化物的探测方法组合 ·· 106
    5.3.2　洋中脊多金属硫化物的探测程序 ·· 107
第6章　基于地形应力的TAG热液区多金属硫化物成矿预测 ···································· 109
  6.1　应力模拟 ·· 110
    6.1.1　模型建立 ·· 110
    6.1.2　模拟结果 ·· 110
  6.2　热液喷口预测 ·· 112
  6.3　结论 ·· 114
第7章　基于GIS的北大西洋中脊多金属硫化物成矿预测 ······································ 116
  7.1　北大西洋中脊热液区概况 ·· 116
  7.2　多金属硫化物矿化信息综合分析 ·· 118
    7.2.1　水深、地形分析 ·· 118
    7.2.2　地球物理数据分析 ·· 118

目录

  7.2.3 洋底扩张速率分析 ·················· 137
  7.2.4 天然地震数据分析 ·················· 138
 7.3 多金属硫化物矿化信息提取 ·················· 139
  7.3.1 水深、地形信息提取 ·················· 139
  7.3.2 地质信息提取 ·················· 140
  7.3.3 地球物理信息提取 ·················· 147
 7.4 多金属硫化物矿床成矿预测 ·················· 150
  7.4.1 证据权重法 ·················· 150
  7.4.2 多金属硫化物矿床成矿预测模型 ·················· 151
  7.4.3 多金属硫化物矿床成矿预测 ·················· 152
  7.4.4 成矿有利区圈定及评价 ·················· 154

第 8 章 洋中脊多金属硫化物资源量估算方法

 8.1 洋中脊多金属硫化物资源/储量的分类 ·················· 156
 8.2 常用的资源/储量估算方法 ·················· 158
  8.2.1 地质块段法 ·················· 159
  8.2.2 多边形法 ·················· 161
  8.2.3 克立格法 ·················· 162
  8.2.4 距离倒数加权法 ·················· 163
 8.3 多金属硫化物资源评价参数指标确定 ·················· 164
  8.3.1 边界品位 ·················· 164
  8.3.2 矿体规模 ·················· 165
  8.3.3 环境参数 ·················· 165
 8.4 多金属硫化物资源量估算方法 ·················· 166
  8.4.1 矿床分布密度 ·················· 166
  8.4.2 矿床吨位模型 ·················· 169
  8.4.3 潜在资源量估算 ·················· 174
 8.5 典型矿化区潜在资源量估算方法 ·················· 175
  8.5.1 近底磁力异常与成矿年代综合法 ·················· 175
  8.5.2 近底磁力异常与矿床吨位-面积相关性模型综合法 ·················· 176
  8.5.3 地球化学场与矿床吨位-面积相关性模型综合法 ·················· 176
  8.5.4 地球化学场与成矿年代综合法 ·················· 177

结语 ·················· 178
参考文献 ·················· 180
附录 本书作者简介 ·················· 205

第 1 章　研究现状及基本特点

1.1　研究现状

1.1.1　矿产资源成矿预测研究现状

成矿预测是指根据一定的成矿地质理论、成矿地质环境、成矿条件、控矿要素和找矿信息对现在还没有而将来可能或应当被发现的矿床做出推测、解释和评价，并提出发现潜在矿床的途径，从而发现矿床并对潜在的资源量进行评价（赵鹏大，2006；丁星妤，2012）。成矿预测研究是矿产资源潜力评价工作的核心，已有的地质矿产调查、勘探、多源数据资料与科研成果是支撑，先进的成矿理论是指导，而规范有效的资源评价方法、技术是成矿预测的关键与重心。

1.1.1.1　国外成矿预测方法研究现状

早在 20 世纪 50 年代，世界各国就已经开始进行矿产资源成矿预测的探索，此时矿产资源成矿预测与评价以经验定性预测为主。五六十年代是现代矿产资源定量预测与评价的起步时期，是其理论方法的形成和确定阶段。Allais（1957）在对撒哈拉沙漠地区的矿床数量进行统计预测研究时提出了单个矿床简单呈对数分布的统计模型，从而开启了定量预测与评价的新纪元；Harris（1969）在计算机技术的支持下，采用多组判别分析方法进行了矿产预测研究，逐步奠定了多元统计分析方法在矿产资源定量预测中的地位。七八十年代是矿产资源定量预测与评价的全面发展和应用阶段。这一时期涌现出一大批学者，对定量预测的理论、方法和应用进行了系统和深入的总结研究，形成了一套以统计分析为主体的矿产资源预测体系。例如，Agterberg 和 Kelly（1971）发表的 *Geomathematical methods for use in prospecting*、1976 年 A·H·布加耶茨的专著《矿床预测的数学方法》及 Harris（1984）编著的 *Mineral Resources Appraisal* 等都对矿产资源定量评价进行了综合性论述。将多元统计分析与地质统计信息结合得最为成功的是加拿大数学地质学家 Agterberg，他在证据权重法领域建立了系列的算法，并提出了一系列成矿预测的定量估算方法（Agterberg，1970）；同时期，加拿大的 Bonham-Carter 等（1989）又提出了证据权模型（weights of evidence modeling）。八九十年代后，随着信息技术的蓬勃发展，尤其是地理信息系统（geographic information system，GIS）的出现，矿产资源预测与评价逐步进入了基于 GIS 等高新技术的矿产资源数字化、信息化与定量化预测与评价的新纪元。80 年代，一些发达国家率先在 GIS 与成矿预测结合这一领域进行了应用研究，美国地质调查局（United States Geological Survey，USGS）的美国本土矿产资源评价计划（Conterminous United States Mineral Assessment Program，CUSMAP）通过研究各类型数据间的处理和转换关系进行了矿产资源评价（Singer and Mosier，1981）；

加拿大地质调查局基于 GIS 平台完成了矿产资源潜力填图，其中，Agterberg 等（1993）在实际勘探工作中提出的证据权（weights of evidence，WofE）模型，首次将空间分析与定量模拟相结合；美国学者在证据权模型的基础上研制开发出了"矿产资源预测专家系统"（Ramesh and Duda，2001）；在矿产大国澳大利亚，地质调查局通过建立矿产资源评价的 GIS 数据集实现了多矿种评价；此外，Wyborn 等（1994）和 Stapel 等（1997）在 GIS 平台上开发了"成因概念模型 GIS 资源评价系统"，全面建成了澳大利亚成矿省的 GIS 空间数据库。

进入 21 世纪后，由于多学科的快速发展，地质学家需要将当代成矿理论与当前发展的高新综合技术及用最新的勘查方法手段所获取的大量数据充分结合，将地质统计学的科学方法、计算机 GIS 图形图像信息的空间信息挖掘及可视化技术充分结合起来，建立全新的资源评估方法与定量成矿预测体系。国际上的代表有 Huston（2004）、Barnicoat（2007）、Kreuzer 等（2008）、Czarnota 等（2010）、McCuaig 等（2010），他们利用收集到的各类数据集，积极全面考察矿床（矿体）成矿物质来源—流体运移通道—聚集空间的成矿过程与成矿环境，进而提炼出成矿系统最关键的控矿要素，从而建立成矿预测模型，并以此建立定量化的数字模型，完成整个区域的矿产资源评价工作。

1.1.1.2　国内成矿预测方法研究现状

目前，我国主要的成矿预测理论与方法有赵鹏大院士提出的"三联式"成矿预测理论（赵鹏大，2002，2003）、地质异常预测理论（赵鹏大和池顺都，1991；赵鹏大和孟宪国，1993；赵鹏大等，1996；赵鹏大和陈永清，1998），朱裕生（1999）提出的矿床成矿作用"异相定位"预测理论、矿床成矿系列"缺位"预测理论、多源信息"类比-求同"预测理论和地质体"对等求异"预测理论，程裕淇等（1979）根据我国矿床区域成矿规律提出的成矿系列的概念和理论，池顺都等（2001）提出的联想求异预测方法，曹新志等（2001）提出的多源趋势外推预测等不同的预测方法。此外，还有传统的根据矿床成因模式提出的成矿预测理论等（翟裕生，1999a）。随着计算机信息技术的高速发展，GIS 技术为实现地质、物探、化探和遥感等各种地学信息的综合推断解释及定量评价提供了强有力的研究手段，以综合信息成矿预测理论为代表的成矿预测方法开始成为矿产评价的重要手段（王世称与陈永清，1994a，1995；丁星妤，2012）。

我国的矿产资源定量预测与评价研究工作起步较晚，20 世纪 50 年代以前以经验定性预测为主，60 年代开始引入国外多种找矿预测方法，直到 70 年代以后才得到了跨越式的发展。从 1979 年开始，我国先后进行了三轮矿产资源远景区规划和矿产资源量预测等工作，取得了很好的找矿成果（陈毓川，1999）。在长时间吸收和消化国外理论与方法及大量实际应用的过程中，我国逐渐形成了一系列更适用于自身工作特点的、具有"中国特色"的矿产资源定量预测与评价的理论和方法（程裕淇等，1979）。20 世纪 80 年代以后，王世称等（2000）以成矿系列理论为指导，将区域成矿规律研究和成矿地质背景分析与矿产资源定量评价相结合进行多源信息成矿预测。其间，相继提出了一些重要的成矿预测理论和方法，最具有代表性的是地质异常预测理论和"三联式"成矿预测与评价方法（赵鹏大和池顺都，1991；赵鹏大等，1995；赵鹏大，2002，2003）。此外，翟裕生（1999a）的成矿系统论、邓聚龙（1986）的灰色系统理论定量预测方法等都是极为突出的成就。

20 世纪 90 年代，随着大量计算机信息数据处理软件的开发，地质、物探、化探、遥感、重砂与现代计算机技术结合，成矿预测方法逐渐向综合信息矿产资源预测方向发展（王世称等，2000）。1986 年，我国开展了"遥感图像与其他地学数据综合图像处理技术及应用研究"的工作，对地质勘查数字图像处理与主要的综合技术环节开展了系统研究，在数字图像处理的基础上，选取 6 个试验区开展矿产资源评价（肖志坚，2000）。"八五""九五"期间，我国先后开展了系列矿产远景区规划和矿产资源量预测等工作，取得了较好的找矿成果，极大地推动了我国矿产资源的开发进程（肖克炎等，2000）。1994 年，地质矿产部为提高矿产资源预测的水平和找矿效果，在四川西部扬子地台西缘部分地区立项开展了 4 个图幅的 GIS 应用试验研究。1995 年，以 GIS 技术为依托，李裕伟研究员在扬子地台西缘地区进行了试验研究，用于总结成矿预测与评价新技术的方法流程，实践证明 GIS 技术的应用形成了新一代的矿产资源评价方法（李裕伟，1998）。1996 年，安徽省地质矿产勘查局开展了将 GIS 应用于安徽省东部地区金矿资源评价的研究（唐永成等，2006）；科学技术部"九五"科技攻关项目（96-914）提出以成矿预测理论和定量预测方法为指导，通过研究矿产资源评价空间分析方法，服务于成矿带靶区圈定与资源评价，并以 MAPGIS 软件为平台开发适用于矿产资源预测与评价和定量分析的专业软件（胡光道和陈建国，1998）。同时期，赵鹏大院士领导其研究团队建立了中、大比例尺的矿床统计预测专家系统（MILASP）（李新中等，1995）；胡光道和陈建国（1998）开发了金属矿产资源评价分析系统（MORPAS）；王世称和陈永良（1999）开发了综合信息矿产资源预测系统（KCYC）；肖克炎等（2000）开发了矿产资源评价系统（MRAS）。赵鹏大院士总结了将 GIS 应用于地质异常圈定和成矿预测的方法步骤（包括区域"成矿可能地段"分析、组合异常的"找矿可行地段"分析、组合异常的"找矿有利地段"分析、多源信息的"潜在资源地段"分析及多源信息的"远景矿体地段"分析），其在不同研究区应用的成果显著（赵鹏大等，2000，2001；王小红，2005；赵鹏大，2010）。另外，为了进一步加快我国矿产资源开发的步伐，满足国内经济发展的需求，我国相继组织研究和开发了一系列矿产资源预测与评价软件，并建立了基于 GIS 技术的矿产资源远景评价信息系统、矿产资源储量数据库、中国岩石地层单位数据库、全国矿产地数据库、全国区域重力数据库、全国航空磁测数据及 1∶50 万数字地质图空间数据库、1∶20 万数字地质图空间数据库、1∶20 万矿产数据库、1∶20 万化探数据库、1∶20 万物探数据库等。这些都为矿产资源预测与评价提供了有力的技术支持，为新时期矿产资源定量预测开辟了新道路，促进了我国矿产资源勘查的发展。

进入 21 世纪后，矿产资源评价理论体系已趋于完善，学科之间的相互结合成为趋势。这一时期，当代成矿理论与高新技术手段的有机结合、传统的定量数值科学方法与基于 GIS 的图形图像可视化技术有机结合成为趋势。例如，通过结合地质、地球物理、地球化学、遥感等手段获取的大量数据与成矿理论，全面考察矿床（矿体）的成因和形成环境，研究成矿系统中所包含矿床类型的控矿要素，提炼出与成矿最相关的找矿标志，从而建立区域成矿预测模型，并进一步构建出定量化的数字预测模型，借助 GIS 平台完成整个区域的矿产资源评价工作（Huston，2004；Barnicoat，2007；Kreuzer et al.，2008；陈建平等，2008，2011b；成秋明等，2009；毛先成等，2009；Czarnota et al.，2010；McCuaig et al.，2010；赵鹏大，2010；肖克炎等，2016；王玉往等，2017）。传统的矿产资源定量预测是基于二维图层的叠加分析预测，随着计算机图形学技术及三维空间数据处理研究不断深入发展，三维建模与可视化技术越来越被人们所认识。因此，矿产资源定量预测也逐步进入了三维矿产资源定量预测时代。例如，陈建平等（2005a，2008，2011b）在总结区域成矿规律的基础上依据地质异常致矿理论，利用 GIS 空间分析技术定量提取多源找矿有利信息建立数字化矿床模型，从而圈定找矿有利地段；陈建平等（2007，2008，2009，2012）将传统的区域二维成矿预测方法与先进的三维可视化技术相结合，综合多源找矿信息开展深部隐伏矿体的"定位""定量""定概率"预测与评价，取得了较好的找矿成果（陈建平等，2008，2009，2012；戎景会等，2012；严琼等，2012；向杰等，2016）。

随着大数据时代的到来，矿产资源定量预测在大数据思维的辅助下取得了许多积极的进展。赵鹏大（2015）将大数据概念引入地学领域，并提出数字找矿的概念，实现了数学地质到数字地质的飞跃，弥补了传统定性找矿的缺陷。赵鹏大（2015）还总结了基于地质大数据的四大找矿系统理论，并对矿产资源预测做出了科学的定量评价与分析。肖克炎等（2015）以大数据时代的预测思维方法，结合重要矿产资源潜力评价具体工作，探索了矿产资源预测与评价的基本理论，总结了在数字化、信息化时代矿产资源预测与评价的主要工作流程。陈建平等（2015）重点介绍了大数据背景下的"地质云"构建理念与方法及大数据在地学领域的应用。基于地质大数据理念，于萍萍等（2015）提出了模型驱动的矿产资源定量预测与评价新方法和基于模型流程建模技术的新思路。

然而随着数据量的不断增长，数据模式趋向于复杂化，数据之间的关联性逐渐增加，给分类、预测工作带来了更高挑战，导致传统浅层机器学习算法难以表现出良好的性能。在此情况下，人们提出了深度学习法，其作为一种神经网络结构，与人脑模式更加相似，主要以传统浅层结构为基础，并适度加入隐藏层数来提高分析性能。在地球化学处理中，国内已经多次使用神经网络方法。2001 年，Muhittin 等（2001）将细胞神经网络（cellular neural network，CNN）方法用于重、磁力异常的分离，利用模型试算与资料分析得出了神经网络方法可以突出浅层异常的结论。目前，该方法已成功应用于对铬铁矿区内的矿体和围岩的重力异常分析等（刘展等，2010；李超等，2015），为矿产资源预测提供了更合理的依据。由此可见，基于多源、海量、异构的地质大数据且满足"需求"主线和"数据链"主线（胡彬等，2017）的人工智能矿产资源定量预测是当今矿产资源定量预测发展的必然趋势。

在找矿预测效果上，加拿大数学地质学家 Agterberg（1992）将提出的证据权重法与 ArcView 或 Mapinfo 平台结合，成功地进行了矿产资源预测，取得了较好的应用效果；陈建平等（2005b，2011a）对西南"三江"北段、秦岭潼关等地进行了矿产资源的定量预测与评价，并成功得到了工程验证；王功文（2006）利用证据权重法在青海"三江"北段地区针对铜多金属矿床成功地进行了定量成矿预测；胡建武等（2007）利用证据权重法预测了中下扬子北缘下古生界的油气成藏有利区带；赵志芳等（2010）利用证据权重法对云南省金沙江流域地质稳定性进行了半定量评估；贾三石等（2010）利用证据权重法成功地预测出了高家岭、红崖子两个成矿远景区并得到了工程验证；陈建平等（2011b）也利用证据权重法对青海"三江"北段斑岩型钼铜矿床靶区进行了定量预测。这说明证据权重法在矿产预测方面效果显著，但是这些都是在不同比例尺度下进行的成矿预测，许多预测都提到，针对不同的矿种和不同的地区证据权重法应当有不同的边界约束条件，针对不同的区域应采用不同的方法改进以进行有效的成矿预测与定量评估。

从方法学的角度，可将矿产资源定量预测与评价分为四个不同的发展阶段（图1.1），分别为：①基于数据驱动的经验模型法；②基于标志驱动的找矿模型法；③基于知识驱动的成因模型法；④基于双向驱动的正反演预测评价法（陈东越，2015）。其中，基于知识驱动的成因模型法是新近发展并逐渐被地质学家使用的方法，其在总结分析区域成矿规律和矿床成因机制的基础上，以地质调查数据集为驱动，依靠计算机等高新技术实现关键控矿要素的有利信息提取和分析，将经验模型和成因模型数字化，进而圈定有利的成矿区域，从而实现数字化、科学化的"定量""定位""定概率"的矿产资源定量预测与评价。

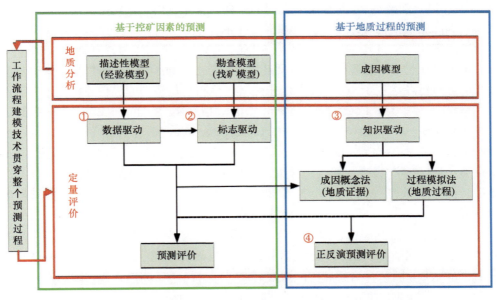

图1.1 矿产资源定量预测与评价的四个研究阶段（陈东越，2015）

海底找矿作为矿产资源勘查的一个新领域，受环境条件的限制，许多陆上传统的找矿方法并不适用，海底勘探需要投入大量的人力、物力。因此，海底成矿预测工作的开展实施便显得更为重要。通过对已有的海洋数据进行大量分析和充分的信息挖掘，提取与勘探目标矿床相关的有利信息进行成矿预测，可达到快速定位找矿靶区及缩小勘探区域的目的，从而为我国海底找矿勘探工作提供依据。我国主要通过综合多源找矿信息对洋中脊多金属硫化物资源进行成矿预测和潜力评价。例如，陶春辉等（2014）提出了从区域到局部的"三步式"洋中脊多金属硫化物找矿方法，陈钦柱等（2017）提出了基于地形应力的多金属硫化物成矿预测方法。此外，方捷等（2015）、邵珂等（2015a）在地质背景和多金属硫化物矿床成矿规律研究的基础上,采用地球探测和信息处理技术及预测模型相结合的方法进行有利成矿区预测;张海桃等(2014)利用美国地质调查局的海底矿产资源评价"三部法"对全球洋中脊多金属硫化物资源潜力进行了评估。

1.1.2 洋中脊多金属硫化物资源评价现状

1.1.2.1 洋中脊多金属硫化物勘查现状

1)国外勘查现状

20世纪60年代末,美国伍兹霍尔海洋研究所的"Atlantics Ⅱ"科学考察船在非洲与阿拉伯半岛间经缓慢扩张形成的红海海渊发现规模巨大的多金属软泥(约1亿t)和金属热卤水,从而拉开了人类研究海底矿产资源的序幕(Bischoff,1969)。1979年4月,美国"Alvin"号载人深潜器在东太平洋海隆(East Pacific Rise,EPR)的一个长仅7km、宽200~300m的狭长条带内,发现了25个正在活动的热液喷口及由此形成的多金属硫化物和极其丰富的热液生物群落。其中,喷出流体的温度最高达380℃,喷口处可见高1~5m的"黑烟囱建造",同时还采集到了多金属硫化物样品,这是人类首次发现并近距离观察到海底热液循环系统在洋底喷溢产生的黑烟囱(Spiess et al.,1980;Edmond et al.,1982;李兵,2014)。此后,在不到5年的时间内,全球洋中脊有超过50个热液喷口及多金属硫化物矿点被发现(Rona et al.,1993)。到2008年,全球所发现的海底热液矿点和矿化点已经达到了300多处,这些热液区分布在从超慢速到快速扩张的各大洋中脊(如Gakkel洋中脊、Logatchev、Main、MAR 14.0°S、Southern EPR等热液区)、板内裂谷(Kita Bayonnaise)、离轴火山(Green Seamount)、板内火山(Loihi Seamount,Hawaii)、弧后扩张中心(Minami-Ensei,Okinawa Trough)及洋中脊-热点交叉处(Lucky Strike,Azores)等洋底次一级构造单元上(Beaulieu et al.,2015)。尽管如此,全球洋中脊系统尚有大量的区域未被调查,因此,其赋存的多金属硫化物资源可能远比现预计的要多。

2010年6月,国际海底管理局出台《"区域"内多金属硫化物探矿和勘探规章》,标志着洋中脊多金属硫化物正式进入勘查开发阶段(International Seabed Authority,2010)。目前,世界各主要国家对这类潜在的海底矿产资源都给予了高度重视。国际水下采矿协会第41届会议(UMI,2012年10月)披露的信息也表明国际海底区域矿产资源的商业开采即将展开。自2011年以来,俄罗斯、韩国、法国、德国、印度、波兰等国家均与国际海底管理局签订了勘探合同(表1.1)。目前,国际上在硫化物资源勘探方面处于领先的国家和机构包括德国、俄罗斯和鹦鹉螺矿业公司(Nautilus Minerals Niugini Limited)等。

加拿大的鹦鹉螺矿业公司和澳大利亚的海王星矿业公司是国际上多金属硫化物资源勘探与评价领域最为领先的机构代表。鹦鹉螺矿业公司已在西南太平洋地区拥有超过27.6万 km^2 的海底多金属硫化物勘探区和申请区,主要集中在巴布亚新几内亚(Papua New Guinea,PNG)、斐济和汤加专属经济区。海王星矿业公司在西太平洋地区和地中海地区获得了近70万 km^2 勘探许可证,而澳大利亚一家私人公司 Dorado,在西南太

表 1.1　国际海底区域及专属经济区多金属硫化物/软泥勘探合同统计

承包者	国家/企业	勘探区域	区域性质	合同生效日期	合同终止日期
中国大洋矿产资源研究开发协会（COMRA）	中国	西南印度洋	国际海底	2011年11月18日	2026年11月17日
俄罗斯政府	俄罗斯	北大西洋中脊	国际海底	2012年10月29日	2027年10月28日
韩国政府	韩国	中印度洋中脊	国际海底	2014年6月24日	2029年6月23日
法国海洋开发研究所（IFREMER）	法国	北大西洋中脊	国际海底	2014年11月18日	2029年11月17日
德国联邦地球科学和自然资源研究所（BGR）	德国	中印度洋中脊和东南印度洋中脊	国际海底	2015年5月6日	2030年5月5日
印度政府	印度	中印度洋中脊、西南印度洋中脊	国际海底	2016年9月26日	2031年9月25日
波兰政府	波兰	北大西洋中脊	国际海底	2018年2月12日	2033年2月11日
钻石田国际有限公司	加拿大	红海 Atlantis II 深渊	沙特专属经济区	2010年	未知
玛纳法国际贸易公司	沙特阿拉伯	红海 Atlantis II 深渊	沙特专属经济区	2010年	未知
鹦鹉螺矿业公司	跨国企业	西南太平洋地区	巴布亚新几内亚专属经济区	2011年1月	未知
海王星矿业公司	跨国企业	西太平洋岛水域	日本、巴布亚新几内亚、所罗门群岛、瓦努阿图、汤加和新西兰专属经济区	未知	未知

资料来源：https://www.isa.org.jm/maps

平洋地区获得了多金属硫化物的勘探许可证（Scott，2011）。鹦鹉螺矿业公司于 2005 年开展了 Solwara 1 项目，率先对巴布亚新几内亚专属经济区内的 Solwara 1 硫化物矿床的资源进行了商业勘探，该公司通过识别扩张中心、搜集整编已有科学研究成果、圈定找矿靶区、估算资源量等步骤进行海底多金属硫化物资源勘查。其主要技术手段为侧扫声呐、遥控潜水器（remotely operated vehicle，ROV）摄像、深拖磁法与电磁法、海底重力仪等，他们特别注重 ROV、自治式潜水器（autonomous underwater vehicle，AUV）搭载设备的使用，在大大提高勘探效率的同时，也保障了海上勘探工作的可靠性（Sant et al.，2010；Kowalczyk，2011）。资源量估算和综合评价则主要采用电磁法圈定矿体边界（图 1.2），并采用 20~30m 间距的钻孔控制矿体（Crowhurst and Lowe，2011；Spencer and Ramsey，2011）。目前鹦鹉螺矿业公司已经完成了 Solwara 1 矿床的详细勘探工作，并开始了海底采矿系统的建设（Parianos，2014）。此外，鹦鹉螺矿业公司还依据 Solwara 1 矿床的评价模式，对 Solwara 6、Solwara 12 等周边矿床实施了经验评价。

俄罗斯于 20 世纪 50 年代就开展了洋中脊多金属硫化物的调查研究，是目前对洋中脊多金属硫化物成矿作用研究最全面、研究程度最深的国家。俄罗斯对海底热液活动的调查研究主要采用常规的区域地质与资源调查方法，主要调查技术装备包括电视抓斗、拖网、箱式采样器、多波束、侧扫声呐、自然电位综合热液异常探测仪、垂直电测深、沉积物化探等。2012 年，俄罗斯与国际海底管理局签订了位于北大西洋中脊的

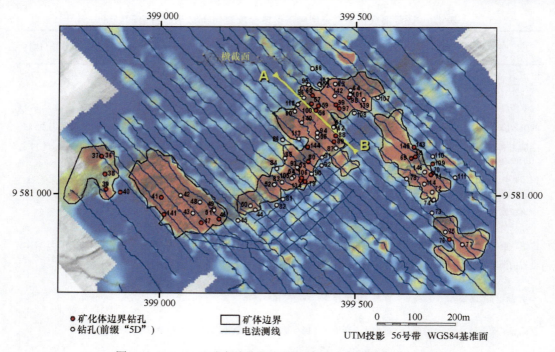

图1.2 Solwara 1矿床矿体厚度等值线图（鹦鹉螺矿业公司和澳大利亚SRK咨询有限公司，2010）

多金属硫化物勘探合同（图1.3）。目前，俄罗斯已在其合同区发现了19处热液区，对其早期发现的Logatchev、Zenith-Victoria、Semenov等热液区的调查已经较为详尽，并且已经圈定多金属硫化物矿床的规模和范围（Cherkashov et al.，2010）；对新发现的Irinovskoe（13°20′N）和Peterburgskoe（19°52′N）热液区的认识也在逐年加强，并估算了潜在的资源量，Peterburgskoe热液区包括铜 $130×10^3$t、锌 $3×10^3$t、金20t和银1t，Irinovskoe热液区包括铜 $50×10^3$t、锌 $10×10^3$t、金1t和银25t（Gablina et al.，2012）。2012年，俄罗斯在中央裂谷的西侧发现了Jubileynoye热液区（20°09′N），该热液区以中央裂谷为轴且与Zenith-Victoria热液区（20°08′N）相对应（Svetlana and Vnii，2014）。但是，俄罗斯对多金属硫化物的调查侧重于洋中脊地区的基础地质勘探，中深钻机、ROV、AUV等关键勘探技术装备的研制与发展较为缓慢，成为制约其进一步开展多金属硫化物勘探与评价的因素。

德国在洋中脊多金属硫化物勘探领域也取得了较好的成果，其主要勘探和研究区域在北大西洋中脊和西南太平洋，近年又启动了南大西洋中脊和中印度洋中脊的勘探工作，并于2015年与国际海底管理局签订了位于中印度洋中脊和东南印度洋中脊的多金属硫化物勘探合同。德国的多金属硫化物勘探工作通常采取国际合作的形式。2013年，在ODEMAR（Oceanic detachments at the Mid-Atlantic Ridge）航次中，德国分别利用亥姆霍兹基尔海洋研究中心（GEOMAR）的REMUS 6000型自治式潜水器（AUV）ABYSS对北大西洋13°30′N（Semenov热液区）和13°20′N（Irinovskoe热液区）的两个受大洋核杂岩（oceanic core complex，OCC）控制的热液区进行了下潜近底调查

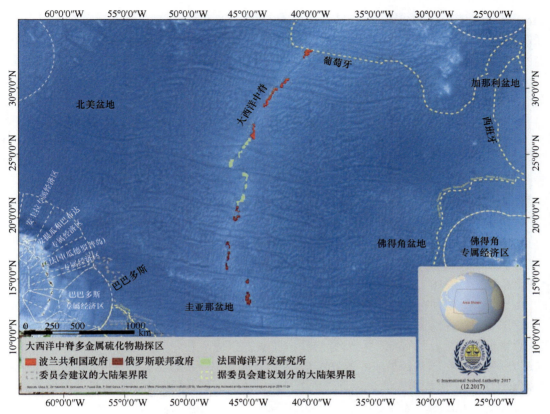

图 1.3 俄罗斯、法国、波兰多金属硫化物勘探合同区位置示意图（https://www.isa.org.jm/maps）

探测活动热液喷口，并利用 VICTOR 6000 型 ROV 进行了视像调查和采样，全面分析了上述热液区的控矿要素，并估算了多金属硫化物的矿化规模，其认为大西洋中脊几乎所有已识别的 OCC 都对活动或非活动的热液沉积起着控制作用（Escartin et al.，2014，2015）。实际工作证明，在具有翔实基础勘探资料的区域，利用 ROV 进行高精度近底探测、物理化学探测和取样工作，可以很明确地获得热液区规模和资源量方面的成果资料。

2）国内勘查现状

我国的洋中脊多金属硫化物勘查工作起步较晚，但从一开始就广泛吸收和借鉴了国外在勘探研究和技术装备方面的经验，整体上进展稳定且迅速。自 2003 年以来，我国开始自主独立开展洋中脊热液活动及多金属硫化物资源勘查工作。首先在 EPR（13°~15°N）获取了多金属硫化物样品；"十一五""十二五"期间，我国相继开展了一系列环球大洋科学考察，先后在大西洋、印度洋、太平洋等海域进行勘查工作，并取得了丰硕的成果（李兵，2014）。

2010 年 6 月，国际海底管理局出台《"区域"内多金属硫化物探矿和勘探规章》（International Seabed Authority，2010）。中国大洋矿产资源研究开发协会在 2011 年 7 月的国际海底管理局第 17 届会议上向国际海底管理局理事会提交了多金属硫化物矿区申请后得到了核准，并于 2011 年 11 月与国际海底管理局在北京正式签署了西南印度洋多金属硫化物资源勘探合同，从而获得了西南印度洋国际海底区域 1 万 km² 具有专属勘探权的多金属硫化物资源勘查区，并在未来开发该区域资源时享有优先开采权。这不仅是我国首个海底多金属硫化物勘探合同区，也是世界上首个获批的海底多金属硫化物勘探合同区（陶春辉，2011）。自 2011 年签订多金属硫化物勘探合同后，我国持续组织了多个航次对合同区开展了多金属硫化物勘查，开启了在合同签署后逐步规范化、合理化、符合履行合同要求标准的西南印度洋中脊多金属硫化物勘探。

1.1.2.2 洋中脊多金属硫化物资源量估算研究现状

矿产资源评价是指在研究和认识地质规律的基础上用地质理论和可能的技术方法（物探、化探和数学地质）预先指出目前还没有而将来可能或应当被发现的矿产资源或矿床，除了对其质和量做出评价，还要对其在当前和未来人类社会中可能存在的经济价值和环境影响做出评估（赵鹏大，2006）。根据矿产资源潜力评价过程中的地质可靠程度和认知程度，可将其分为潜在矿产资源和查明矿产资源两大类[《固体矿产地质勘查规范总则》（GB/T 13908—2002）]，并分别对应有不同的资源量估算方法。

目前，国内外有关洋中脊多金属硫化物资源量估算的研究资料较少，行之有效的评价方法也正在探索中。Baker 和 German（2004）建立了推测洋脊段热液活动频率的岩浆供应量模型，并认为热液活动发育的频率随着扩张速率的降低而减小；Hannington 等（2005）建立了全球海底热液系统数据库，为估算海底块状多金属硫化物（seafloor massive sulfide，SMS）矿床潜在的资源量提供了平台。该方法是一种在全球大数据（已知矿床）的基础上，大致测算区域内矿床资源量的方法。Hannington 等（2011）统计了不同类型洋脊段的多金属硫化物资源量，并推测 86% 的多金属硫化物资源量分布在慢速和超慢速扩张洋中脊。此外，国际上 ODP139、ODP158、ODP169 等航次还对多个洋中脊热液区进行了深海钻探工作，并初步估算了各个多金属硫化物矿床的推断资源量（http://www-odp.tamu.edu/），但并未公布对每个多金属硫化物矿床资源评价的参数指标。深海海底资源开发比较成熟的有加拿大的鹦鹉螺矿业公司和澳大利亚的海王星矿业公司，研究程度较高且进入试采工作阶段的矿区有 Atlantis-II 深渊、TAG（Trans-Atlantic Geo-Traverse）及 Solwara 1。

除上述区域资源量估算方法之外，对于特定矿床一般先采取面积-吨位法进行初步资源评价。随着勘探工作的不断深入，国外研究机构在结合具体矿区地形、地质特征和矿体特征的信息基础上综合解译，也尝试采用钻探方法对 SMS 矿床进行资源量估算。最早进行海底多金属硫化物矿床商业勘探的是加拿大鹦鹉螺矿业公司，其对俾斯麦海（Bismarck Sea）、马努斯盆地（Manus Basin）的 Solwara 矿区开展了系统且深入的资源量估算（李军，2007）。该公司利用海底钻探和地球物理相结合的方法，基本查清了区域内多处多金属硫化物矿床的三维分布特征（Crowhurst and Lowe，2011）。特别是在 Solwara 1 和 Solwara 12 矿区，鹦鹉螺矿业公司提出了多金属硫化物资源评价边界品位指标，对查明的与潜在的资源量进行了估算（Lipton et al.，2018）。鹦鹉螺矿业公司于 2018 年 2 月发布的关于 Solwara 项目的经济评估报告显示，结合最新钻孔数据估算得出的 Solwara 1 矿区标示的资源量达 $1030×10^3$ t，推断资源量达

1540×10^{3}t（Lipton et al.，2018），Solwara 12 矿区标示的资源量为 230×10^{3}t（2008 年、2012 年 Solwara 1 矿区的资源量计算中 Cu 的平均边界品位取 4%，2018 年 Solwara 1 和 Solwara 12 矿区的资源量计算中 Cu 的平均边界品位取 2.6%）。其中，Solwara 1 矿区 2018 年估算的资源量与 2012 年估算的资源量相比，Cu 和 Zn 的资源量均有所增加（Lipton et al.，2018）。

近年来在热液区开展多金属硫化物钻探最多、研究程度最高的是大洋钻探计划（Ocean Drilling Project，ODP），共有 5 个 ODP 航次专门针对洋中脊多金属硫化物矿区进行大洋钻探，分别对不同类型的热液区进行了研究，包括有沉积物覆盖 Juan de Fuca（胡安·德富卡）洋中脊上的 Middle Valley、Gorda（戈达）洋中脊上的 Escanaba Trough（伊斯坎布海槽）、大西洋脊上的 TAG 热液区和 Snake Pit 热液区及马努斯弧后盆地的 PACMANUS 热液区（Fouquet et al.，1998；Zierenberg et al.，1998；Lackschewitz et al.，2000）。上述钻探区也是至今为止研究程度较高的几个现代海底热液区，其中，TAG 热液区通过多个站位的钻孔，建立了丘状体模型，并获得了 125 万 t 的推断资源量（Hannington et al.，1998）。最新的综合大洋钻探计划（Integrated Ocean Drilling Program，IODP）中 IODP331 航次在日本冲绳海槽的伊平屋北部热液区进行了钻探，为与现代海底火山作用有关的火山岩型块状硫化物矿床（volcanic hosted massive sulfide deposit，VHMS）的对比研究提供了大量资料（Yeats et al.，2017）。此外，各国的海洋地质调查也进行了很多钻探取样，使用设备多为海底岩石钻机或 ROV 携带的钻机，钻探深度为几米至几十米不等。英国地质调查局（British Geological Survey，BGS）在新爱尔兰弧前的 Conical 海山、马努斯海盆东部的 PACMANUS 热液区及意大利的 Tyrrhenian 海区进行了浅钻取样（Petersen et al.，2005a），获得海底以下几米至几十米的浅钻信息，为多金属硫化物矿体结构和矿物组合的研究提供了大量的钻探资料。

1.2 洋中脊多金属硫化物成矿预测的基本特点

成矿预测是在科学预测理论的指导下，应用地质成矿理论和科学方法综合研究地质、地球物理、地球化学等方面的地质找矿信息，剖析成矿地质条件，总结成矿规律，建立成矿模式，圈定不同级别的预测区或三维空间内的找矿靶区，正确指导不同层次、不同种类找矿工作的布局，达到提高找矿工作的科学性、有效性和提高成矿地质研究程度的一项综合性工作（赵鹏大，2006；陈学美，2013）。在矿产勘查系统中，可将成矿预测视为一个动态的子系统。勘查对象——成矿系统的"灰色"特性决定了找矿信息在一定阶段或一定种类上的"灰色"性，因此，成矿预测必须随地质研究程度的提高及勘查工作的深入而不断地验证、修正已有的认识和结论，不断地提高预测的精度和可靠性，以满足不同勘查阶段和勘查工作种类的要求（李少雄，2010）。成矿预测是一项贯穿矿产勘查全过程的工作，即从普查前期开始，直到勘探、矿山开采，都应开展与工作阶段相对应的不同要求和不同比例尺的成矿预测工作（赵鹏大，2006）。地质矿产部在 1990 年曾专门发文将成矿预测列为普查的前期工作，其成果纳入普查设计的内容中，并要求在全国普遍推广中大比例尺的成矿预测，为普查找矿提供最佳方案，这再次说明了开展成矿预测工作的必要性和普遍性。

同陆地固体矿产资源评价相比,洋中脊多金属硫化物的评价具有其独特性(刘永刚,2011)。①洋中脊多金属硫化物主要分布在海底表面或埋藏于沉积物的较浅位置,其上覆盖着巨厚的海水层,需要借助一定的手段来获取相关数据。②洋中脊多金属硫化物一般形成于近海底的开放环境之下,不仅与岩浆活动、构造等密切相关,还受海水动力学、水化学特征等的影响。③由于海水层的阻隔,洋中脊多金属硫化物的调查主要通过船只远离海底遥测或定点取样的方式来获取数据,其精度有限,且覆盖范围小,所获得的数据也以点状分布为特征。目前,虽然也有ROV、AUV、载人潜水器(human occupied vehicle,HOV)等手段,但是其工作的效率和效果无法与陆地勘查相比。此外,受船体位移及取样技术的影响,站位取样样品的代表性也值得斟酌。④洋中脊多金属硫化物矿产勘查的技术手段尚不够成熟。海洋地球物理勘查的手段主要有重力、磁力、地震、多波束测深、侧扫声呐等,但由于海水层的阻隔和海水物理化学性质对重磁场的屏蔽效应,不但其精度和陆地无法相比,而且数据的处理方式也有所区别。因此,对洋中脊多金属硫化物的成矿预测尽管可以参考借鉴陆地矿产资源评价方法,但其可靠性和合理性都需进一步验证。⑤海上勘查投入巨大,且受制于海况气象条件,因此对洋中脊多金属硫化物的勘查往往以点状勘查为主,快速有效地发现异常、定位热液区,以达到确定多金属硫化物矿床的规模和经济意义,并降低工作和时间成本的目的。

人们对海底热液活动的认识不断深入,开始分析总结海底热液活动的规律,明确海底多金属硫化物的科研及经济价值。但是由于海底调查环境恶劣,调查技术与调查区域存在很大的局限性,调查成本高、周期长,海底找矿作业不能照搬陆上传统的找矿方法,因此对海底多金属硫化物资源进行预测与评价,准确确定多金属硫化物勘探远景区,缩小勘探区域,对我国海底找矿勘探工作具有重要意义。

第 2 章　洋中脊热液活动与多金属硫化物成矿作用

2.1　洋中脊热液活动与热液循环系统

2.1.1　洋中脊类型

根据洋中脊的全扩张速率,全球洋中脊被划分为四类:超慢速扩张洋中脊(<14mm/a)、慢速扩张洋中脊(14～55mm/a)、中速扩张洋中脊(55～80mm/a)及快速扩张洋中脊(80～180mm/a)(Dick et al.,2003)(图 2.1)。随着对洋中脊热液活动调查的不断深入,科学家进一步将洋中脊划分为五类:超慢速扩张洋中脊(0～20mm/a)、慢速扩张洋中脊(20～55mm/a)、中速扩张洋中脊(55～80mm/a)、快速扩张洋中脊(80～140mm/a)及超快速扩张洋中脊(>140mm/a)(Beaulieu et al.,2013)。按照以上划分方式,东太平洋海隆的绝大部分属于快速扩张洋中脊,其中,15°S 附近属于超快速扩张洋中脊;中印度洋中脊

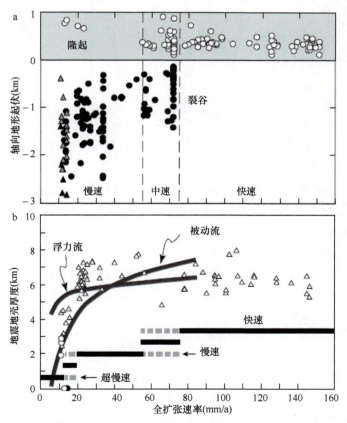

图 2.1　不同全扩张速率洋中脊类型及特征(Dick et al.,2003)
a. 洋中脊轴向地形起伏与全扩张速率的关系；b. 地震地壳厚度与全扩张速率的关系

(Central Indian Ridge，CIR)、东南印度洋中脊（Southeast Indian Ridge，SEIR）及西北印度洋的卡尔斯伯格洋中脊（Carlsberg Ridge）属于中速扩张洋中脊；大西洋中脊（Mid-Atlantic Ridge，MAR）属于慢速扩张洋中脊；而西南印度洋中脊（Southwest Indian Ridge，SWIR）和北极的 Gakkel 洋中脊则属于超慢速扩张洋中脊。

洋中脊热液循环示意图（Ark et al.，2007）如图 2.2 所示。快速扩张洋中脊（图 2.2a）的洋壳扩张形成近乎等宽度的轴部地堑，岩浆房沿地堑中央呈线性分布且距离海底较近，通常在距离海底 1～2km 处，薄的部分熔融透镜体覆盖在厚的晶体混合带上（Sinton and Detrick，1992）。该区域洋壳的渗透和热液的喷发受到岩浆侵入作用的控制，强烈的岩浆活动使热液的组成可以在短时间内发生显著的变化。慢速扩张洋中脊（图 2.2b）的轴部地堑相对较宽，平面上呈短透镜型，洋壳之下是否有稳定的岩浆房还不清楚，深部的岩石在海水的影响下冷却，一般容易形成裂隙。中速扩张洋中脊（图 2.2c）的岩浆房处于中等深度位置，沿洋中脊两侧发育有明显的地堑。超慢速扩张洋中脊深部岩浆房变得不连续，另外地幔橄榄岩多直接侵入洋壳，形成与快速扩张洋中脊截然不同的热液循环系统。目前，研究较为集中的超慢速扩张洋中脊主要有西南印度洋中脊（German et al.，1998a；Bach et al.，2002）和 Gakkel 洋中脊（Edmonds et al.，2003）。

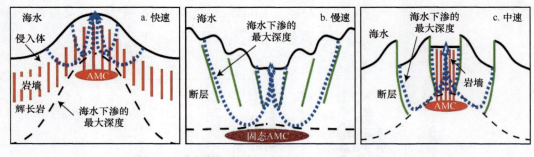

图 2.2　洋中脊热液循环示意图（Ark et al.，2007）
a. 快速扩张洋中脊；b. 慢速扩张洋中脊；c. 中速扩张洋中脊；AMC 为轴向岩浆房

根据洋中脊热液活动出露的基底是沉积物还是火成岩，可将洋中脊分为两类：有沉积物覆盖的洋中脊和无沉积物覆盖的洋中脊。由于临近大陆边缘的洋中脊的沉积速率很高（10～100cm/ka，比开阔大洋高出 10～100 倍），因此其会被厚的沉积物覆盖，形成有沉积物覆盖的洋中脊（sediment-covered ridge）（Hannington et al.，2005）。全球有沉积物覆盖的洋中脊约占总体的 5%，包括中速扩张北 Juan de Fuca 洋中脊 Endeavour 段、慢速扩张南 Gorda 洋中脊的 Escanaba Trough 系统临近大陆边缘的部分、洋中脊向大陆边缘裂谷的延伸部分（如 EPR 伸入墨西哥湾的部分）及具有更复杂板块构造背景的洋中脊（如红海洋中脊）。而绝大部分洋中脊则属于无沉积物覆盖的洋中脊，包括大西洋中脊、印度洋中脊、南 Juan de Fuca 洋中脊和东太平洋海隆等。洋中脊热液区在地质背景、扩张速率及有无沉积物覆盖等方面均存在显著差异，其对应的热液循环系统也有很大的差别，导致形成一系列差异显著的热液活动产物，如热液流体（hydrothermal fluid）、热液沉积物（hydrothermal sediment/deposit）、热液羽状流（hydrothermal plume）和喷口生物（vent fauna）等。

2.1.2 洋中脊热液循环系统

以海底火山活动为起因,海水下渗被加热且不断与围岩发生化学物质交换,继而上浮返回海底的一系列地质过程被称为海底热液活动(seafloor/submarine hydrothermal activity)。海底热液活动在海底形成一系列的热液活动产物,包括成矿流体、热液沉积物、热液羽状流等。现代海底热液活动十分广泛,主要分布在4类不同的板块构造环境中,即洋中脊、弧后盆地、岛弧和大洋板内火山(图2.3)。

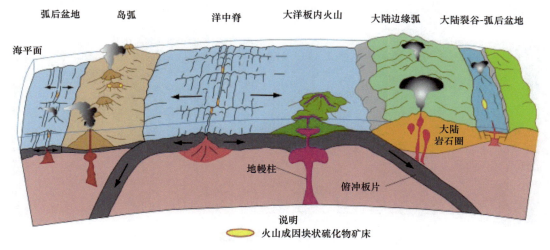

图 2.3 海底火山成因块状硫化物矿床成矿地质背景(U. S. Geological Survey,2010)

洋中脊热液活动是集中发生在沿洋中脊及邻近海域的海底热液活动。洋中脊热液循环系统由洋壳及其下伏上地幔的对流单元组成,海水在洋壳和上地幔自由循环并与高温岩浆物质反应,洋壳中高温流体循环的分布及特征受地热体系和渗透构造控制,而这两者均为岩浆和构造过程的结果。在洋中脊扩张中心,张性裂隙和断裂发育,岩浆房接近海底,新形成的玄武岩渗透率较高,在这些有利渗透条件下,海水下渗到洋壳和岩浆房深部而被加热。据推算,每立方千米的熔岩可将 $3km^3$ 的海水加热至 300~400℃,这些高温流体受深部岩浆活动或深部围岩高温的驱动,在洋壳和上地幔进行对流循环,从而形成洋中脊热液循环系统(Humphris and Mccollom,1998)。由于洋中脊具有独特的板块构造背景、构造活动形式、圈层结构和围岩类型等物理、化学和地质等属性,形成了独特的洋中脊热液循环系统,该系统所形成的热液活动产物也不同于海底其他构造背景,如岛弧和弧前盆地等。

洋中脊热液循环系统由热源、多孔介质及贯穿这一系统的流体(海水)共同组成。海水下渗过程中,其初始化学成分不断地发生改变。自喷口排出的成矿流体成分受一系列因素的共同制约,最初的海水成分、基底岩石(与流体相互作用部分)的类别及热源的深度、尺寸、形状等影响着热液循环的深度、规模,决定着热液循环系统中水岩反应发生时的温度、压力及是否发生相分离(孙治雷,2010)。一般将洋中脊热液循环系统（图 2.4）分为 3 个部分：①补给区（recharge zone），海水进入洋壳且向下渗透；②高温反应区（high temperature reaction zone），决定成矿流体的最终性质；③卸载区（discharge zone），成矿流体上升并在海底排出（Woodruff and Shanks，1988；Humphris and Mccollom，1998）。

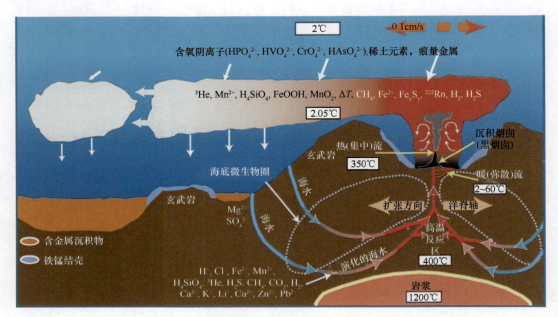

图 2.4 洋中脊热液循环和成矿作用示意图（Humphris and Mccollom，1998）

补给区：海水向含成矿物质的成矿流体转变。海水迅速向上层洋壳渗透，该洋壳因受岩浆冷却和构造的影响而广泛发育破碎裂隙，呈现多孔和渗透率高的火山岩结构。当海水穿过这部分低温（40~60℃）洋壳时，海水的成分通过两个过程开始变化。首先，海水氧化洋壳，导致氧从海水中排出。岩石中的含铁矿物被铁氧化物和氢氧化物置换，同时充填了洋壳上部的破碎裂隙（Shanks et al.，1981）。其次，岩石原生矿物与海水的反应导致玄武质玻璃、橄榄石和长石被交代形成铁云母、蒙脱石等矿物及铁的氢氧化物等，在这个过程中钾和其他一些碱性元素（铷、铯等）从海水转移到岩石中。进入洋壳 300 多米后，由于岩石渗透性降低，海水渗透变得越来越困难，大规模断裂和裂隙最有可能成为流体流动的主通道。流体（相对于海水，已被去掉氧和碱性元素）继续向下朝热源渗透，当温度大于 150℃时，黏土矿物从流体中沉淀出来，流体中的 Mg 被排出，羟基离子析出，导致酸性增加。酸性增加与岩石中原生矿物的分解，引起钙、钠、钾及其他元素从岩石中淋滤出来进入流体。在深部较高温度下还将进一步发生另一个重要反应，即硬石膏矿物的形成，这一过程移除了 Ca^{2+} 和 SO_4^{2-} 组分，排出了约 2/3 的海水原始硫酸盐（Sleep，1991）。当温度高于 250℃时，流体中残留的硫酸盐与铁在洋壳中反应，形成金属硫化物。再往深部，钙长石被交代成钠长石（钠长石化），这时流体释放 Na 和 Si 置换洋壳围岩中的 Ca。通过以上几个反应，流体将具有弱酸性、富含碱性物质、缺氧和贫镁的特征（Woodruff and Shanks，1988；Humphris and Mccollom，

1998)。

高温反应区：该反应区靠近驱动热液循环系统的热源，温度约400℃。反应区的深度取决于热源深度，且每个洋中脊高温反应区的深度各不相同。在快速扩张的东太平洋中脊，岩浆透镜体存在于海底以下1.5～2.4km处，限定了循环的下限。而在慢速扩张洋中脊，海水可以渗透得更深。当温度高于350℃（350～400℃）时，Cu、Fe、Zn及S被酸性流体从岩石中淋滤出来，同时出现岩浆挥发组分（He、CO_2、CH_4、H_2）。流体从围岩中淋滤出S和大量金属成矿物质，后者主要是碱金属（Li、K和Rb）和碱土金属（Be、Ca、Ba等），造成许多过渡族元素和稀土元素强烈富集，产生了一系列蚀变矿物（绿泥石、富钠长石、闪石、绿帘石和石英），最终形成高温、低盐度、富含多种金属和挥发组分的卤水相流体（Seyfried，1987；Seyfried et al.，1991，1999；Humphris and Mccollom，1998；Singh et al.，1999）。

卸载区：当热液循环系统深部的温度和压力超过高温反应区卤水相流体的沸腾相所需条件时，这些具有强浮力的高温流体将沿岩石裂隙迅速上升。最初上升流体集中在高渗透率的通道中（如断层面），当到达较浅处时，这些流体可以继续集中通过火山管道排出，也可以随着更多的弯曲通道，作为诸多杂乱流排出（类似水在海绵中的流动）。在上升过程中，流体的物理化学属性略有变化，随着压力降低，石英矿物组分达到饱和，但由于低pH等属性，流体并没有沉淀下来，因此洋中脊多金属硫化物矿床矿物中没有石英。随着流体上升，其热量逐渐被较低温的围岩吸收而导致流体温度降低，最后上升至海底，或直接排泄到上方海水中，或因为局部海水下渗带动而被重新改造。如果流体沿火山通道上升，富金属、贫镁的流体与火山通道之间的持续高温反应，将导致多金属硫化物、二氧化硅的沉淀与蚀变绿泥石的岩脉交织成网，产生一个蚀变强烈的"蚀变火山通道"（Humphris and Mccollom，1998；Shanks，2001）。

洋中脊热液循环系统产生的富金属矿物的成矿流体，是否在海底形成多金属硫化物矿床还取决于一系列的影响因素。例如，流体自身的属性，如温度、密度和成分等；流体上升到海底的过程中，在海水、岩石或沉积物界面附近是否受到改造；成矿流体喷出海底的排泄方式等。喷出的成矿流体因其不同的物化属性、喷口压力等地质背景的约束而在海底具有不同的排泄方式，从而形成了具有不同成分和产状的热液沉积类型（Sato et al.，2009），主要可分为三类。①高温流体（350～400℃）排出海底，释放富含气体的黑色烟雾，其中密度大的流体与海水快速混合后产生沉淀，形成烟囱体或丘状多金属硫化物堆积体。②黑色烟雾中因富含气体而密度小的部分，快速（约1.5m/s）上涌沿喷口涌出，并带动周围海水形成一个湍流羽状体，其下部已结晶的多金属硫化物及部分Fe-Mn氧化物也随之沉淀下来。羽状体上升到与其自身浮力平衡的高度（大约在喷口上方数百米）时，受洋底底流等作用而转为横向扩散。其横向扩散的距离受洋中脊扩张速率、喷口流体通量等多种因素控制。例如，中快速扩张洋中脊区，由于其地貌比周边海盆高，发育的羽状流常横向扩散很长的距离，其携带的Fe-Mn氧化物也扩散到很远的地方，因此，喷口附近或距离喷口较远的地方均可形成Fe-Mn氧化物沉积。③低温且密度大于海水的流体，喷出后往往沿海底地形流动，在地形低凹处汇聚形成高密度卤水，在卤水池中发生矿物的沉淀，具有一定的层状构造，其典型代表是红海卤水和多金属软泥。流体在海底的排泄还有其他形式，如弥散式，因其缺乏集中和圈闭式的排放通道而与黑烟囱存在差异，主要是通过多孔和渗透率高的轴部区排泄，是形成多金属硫化物丘状体的主要方式。

2.1.3 洋中脊热液活动的分布

洋中脊热液活动是集中发生在洋中脊及其邻近海域的海底热液活动，它代表了最大规模的海底热液活动。由于洋中脊具有独特的板块构造背景、构造活动形式、圈层结构和围岩类型等物理、化学和地质等属性，因此该系统所形成的热液活动产物也不同于其他海底构造背景，如岛弧和弧前盆地等。现代海底热液活动的分布十分广泛，主要分布在4类不同的板块构造环境中，即洋中脊、弧后盆地、岛弧和板内火山。现今已在现代海洋中发现约700个活动和非活动热液区（包括已证实的和推断的热液区）（图2.5），其中，绝大多数热液区沿洋中脊（399个，占57%）分布（https://www.interridge.org/），部分分布于板内火山（12%）和弧后盆地（22%）等。

根据InterRidge网站提供的数据，目前已发现的热液区中，分布于快速、中速、慢速和超慢速扩张洋中脊的比例分别为23%、36%、24%和17%（图2.6）。过去40多年来已开展热液活动的调查区域仅约占洋中脊总长度的1/3，这意味着目前洋中脊仍有800~900个热液区等待人们去发现。研究表明，在这些未发现的热液区中，近一半（约400个）位于洋中脊热液区发育频率较低的慢速-超慢速扩张洋中脊（Beaulieu et al.，2015），包括南大西洋中脊（South Mid-Atlantic Ridge，SMAR）、北大西洋中脊（North Mid-Atlantic Ridge，NMAR）、卡尔斯伯格洋中脊及西南印度洋中脊等。根据目前已有的数据，可以利用线性回归计算洋中脊热液区出现的频率与扩张速率的关系。在快速和慢速扩张洋中脊，热液区出现的频率明显高于中速和超慢速扩张洋中脊，13.5°~18.6°S（Southeast Pacific Ridge，SEPR）洋脊段热液区出现的频率（每测量长度）达到4.10（表2.1）。

根据多金属硫化物矿床的构造背景、成矿作用特征等因素，可把无沉积物覆盖的洋中脊地区多金属硫化物矿床细分为镁铁质岩型、超镁铁质岩型（Fouquet et al.，2010）。对洋中脊热液区的调查结果表明，其空间分布具有一定的规律性。本书统计了上述两类热液区在洋中脊的分布，发现绝大部分的镁铁质岩型热液区分布在距洋中脊轴约10km的范围内，且其距离洋中脊轴越近分布越集中，少数分布在距洋中脊轴略远的区域，可能与洋中脊两翼的火山作用有关；超镁铁质岩型热液区的分布没有特定规律，与洋中脊轴的距离较远，可达20km以上（图2.7）。此外，一些研究统计了洋中脊多金属硫化物矿床的空间分布距离与密度，结果表明慢速-超慢速扩张洋中脊的热液区空间分布距离可达200km以上（图2.8），而快速-中速扩张洋中脊的热液区分布密度较高，达25km/个（Baker and German，2004）。

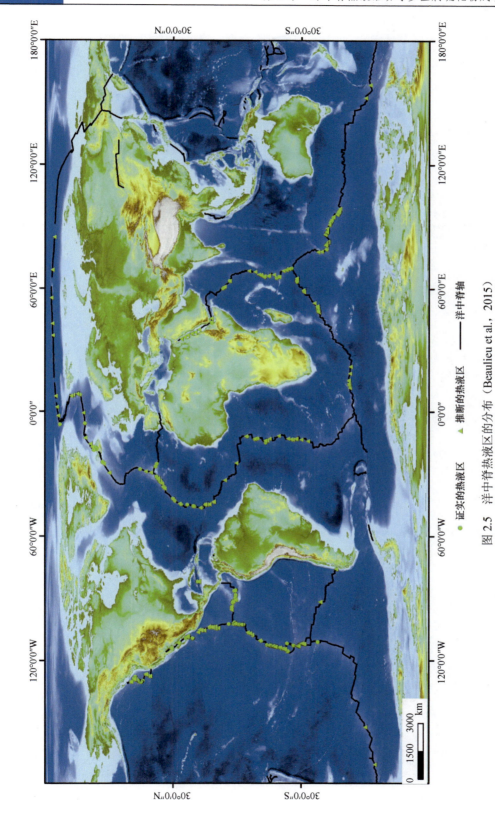

图 2.5 洋中脊热液区的分布（Beaulieu et al., 2015）

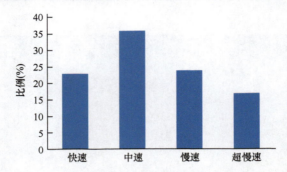

图 2.6　不同全扩张速率洋中脊热液活动分布

表 2.1　洋中脊热液区出现的频率与扩张速率的关系（Beaulieu et al.，2015）

区域	调查区域	模拟长度(km)	测量长度(km)	扩张速率(mm/a)	热液区出现的频率（每模拟长度）	热液区出现的频率（每测量长度）	参考文献
Carlsberg 洋中脊	2°~4.5°N	469.0	440	30.73	0.43	0.45	Ray et al.，2012
中印度洋中脊	8°~17°S	749.8	738	36.21	1.33	1.36	Son et al.，2014
中印度洋中脊	18.25°~21°S,受热点的影响	396.5	300	42.31	0.76	1.00	German et al.，2001;Kawagucci et al.，2008
Explorer 洋中脊	49.5°~50.3°N	113.6					Lupton et al.，2002
Gakkel 洋中脊	6°W~85°E	985.3	965	11.82	0.91	0.93	
Galapagos 扩张中心	89.7°~95°W,受热点的影响	606.0	560	53.22	1.32	1.43	Baker et al.，2008
Gorda 洋中脊	41°~43°N	237.8	240	55.61	2.10	2.08	Baker and German,2004
Juan de Fuca 洋中脊	44.5°~48.3°N	437.1	480	56.11	3.45	3.96	
N EPR	15.5°~18.5°N	335.7	335	77.02	1.79	1.79	
N EPR	8.7°~13.2°N	536.8	515	98.14	3.91	4.08	
NMAR	35.7°~38°N	368.3	340	20.28	3.26	3.53	
NMAR	27°~30°N	403.4	375	23.07	0.74	0.80	
NMAR	11°~21°N	1133.7	935	25.51	1.32	1.60	Cherkashov et al.，2010
Reykjanes 洋中脊	57.75°~63.5°N,受热点的影响	784.0	750	19.77	0.38	0.40	Baker and German,2004
S EPR	13.5°~18.6°S	624.0	585	145.47	3.85	4.10	
S EPR	27.5°~32.3°S	503.2	440	158.29	2.78	3.18	
SMAR	2.5°~6.8°S	494.4	450	32.38	0.40	0.44	German et al.，2005,2008
SMAR	7°~11°S,受热点的影响	454.4	450	33.17	0.88	0.89	Devey et al.，2005
SEIR	33°~36°S,39.5°~42.5°S (77~100°E)	2128.6	2060	68.12	1.74	1.80	Baker et al.，2014
SEIR	36°~39.5°S,受热点的影响	346.9	445	64.43	0.58	0.45	Baker et al.，2014
SWIR	10°~16°E	228.6	416	13.50	2.62	1.44	Baker and German,2004
SWIR	16°~23°E	512.8	484	13.73	0.39	0.41	Baker et al.，2004
SWIR	49°~52°E	284.5	270	11.89	1.41	1.48	Tao et al.，2012
SWIR	58.5°~60.5°E,63.5°~66°E	523.3	430	9.83	1.34	1.63	Baker and German,2004

第 2 章 洋中脊热液活动与多金属硫化物成矿作用

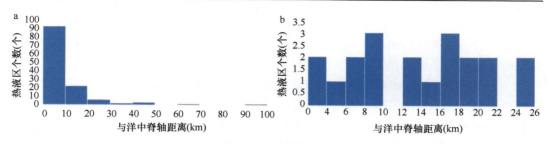

图 2.7 热液区与洋中脊轴距离统计

a. 镁铁质岩型热液区；b. 超镁铁质岩型热液区

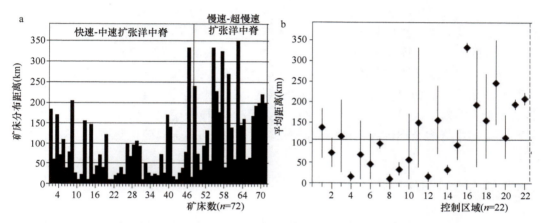

图 2.8 洋中脊多金属硫化物矿床的空间分布距离与密度（Hannington et al.，2011）

a. 洋中脊多金属硫化物矿床的空间分布距离；b. 洋中脊多金属硫化物矿床的分布密度（5°×5°）

2.2 洋中脊多金属硫化物成矿作用

2.2.1 洋中脊多金属硫化物矿床的形成

洋中脊多金属硫化物是洋中脊热液活动的产物。洋中脊上涌的岩浆填充裂隙，从而在海底形成了新的洋壳。冷海水从地壳裂缝或者岩石断裂处向下渗透，下渗过程中被岩浆等热源加热，并把围岩中的金属元素（如 Cu、Fe、Zn、Pb 等）淋滤出来，随后又沿着裂隙上升喷出，形成烟囱体结构及羽状流（杨伟芳，2017）。洋中脊多金属硫化物矿床的规模、分布特点主要受地形、构造及岩浆作用等因素控制，不同扩张速率洋中脊的矿床规模和分布特点也有显著差异（Fouquet，1997a）。

研究表明，洋中脊多金属硫化物矿床的规模与洋中脊扩张速率有关。在快速扩张洋中脊形成的多金属硫化物矿床数量多，但往往规模小（小于几千吨），原因是该类洋中脊频繁的火山活动破坏了成矿流体通道及早期形成和被埋藏的多金属硫化物沉积物；此外，洋中脊的快速扩张也会导致热液喷口系统因热源偏离而被取代或消亡（Hannington et al.，2005；杨伟芳，2017）。在中速扩张洋中脊，会出现一些大规模的热液区，如东太平洋的 Juan de Fuca 洋中脊的 Endeavour 洋脊段在 15km 范围内均匀分布了 6 个热液区，出露了 50~100 个黑烟囱。而在慢速扩张洋中脊，由于岩浆供给速率慢，玄武岩的喷发具有间歇性和局部性的特点。一般慢速扩张洋中脊会发育一系列大规模的拆离断层，同时这些区域的大洋核杂岩内常有大量辉长岩和蛇纹石化超基性岩产出，前者可为矿质疏导提供有利的空间，后者可为热液循环系统提供必需的热源。因此，慢速扩张洋中脊具备发育大型、长期活动的热液系统的充分条件，易形成大型矿床，如 TAG 热液区。越来越多的研究支持上述观点，认为慢速和超慢速扩张洋中脊是未来寻找大规模多金属硫化物矿床的重点地区（German et al.，2016）。

除洋中脊扩张速率外，其他一些因素，如洋中脊热液活动区出露的基底物质类型、海底断裂构造发育情况等，也会影响多金属硫化物矿床的形成。在有沉积物（尤其是陆源碎屑沉积物）覆盖的洋中脊，热液循环系统与无沉积物覆盖的洋中脊有较大差异，易形成更大的矿床，并且所形成的多金属硫化物具有较高的 Pb 和 Ag 含量（Hannington et al.，2005）。海底断裂构造的发育程度也与多金属硫化物成矿密切相关。海底断裂构造切割海底形成的裂隙是热液活动最重要的通道，细微的岩浆供给变化就会引起洋中脊轴部地形、地貌、地壳厚度、断裂分布、地壳裂隙等显著变化（Canales et al.，2005），从而影响洋中脊多金属硫化物的分布，形成不同规模的多金属硫化物矿床（景春雷等，2013）。

2.2.2 热液成矿系统

从成矿系统角度来说，洋中脊热液系统较为独特，其高温成矿流体成矿作用具有两套成矿系统，即喷口以下的热水补给系统和喷口以上的喷流沉积系统，这也是该类型矿床与其他类型矿床的重要区别。其中，热水补给系统在海底以下的通道中形成网脉状矿化和强烈蚀变，矿化明显晚于周围的围岩，属后生成矿作用；而海底喷口以上的喷流沉积系统则在海底以上形成层状、似层状或透镜状多金属硫化物，与其围岩几乎同时形成，属于典型的同生成矿作用（范蕾，2015）。构造、洋中脊的扩张速率及围岩的属性控制着洋中脊多金属硫化物成矿系统和成矿规模。

2.2.2.1 不同扩张速率的洋中脊热液成矿系统

洋中脊扩张速率与发生热液流动的概率有很好的正相关关系（Baker et al.，1996；Baker，2009）。快速扩张洋中脊（80~140mm/a）（如东太平洋海隆）轴底部存在不连续的浅部岩浆房，因此高温流体的循环被局限在洋底浅部（1~2km），热液活动与火山活动密切相关（图 2.9）。快速扩张洋中脊频繁的火山喷发活动阻断了成矿流体通道，破坏了海底已形成并埋藏的多金属硫化物，并且热液系统的热源会因洋中脊的快速扩张而被迁移或取代（Hannington et al.，2005；Petersen et al.，2005b）。因而，在快速扩张洋中脊所形成的多金属硫化物矿床规模小（低于数千吨）（图 2.10）。

中速扩张洋中脊（55~80mm/a）（如东太平洋的 Juan de Fuca 洋中脊、Gorda 洋中脊及加拉帕戈斯裂谷）岩浆供给的速率较慢，呈现出深中央裂谷的地质构造特点。与快速扩张洋中脊相比，中速扩张洋中脊成矿流体上涌受构造控制作用更明显。在中速扩张洋中脊出现了迄今已知的最大热液喷口区域，其喷口一般集中在裂谷壁或轴向裂缝区。Juan de Fuca 洋中脊的 Endeavour 洋脊段，仅在 15km² 的范围内就有 50~100 个黑烟囱出现在均匀分布的 6 个相距 2~3km 的热液区（Delaney et al.，1992；Kelley et al.，2001）。

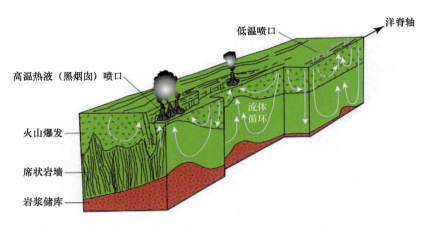

图 2.9　快速扩张洋中脊（如东太平洋海隆）热液循环模式（U. S. Geological Survey，2010）
高温热液（黑烟囱）喷口出现在沿轴岩浆房之上的浅层海底

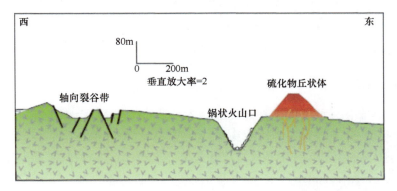

图 2.10　快速扩张洋中脊（如东太平洋海隆）小型丘状多金属硫化物矿床
（U. S. Geological Survey，2010）

慢速扩张洋中脊（20~55mm/a）（如北大西洋中脊 13°N 和 15°N）具有岩浆低速供给的特点，只在局部有断断续续的火山喷发。这些洋中脊表现出明显的伸展构造特征，如大量出现的正断层、在海底表面大量出露的辉长岩侵入体及拆离断层所形成的蛇纹石化超基性岩（Escartin et al.，2008；Smith et al.，2008）。对北大西洋中脊的 TAG 热液区的研究表明，慢速扩张的洋中脊可发育大规模的、长期活动的热液系统（图 2.11）。此外，在大西洋中脊部分脊段，还产出有以蛇纹石化超基性岩为基底的热液系统，如 Logatchev、Loast City、Rainbow 等热液区（McCaig et al.，2007）。

超慢速扩张洋中脊（<20mm/a）（如西南印度洋中脊）是国内外研究薄弱的区域。前人的研究表明，超慢速扩张西南印度洋中脊热液区发育的原因主要有两个：地幔橄榄岩蛇纹石化释放大量的热；热点-洋中脊相互作用也提供了大量的外来热源（李三忠等，

2015；杨伟芳，2017）。由于受到马里昂（Marion）和克罗泽（Crozet）两个热点及拆离断层的影响，局部洋脊段岩浆供给量非常充沛。稳定的渗透率加上持续的局部岩浆供给使西南印度洋中脊具备了有利的成矿条件，在49°～52°E洋脊段，热液喷口的分布密度高达2.5个/100km，与岩浆供给相对充足的大西洋中脊36°～38°N段接近（Tao et al.，2012）。

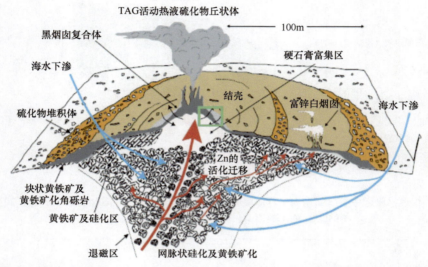

图2.11 慢速扩张洋中脊大型丘状热液沉积（如北大西洋的TAG热液区）（Tivey，2007a）

2.2.2.2 有沉积物覆盖的洋中脊热液成矿系统

有沉积物覆盖的洋中脊热液循环系统，除了典型的有沉积物覆盖的洋中脊（如Juan de Fuca洋中脊），还包括与之相邻的具有中央裂谷构造的洋中脊。

全球约有5%的主动扩张中心被来自邻近大陆边缘的沉积物覆盖（Hannington et al.，2005；Petersen et al.，2005b）。这些属于主动扩张中心的洋中脊，随着洋壳的俯冲，成为近端大陆边缘（Juan de Fuca洋中脊、Gorda洋中脊等）、洋中脊的扩张蔓延和大陆边缘裂谷（东太平洋海隆位于加利福尼亚湾的部分）或更复杂的板块构造的一部分（如红海）。另外，这些区域一般经历了高沉积速率的作用，主要是相邻的河流从周边带入的大量陆源物质形成的半远洋黏土或碎屑沉积物。在一些情况下，中央裂谷是洋壳的扩张轴延伸到陆壳形成的，或是软流圈上涌形成的（如红海），这些区域除亚碱性火成岩岩套之外，还可能存在过碱性流纹岩、过渡玄武岩或碱性玄武岩（Barrett，1999）。一般而言，这些区域上面覆盖的厚层沉积物会形成一种密度屏障，阻碍海底相对致密玄武岩的喷发。因此，在有沉积物覆盖的洋中脊，海底火山喷发稀少；但是海底岩浆多次侵入，常常形成岩床-沉积物复合体。高温成矿流体的喷口主要发生在被埋藏岩床的周边，如Middle Valley（图2.12）、Escanaba Trough和瓜伊马斯盆地等热液区。这些热液区的流体受深部的火成岩基底控制，成矿流体被加热后，沿着断层或向上的侵入体入侵通道，在适宜的环境沉淀形成多金属硫化物矿床，其规模往往大于那些无沉积物覆盖的洋中脊形成的矿床规模（Hannington et al.，2005）。由于高温流体可能与陆源碎屑沉积物及洋壳相互作用，因而在有沉积物覆盖的洋中脊形成的多金属硫化物矿床通常有贱金属和贵金属含量异常，特别是具有高的铅和银含量（Ames et al.，1993；Party，1998）。

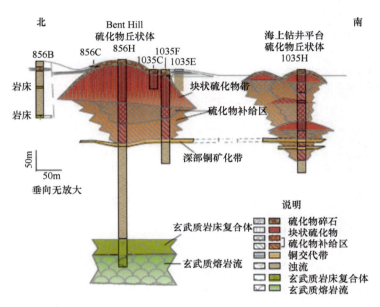

图 2.12　Middle Valley 复杂热液成矿系统和矿床结构（Zierenberg et al.，1998）

2.2.3　洋中脊多金属硫化物矿物及化学组成

2.2.3.1　矿物组成特征

洋中脊多金属硫化物矿床的成矿物质主要来源于基底岩石，由循环的热液从围岩中淋滤出来。尽管热液成矿作用的基本过程类似，但不同构造环境热液的化学性质存在着显著的差异，从而形成具有不同矿物组成的多金属硫化物（表 2.2）（侯增谦等，2002；曾志刚，2011）。另外，不同的矿物组成还受到热液系统温度的影响，如高温黑烟囱中的矿石矿物主要包括黄铁矿、磁黄铁矿、黄铜矿、闪锌矿等，共同产出的还有一定的较低温硫酸盐矿物（如重晶石和硬石膏等）；而低温白烟囱的热液沉积物中则常见闪锌矿和白铁矿等。

表 2.2　不同洋中脊类型多金属硫化物的主要矿物组成（邓希光，2007）

类型	快速扩张洋中脊	中速扩张洋中脊	慢速扩张洋中脊	超慢速扩张洋中脊
扩张速率 (mm/a)	80～140	55～80	20～55	<20
实例	东太平洋中脊 13°N 多金属硫化物矿床	Middle Valley 多金属硫化物矿床	Southern Explore 洋中脊多金属硫化物矿床 TAG 多金属硫化物矿床	MESO 多金属硫化物矿床 Mt. Jourdanne 多金属硫化物矿床

续表

类型	快速扩张洋中脊	中速扩张洋中脊	慢速扩张洋中脊	超慢速扩张洋中脊
矿床类型	有146个多金属硫化物分布点，块状多金属硫化物丘顶部有烟囱；沿20km裂谷段有活动的和残余的堆积物；在800m×200m范围内有块状多金属硫化物堆积在海底火山顶部和轴外边缘	多金属硫化物丘状体可达400m宽、60m高，至少含有1×10⁶t的多金属硫化物，在丘状体的边缘多金属硫化物的厚度超过95m	矿区有60个热液喷口和烟囱体，单个多金属硫化物丘状体直径可达20m，相互连接形成200m（直径）×25m（高）的层状丘状体	①活动的多金属硫化物小丘（TAG构筑体）高45m、宽250m，顶部有锥形和柱形物；②停止活动的Mir区和Alvin区：大型的多金属硫化物丘状体，在构造破坏块体内有不同时代的氧化物与氢氧化物沉积	矿区面积约0.5km²，有三个热液矿点，多金属硫化物沿裂隙或裂缝分布，单个烟囱体高可达2m，直径可达1m	单个多金属硫化物丘状体大小约5m³，在顶部有约1m高的烟囱；烟囱内充填有块状多金属硫化物及硅化的玄武岩；在边缘也有一些30～40cm的管状烟囱；多金属硫化物受断裂构造控制
主要矿物组成	矿物组成随采样位置的不同而有差别，以黄铜矿、黄铁矿、白铁矿、磁黄铁矿为主，也含有方铁黄铜矿、斑铜矿、铜蓝、辉铜矿、伊达矿、氧化锰、纤锌矿、氢氧化铁等矿物	磁黄铁矿、黄铁矿、白铁矿、闪锌矿、黄铜矿、方铁黄铜矿、重晶石、方铅矿、滑石、铜蓝、非晶质氧化硅	主要由黄铁矿、黄铜矿、白铁矿和闪锌矿组成，也含有少量的纤锌矿、重晶石、非晶质氧化硅	①黄铁矿、白铁矿、黄铜矿、闪锌矿、方辉铜矿、氯铜矿、霞石；②黄铁矿、白铁矿、黄铜矿、闪锌矿、硫黄铁矿、钙铝黄长石、铜蓝、纤锌矿、方辉铜矿、钙锰矿、非晶质铁、针铁矿、绿脱石、黄钾铁矾、硬石膏、蛋白石、石英	主要由黄铁矿、白铁矿和黄铜矿组成，烟囱有高含量的Cu、Fe（超过40%）和高微量元素含量，很少观察到闪锌矿	黄铁矿、闪锌矿、白铁矿、方铅矿、非晶质氧化硅、重晶石、方铜矿、磁黄铁矿

快速扩张洋中脊（如东太平洋海隆11°N、13°N和21°N附近及南Juan de Fuca洋中脊）的硫化物矿床具有相似的地质背景，其烟囱体具有明显的矿物分带现象。Graham等（1988）和杨伟芳（2017）针对该区提出了完整的烟囱体的矿物相带模型，从烟囱体外壁到内壁依次为富硬石膏矿物相带、胶粒状白铁矿+纤锌矿矿物相带、大部分立方体的黄铁矿+胶粒状纤锌矿矿物相带、富斑铜矿矿物相带、黄铜矿矿物相带、黄铁矿矿物相带、白铁矿矿物相带及纤锌矿矿物相带（半自形纤锌矿与树枝状黄铁矿共生）。随热液活动的逐渐减弱，烟囱壁通过与冷海水反应从外围开始溶解。矿物共生次序可以指示成矿流体冷却及氧化的速率。例如，在东太平洋海隆9°~10°N，其硫化物烟囱体主要有三种矿物组合，分别为硬石膏+白铁矿+黄铁矿、黄铁矿+闪锌矿+黄铜矿、黄铜矿+斑铜矿+蓝辉铜矿+铜蓝，表明成矿流体温度经历了低—高—低的变化（郑建斌等，2008；杨伟芳，2017）。

中速扩张洋中脊（如中印度洋中脊MESO热液区）残留烟囱体和块状多金属硫化物的原生矿物组成主要为黄铁矿、白铁矿、黄铜矿，次要矿物主要由蓝辉铜矿、铜蓝、次生黄铁矿组成，闪锌矿含量极低。残留烟囱体结构中没有观察到硫酸盐，但含有少量的无定型硅。硫酸盐类矿物如硬石膏常出现于活动烟囱体及丘状体中（Graham et al.，1988；Ames et al.，1993；杨伟芳，2017）。MESO热液区烟囱体样品中硫酸盐的缺失可能与晚期冷海水的后沉淀溶解作用有关（Münch et al.，1999）。中印度洋中脊Edmond热液区多金属硫化物的主要矿物则为黄铁矿、黄铜矿、白铁矿、闪锌矿及蛋白石（陈帅，2012；杨伟芳，2017）。

慢速扩张大西洋中脊 Ashadze 热液区以超镁铁质岩为赋矿围岩,其块状多金属硫化物的矿物组成以磁黄铁矿、闪锌矿、黄铜矿、等轴古巴矿、黄铁矿及辉铜矿为主,这些矿物具有形态学上的多样性(Mozgova et al.,2005)。Rouxel 等(2004)指出正在活动的 Lucky Strike 热液区中形成于高温环境的硫化物烟囱体的矿物主要包括黄铁矿、白铁矿、黄铜矿、重晶石及硬石膏等。其中,富 Cu 烟囱体呈现出由内壁黄铜矿到外壁硬石膏的矿物分带特征;富 Fe-Ba 烟囱体中的黄铁矿呈自形立方体晶型产出,粒径可达数毫米;块状硫化物主要由黄铁矿、白铁矿及黄铜矿组成,同时可见铜蓝和自然硫(杨伟芳,2017)。TAG 热液区是目前研究程度最高的热液区,由规模巨大且具有高温成矿流体活动的硫化物丘状体、块状 Cu-Fe 硫化物、块状 Zn-Fe 硫化物、块状 Fe 硫化物、Mn 氧化物壳和 Fe 氧化物壳组成。矿物组成以黄铁矿、白铁矿、黄铜矿、闪锌矿为主,可见蓝辉铜矿、氯铜矿、黄钾铁矾、硬石膏、钠水锰矿、钡镁锰矿和绿脱石等矿物在不同类型的热液产物中产出(Rona et al.,1993;杨伟芳,2017)。

超慢速扩张西南印度洋中脊龙旂(Dragon Flag)热液区主要发育富 Zn 硫化物组合(闪锌矿-黄铁矿-黄铜矿)和富 Fe 硫化物组合(黄铁矿-白铁矿-等轴古巴矿)。硫化物成矿过程经历了中低温富 Zn 硫化物沉淀和高温富 Fe 硫化物沉淀两个阶段(叶俊,2012;杨伟芳,2017)。该热液区硫化物烟囱体的内部以黄铜矿为主,含少量黄铁矿和闪锌矿;中部以黄铁矿为主,含少量闪锌矿和黄铜矿;外部以黄铁矿和闪锌矿为主,含少量黄铜矿(陶春辉等,2011;杨伟芳,2017)。西南印度洋中脊 Mt. Jourdanne 热液区烟囱体样品主要包含了闪锌矿和少量的黄铜矿,两者主要分布于由晚期无定型硅组成的基质中。晚期的胶状闪锌矿、方铅矿和 Pb-As 硫代硫酸盐共同沉淀于烟囱壁的内部。而硫化物丘状体以黄铁矿为主(约 75%),或者由黄铁矿与黄铜矿混合组成,并含有少量的闪锌矿、磁黄铁矿、无定型硅及重晶石。硫化物烟囱体和丘状体样品均具有典型的层状构造及矿物分带特征。热液角砾蚀变强烈,矿物组成较为复杂,包括含有浸染状黄铁矿的硅化玄武岩,以及厘米尺度的以无定型硅、重晶石、闪锌矿和黄铁矿为基质的烟囱体碎块,主要包含了黄铜矿、磁黄铁矿及闪锌矿等矿物(杨伟芳,2017)。另外,这些角砾还包含了晚期的雄黄、硫锑铅矿、方铅矿、Pb-As 硫代硫酸盐及重晶石(Münch et al.,2001;Nayak et al.,2014)。

总体而言,快速扩张洋中脊多金属硫化物以黄铜矿、黄铁矿、白铁矿、磁黄铁矿为主,也含有等轴古巴矿、斑铜矿、铜蓝、辉铜矿、伊达矿、氧化锰、纤锌矿、氢氧化铁等矿物;中速扩张洋中脊多金属硫化物主要由黄铁矿、黄铜矿、白铁矿和闪锌矿组成,也含有少量的纤锌矿、重晶石、非晶质氧化硅等矿物;慢速扩张洋中脊多金属硫化物矿物主要包括黄铁矿、白铁矿、黄铜矿、闪锌矿、硫黄铁矿、钙铝黄长石、铜蓝、纤锌矿、方辉铜矿、伯奈斯石、钙锰矿、非晶质铁、针铁矿、绿脱石、黄钾铁矾、硬石膏、蛋白石、石英等;超慢速扩张洋中脊多金属硫化物矿物以黄铁矿、闪锌矿、白铁矿和黄铜矿为主,方铅矿含量极少,另外还有非晶质氧化硅、重晶石、方铁黄铜矿及磁黄铁矿等。

较为明显的差异在于,有沉积物覆盖的洋中脊多金属硫化物中含有方铅矿,如东太平洋的 Middle Valley 热液区。在同一热液区,由于热液活动周期或演化阶段的不同,也会出现不同的矿物组合。例如，我国"大洋一号"在南大西洋 26°S 获得的烟囱体的矿物学研究表明（邵明娟等，2014），该烟囱体由外向内发育 3 种类型的多金属硫化物，即富 Fe（矿物组合为黄铁矿-白铁矿）、富 Fe-Cu（矿物组合为黄铁矿-黄铜矿）及富 Cu 多金属硫化物（矿物组合为黄铜矿-黄铁矿），与东太平洋海隆 13°N 获得硫化物烟囱体的矿物组合成矿序列对比表明（Graham et al.，1988），该区多金属硫化物烟囱体的生长已经进入成熟阶段。

2.2.3.2 化学组成特征

洋中脊热液区产出的多金属硫化物矿床相对富含 Cu 和 Zn（图 2.13，图 2.14），在无沉积物覆盖的洋中脊，多金属硫化物中 Cu 的平均含量可达 4.3wt.%，比有沉积物覆盖的洋中脊多金属硫化物中 Cu 的平均含量（1.3wt.%）要高（侯增谦与莫宣学，1996；杨伟芳，2017）。即使在相同构造环境下，金属元素含量也有较大的不同，例如，冲绳海槽多金属硫化物矿床富含 Cu、Pb 和 Zn，而马里亚纳海槽产出的多金属硫化物则富集 Cu 和 Zn（侯增谦与莫宣学，1996；陈弘等，2006；杨伟芳，2017）。MESO 热液区烟囱体样品中部分贱金属的含量较高，Cu 和 Fe 的含量甚至可以达到 40wt.%；而 Zn 含量则较低，低于 1wt.%，只有部分选择的样品 Zn 含量较高，可达 7.9wt.%；微量元素 Co 含量为 0.24wt.%，As 含量为 1wt.%（Münch et al.，1999；杨伟芳，2017）。超慢速扩张西南印度洋中脊 49.6°E 热液区包括富 Zn 和富 Fe 硫化物，富 Zn 硫化物中 Zn 含量为 53.39～57.62wt.%，Fe 含量为 6.05～7.80wt.%，富 Fe 硫化物中 Fe 含量为 32.73～40.24wt.%，Zn 含量为 1.096～12.08wt.%（叶俊，2012）。

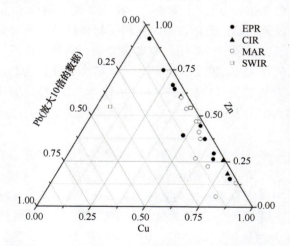

图 2.13 不同扩张速率洋中脊热液区 Cu-Zn-Pb 三角图
（Hannington et al.，2005，2010；黄威等，2011；王叶剑，2012）

西南印度洋的 49.6°E 热液区多金属硫化物烟囱体中 Cu、Fe、Zn 的平均含量分别为 2.83wt.%、45.6wt.%、3.28wt.%，Au 和 Ag 的平均含量分别为 2.0ppm[①]和 70.2ppm

---

① 1ppm=10^{-6}

（表 2.3），其稀土元素具有轻稀土富集、重稀土亏损的配分特点，多数样品呈现 Eu 负异常，与典型无沉积物覆盖的洋中脊多金属硫化物不同，可能与该区特殊的成矿环境或者成矿流体组成特征有关（陶春辉等，2011）。西南印度洋的 Mt. Jourdanne 热液区多金属硫化物则富 Zn（Zn 含量可达 35%），并具有较高的 Pb（≤3.5wt.%）、As（≤1.1wt.%）、Ag（≤0.12wt.%）、Au（≤11ppm）、Sb（≤967ppm）及 Cd（≤0.2wt.%）含量，这在现代无沉积物覆盖的洋中脊系统中是极不寻常的（Münch et al.，2001；Nayak et al.，2014）。同时，MAR 及 CIR 的 Cu 含量明显高于 EPR，如图 2.13 所示。

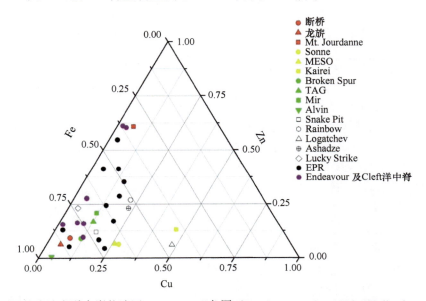

图 2.14　不同扩张速率洋中脊热液区 Cu-Fe-Zn 三角图（Bogdanov et al.，1993；Halbach et al.，1993；Hannington et al.，2005；Marchig et al.，1997；Münch et al.，1999，2001；Zeng et al.，2000；叶俊，2010；陶春辉等，2011）

表 2.3　不同洋中脊类型多金属硫化物烟囱体的主要矿物和元素组成（陶春辉等，2011）

热液区	水深 (m)	扩张速率 (mm/a)	主要矿物	元素组成									
				Cu	Fe	Zn	Pb	Au	Ag	Co	Ni	Cd	Mo
西南印度洋													
49.6°E 热液区	2750	12	黄铁矿-黄铜矿	2.83	45.6	3.28	0.01	2.0	70.2	222.0	2.4	111.2	26.0
Mt. Jourdanne 热液区	2940	14	闪锌矿	2.72	13.88	25.66	1.65	5.6	1 021	—	7.67	1 204	—
中印度洋													
MESO 热液区	2850	50	黄铁矿-黄铜矿	29.4	27.6	0.5	0.03	0.7	55.3	583.7	127.8	23.5	300.0
			黄铁矿-白铁矿	6.2	37.2	0.8	0.05		22.4	1 089.6	70.4	34.2	156.2
太平洋													
21°N 热液区	2600	60	黑烟囱	0.2	2.0	1.1	0.05	<0.1	6.0	29.2	2.2	40.0	1.0
			闪锌矿-黄铁矿	1.1	22.0	31.0	0.18	<0.2	118.0	4.1	4.1	840.0	45.0
7°24′S 热液区	2740	154	黄铁矿	0.33	40.34	2.85	0.083	0.043	40	214	38	73	22
			黄铁矿-黄铜矿	10.53	34.46	2.23	0.034	0.051	23.41	906	29	88	120

续表

热液区	水深(m)	扩张速率(mm/a)	主要矿物	元素组成									
				Cu	Fe	Zn	Pb	Au	Ag	Co	Ni	Cd	Mo
大西洋							—						
TAG 热液区	3620	26	黑烟囱	13.4	21.2	0.6	0.01	0.5	13.0	531.0	48.0	17.0	118.0
Logatchev 热液区	2600~3400	26	黄铁矿-黄铜矿	12.8	37.3	1.4	0.02	1.4	38.0	75.0		38.0	144.0
			硫化物	23.1	28.6	7.85	0.022	—		778	<20	—	—
冲绳海槽													
Jade 热液区	1340	20	闪锌矿-黄铜矿	4.41	11.5	27.4	12.00	8.60	11 300	—	—	1 300	
				5.39	10.20	33.6	4.3	0.41	4 100			4 100	

注：Cu、Fe、Zn、Pb 的单位为 wt.%，其余元素单位为 ppm；—代表未检测

与全球其他热液区（如 EPR 21°N、MESO、TAG、Rainbow 等热液区）多金属硫化物组成元素含量的平均值相比，超慢速扩张西南印度洋中脊热液区的多金属硫化物具有较高的 Fe 元素含量平均值，而 Cu、Zn（除 Mt. Jourdanne 热液区外）元素含量的平均值比大部分热液区的都要低（图 2.14、表 2.3），包括 Broken Spur、TAG、Snake Pit、MESO 及以超镁铁质岩为赋矿围岩的热液区，如 Kairei、Rainbow、Logatchev 及 Ashadze-1 热液区（杨伟芳，2017）。Fouquet 等（2010）认为以超镁铁质岩为赋矿围岩的矿床极富集 Cu-Zn，由于原始上地幔亏损 Cu（31ppm），而洋中脊玄武岩（mid-ocean ridge basalt，MORB）Cu 含量为 77ppm，因此不能用原始上地幔富集这些元素来解释该现象（Anderson，1989），在远离热液区采集到的蛇纹岩样品富集 Cu 和 Zn，表明其可能提供了 Cu、Zn 的成矿物质来源，并且热液区高温喷口高 Cu 含量也可能是其富集 Cu 和 Zn 的原因（杨伟芳，2017）。

2.2.3.3　金属元素分布及资源量

发育在洋中脊的现代多金属硫化物矿床因富含 Au、Ag 等贵金属和富集 Cu、Zn 等贱金属而具有很高的经济价值和良好的商业前景，同时它们也承担着续接勘探难度越来越大的陆上火山成因块状多金属硫化物矿床的重要使命，是即将进入商业化勘探开发的重要海底矿产资源（图 2.15）。赋存在洋中脊的多金属硫化物矿床既可以按照洋中脊扩张速率分为超慢速、慢速、中速、快速和超快速型多金属硫化物矿床，也可以根据其围岩类型分为镁铁质型和超镁铁质型，还可以从成因上划分为构造成因和岩浆成因型（Fouquet et al.，2010）。据估计，全球多金属硫化物资源量达到 $6×10^8$t，铜和锌含量约 $3×10^7$t，与陆地上新生代块状多金属硫化物矿床发现的铜、锌含量相当，其中，约 86% 的资源量赋存在慢速和超慢速扩张洋中脊（图 2.16）（Hannington et al.，2011；陶春辉等，2014）。

洋中脊多金属硫化物矿床受其形成微环境及后期改造作用的影响，在多金属硫化物烟囱体和堆积体中的各贵贱金属元素分布极不均一。此外，在不同围岩类型和构造环境下的洋中脊多金属硫化物矿床间各贵贱金属的分布也迥异，展现出纷繁芜杂的表象特

征。为此，我们借助国际海底管理局网站多金属硫化物数据中心和前人的相关研究成果，对 32 个调查研究程度较高的洋中脊多金属硫化物矿床的围岩类型及相应多金属硫化物样品的 Au、Ag、Cu、Zn、Pb 元素含量特征进行了系统梳理，结果见表 2.4 和表 2.5。

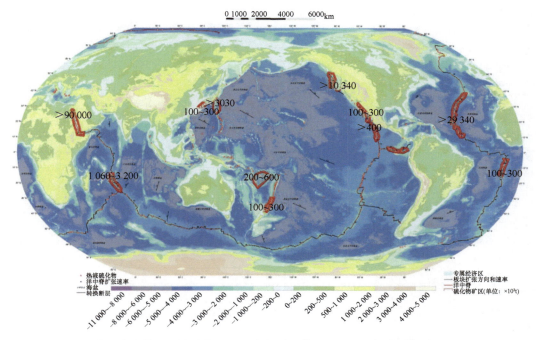

图 2.15　全球海底多金属硫化物资源量分布图（单位：万 t）（Hannington et al.，2011）

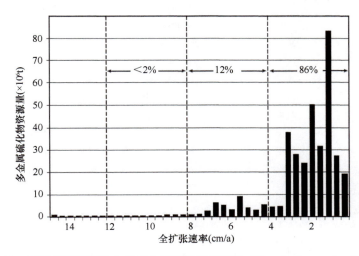

图 2.16　不同扩张速率洋中脊多金属硫化物资源量（Hannington et al.，2011）

各多金属硫化物矿床的 Au、Ag、Cu、Zn、Pb 元素含量差别很大且变化范围较广。Au 含量为 0.05~8.95ppm，平均值为 1.69ppm；Ag 含量为 7~630ppm，平均值为 106ppm；Cu 含量为 1.1~22.0wt.%，平均值为 6.58wt.%；Zn 含量为 0.4~30.9wt.%，平均值为 9.18wt.%；Pb 含量很低，仅为 0.01~1.20wt.%，平均值也仅为 0.15wt.%，资源价值最低。

表 2.4 洋中脊主要热液矿点贵贱金属元素含量

序号	矿点名称	水深(m)	扩张速率(mm/a)	围岩类型	样品数量	Cu(wt.%)	Zn(wt.%)	Pb(wt.%)	Au(ppm)	Ag(ppm)
1	Southern Explorer Ridge	1850	60	MORB	51	3.2	5.4	0.11	0.72	124
2	Middle Valley	2400	56	sediment-MORB	100	1.1	2.8	0.03	0.16	7
3	Endeavour Ridge	2200	60	MORB	140	2.6	7.5	0.41	0.20	195
4	Axial Volcano	1550	56	MORB	121	1.8	17.0	0.25	2.22	283
5	Northern Cleft	2300	56	MORB	26	1.7	26.6	0.50	0.25	225
6	Southern Cleft	2300	56	MORB	16	1.1	30.9	0.10	0.11	230
7	Escanaba Trough	3300	55	sediment-MORB	51	1.8	5.6	1.20	1.29	163
8	21°N EPR	2600	68	MORB	46	5.4	12.2	0.07	0.13	83
9	13°N EPR	2600	96	MORB	51	5.4	11.1	0.07	0.63	63
10	11.5°N EPR off-axis volcano	2580	100	MORB	36	2.6	1.0	0.02	0.10	12
11	11°N EPR	2570	102	MORB	11	1.6	26.6	0.06	0.15	37
12	Galapagos Rift	2500	65	MORB	116	4.9	3.1	0.03	0.28	37
13	07°24'S EPR	2740	134	MORB	13	11.1	2.1	0.04	0.05	23
14	16°43'S EPR	2750	152	MORB	19	10.2	8.5	0.04	0.32	55
15	18°30'S EPR	2640	153	MORB	35	4.9	17.5	0.10	0.58	163
16	21°30'S EPR	2780	155	MORB	28	9.8	4.3	0.05	0.41	62
17	37°40'S PAR	2200	94	MORB	24	3.8	3.1	<0.1	0.82	40
18	Lucky Strike	1700	20	MORB	36	4.5	2.0	<0.1	0.08	35
19	Rainbow	2300	21	ultramafic	62	11.0	18.0	<0.1	2.53	189
20	Broken Spur	3100	24	MORB	76	4.9	3.7	0.04	1.64	30
21	TAG	3650	24	MORB	541	3.3	3.0	0.01	1.15	50
22	Snake Pit	3300	25	MORB	100	7.0	4.6	0.07	1.58	67
23	Krasnov	3800	25	MORB	137	5.6	0.4	<0.1	1.11	22
24	Logatchev	3000	30	ultramafic	56	21.2	3.3	0.03	7.90	41
25	Ashadze	4100	26	ultramafic	127	10.5	13.4	<0.1	3.67	75
26	Turtle Pits	3000	32	MORB	43	7.0	2.3	<0.1	0.26	17
27	Nibelungen	2900	33	ultramafic-MORB	9	17.3	16.2	0.10	8.95	37
28	Dragon Flag	2750	12	MORB	22	2.5	3.1	0.01	1.80	64
29	Mt. Jourdanne	2940	14	MORB	9	1.9	16.7	1.18	4.29	630
30	Sonne/MESO/JX Area	2840	50	MORB	24	12.1	2.8	0.04	1.02	46
31	Edmond	3390	46	MORB	43	6.7	11.2	0.06	3.60	199
32	Kairei	2460	48	ultramafic-MORB	25	22.0	7.7	0.03	6.15	78
	平均值				2194	6.58	9.18	0.15	1.69	106

资料来源：国际海底管理局数据中心；Hannington et al.，2005，2010；黄威等，2011；王叶剑，2012

注：PAR. 太平洋-南极海岭（Pacific-Antarctic Ridge）

表 2.5 不同围岩类型洋中脊多金属硫化物矿床的贵贱金属元素含量

围岩类型	矿床数量	Cu（wt.%）	Zn（wt.%）	Pb（wt.%）	Au（ppm）	Ag（ppm）	Fe（wt.%）
MORB	51	4.5	8.3	0.2	1.3	94	27.0
ultramafic	12	13.4	7.2	<0.1	6.9	69	24.8
sediment-MORB	3	0.8	2.7	0.4	0.4	64	18.6

资料来源：Petersen et al.，2016

在不同类型围岩中，Au、Ag 贵金属和 Cu、Zn 贱金属元素的含量差异也较大（图 2.17～图 2.20），赋存在无沉积物覆盖洋中脊超镁铁质围岩多金属硫化物中的 Au 元素含量约是洋中脊镁铁质围岩多金属硫化物中的 5 倍，Cu 元素含量也高出近 2 倍，但前者中的 Zn 元素和 Ag 元素的含量要比后者略低。由此可见，洋中脊超镁铁质围岩热液系统比镁铁质围岩热液系统更具有形成富集 Au 和 Cu 的多金属硫化物矿床的优势。有沉积物覆盖的镁铁质围岩多金属硫化物矿床通常离陆地较近，受沉积物的影响比较大，相对于无沉积物覆盖的热液矿床而言，显示出了 Cu、Zn、Au 元素含量急剧降低和 Ag 元素含量小幅下跌的特征，但其 Pb 元素含量却显著升高了 1 倍，这些信息表明前者可能有

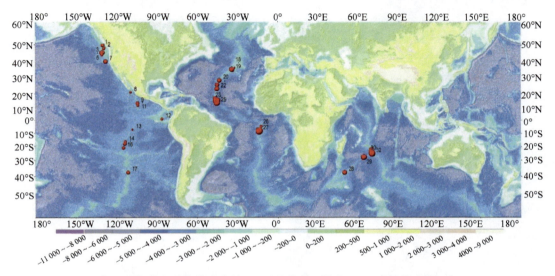

图 2.17 洋中脊主要热液矿床的 Au 元素含量（单位：ppm）（黄威等，2011）

图中数字与表 2.4 中的序号相对应

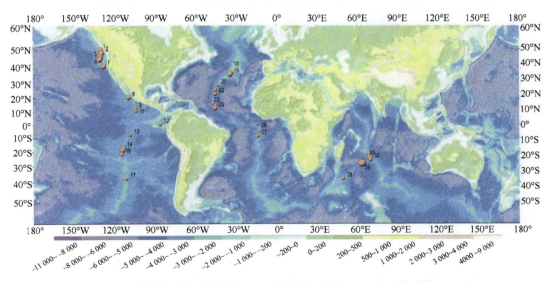

图 2.18 洋中脊主要热液矿床的 Ag 元素含量（单位：ppm）（黄威等，2011）

图中数字与表 2.4 中的序号相对应

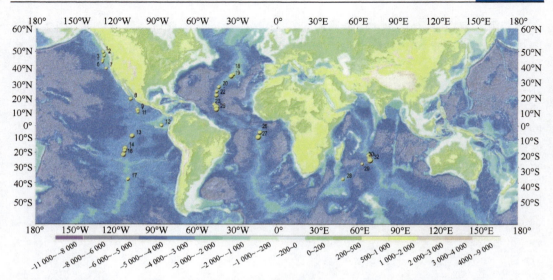

图 2.19 洋中脊主要热液矿床的 Cu 元素含量（单位：wt.%）（黄威等，2011）
图中数字与表 2.4 中的序号相对应

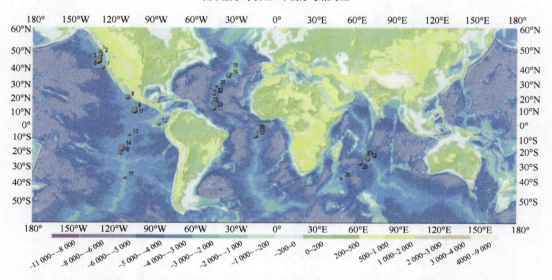

图 2.20 洋中脊主要热液矿床的 Zn 元素含量（单位：wt.%）（黄威等，2011）
图中数字与表 2.4 中的序号相对应

更多陆源物质的贡献。从全球各洋脊段上发育的多金属硫化物矿床中的贵贱金属元素含量的分布情况来看（图 2.17～图 2.20），发育在中-慢速和超慢速扩张洋中脊的多金属硫化物矿床的 Au、Ag 和 Cu 含量明显要高于快速和超快速扩张洋中脊（黄威等，2017），这可能与前者赋矿围岩组合中超镁铁质组分的广泛发育有关；然而 Zn 的含量特征并不符合以上规律，表明其物质来源与围岩的相关性可能没有 Au、Ag 和 Cu 那么紧密。

最近，German 等（2016）还从成因机制角度对洋中脊热液矿床到底是岩浆成因还是构造成因进行了划分。他们认为形成于洋脊段中心区域高地上的多金属硫化物矿床不仅面积小且周围被大量的新鲜熔岩包围，具备岩浆成因热液矿床的典型特征。而构造成因热液矿床多数位于洋脊段内的裂谷壁上，少数位于两个二级洋脊段之间的非转换断层不连续区域内，多金属硫化物矿床的面积大，发育深大断裂（拆离断层），还可能出现核杂岩、超镁铁质岩、蛇纹岩等。根据这一划分方案，大部分发育在东太平洋和东南太平洋的热液矿床都属于岩浆成因矿床，其矿床的规模小，贵贱金属的含量也相对较低；而以龙旂热液区、TAG 热液区等为代表的发育在中-慢速甚至是超慢速扩张洋中脊上的大部分矿床则属于构造成因矿床，这类热液区能稳定维持的时间更长，流体可持续运移和沉淀出更多的金属，因此赋存的多金属硫化物矿床规模也更大。

2.3 超慢速扩张西南印度洋中脊热液成矿作用

2.3.1 区域地质背景

印度洋中脊由中印度洋中脊、西南印度洋中脊和东南印度洋中脊组成。西南印度洋中脊西起布维三联点（Bouvet triple junction，BTJ），向东延伸至罗德里格斯三联点（Rodrigues triple junction，RTJ），以安德鲁·贝恩转换断层为界，东段走向为北东-南西，西段走向接近东-西，总长约为 8000km，宽为 200~1000km，最深处约为 6000m，是非洲板块和南极洲板块的边界（图 2.21）（Georgen et al.，2001）。西南印度洋中脊的扩张速率变化不大，全扩张速率为 14~18mm/a，属超慢速扩张洋中脊（Dick et al.，2003；叶俊等，2011a）。不同于其他洋中脊的垂直扩张，西南印度洋中脊部分洋脊段具有高度倾斜扩张的特点，洋中脊扩张中心多发育较深的轴向裂谷，并且被一系列 NNE 向转换断层切割（图 2.21），基底岩石主要由玄武岩、橄榄岩和辉长岩构成（图 2.22），转换断层附近偶然出露地幔物质——蛇纹石化橄榄岩，较大断裂区段还出露辉长岩（Bach et al.，2002；叶俊等，2011；陈灵等，2013）。地形和地球物理资料表明西南印度洋中脊沿其走向从 BTJ 到 RTJ，中央裂谷形态、地壳厚度、地形地貌特征、地幔组成和岩浆活动等都具有明显差别，因此西南印度洋中脊已成为近些年研究的热点（叶俊等，2011；陶春辉等，2014）。此外，西南印度洋广泛发育洋底高原和微陆块，这些洋底高原和微陆块中的凯尔盖朗、克罗泽、马里昂为正在活动的热点，其中，马里昂热点可能与现今西南印度洋中脊发生洋中脊-热点相互作用（Georgen et al.，2001；Zhou and Dick，2013；张涛等，2013）。

沿西南印度洋中脊的走向，可以清楚地看出其结构上具有较明显的变化特征。总体而言，从 BTJ 到 10°E，西南印度洋中脊以封闭空间的转换断层为特征。Shaka 转换断层与 15°E 之间，洋中脊高度倾斜（51°），平均水深约为 4000m（Dick et al.，2003）。在 16°~25°E 近 600km 长的洋脊段，水深约为 3500m，且洋中脊与扩张方向近乎垂直（Grindlay et al.，1998）。再向东，杜托伊特（Du Toit）、安德鲁贝恩（Andrew Bain）、马里昂（Marion）和爱德华王子（Prince Edward）几个转换断层使西南印度洋中脊偏移了 1200km 之多。爱德华王子（Prince Edward）、发现Ⅱ（DiscoveryⅡ）、英多姆（Indomed）和加列尼（Callieni）4 个转换断层（分别位于 35°30′E、42°E、46°E、52°20′E）间的 3 个次级洋脊段显示出几乎恒定或仅有微小变化的倾角（25°），并具有相应等深形态隆起，这些等深隆起在 2200km 长的洋脊段平均水深约为 3200m（Georgen et al.，2001）。隆起的中心在 DiscoveryⅡ和 Indomed 转换断层之间，其水深（3600m）要比周边洋脊段更大一些。

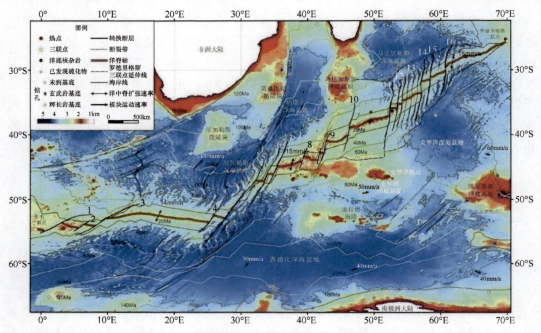

图 2.21　西南印度洋中脊构造简图（李江海等，2015）

断裂带：1. 布维转换断层（Bouvet FZ）；2. 伊斯拉斯奥卡达斯转换断层（Islas Orcadas FZ）；3. 恰卡转换断层（Shaka FZ）；4. 杜托伊特转换断层（Du Toit FZ）；5. 安德鲁贝恩转换断层（Andrew Bain FZ）；6. 马里昂转换断层（Marion FZ）；7. 爱德华王子转换断层（Prince Edward FZ）；8. 埃里克辛普森转换断层（Eric Simpson FZ）；9. 发现Ⅱ转换断层（DiscoveryⅡ FZ）；10. 英多姆转换断层（Indomed FZ）；11. 加里尼转换断层（Gallieni FZ）；12. 加塞列转换断层（Gazelle FZ）；13. 高斯转换断层（Gauss FZ）；14. 亚特兰蒂斯Ⅱ转换断层（AtlantisⅡ）；15. 诺瓦拉（Novara）；16. 梅尔维尔转换断层（Melville FZ）。资料来源：GEBCO08 卫星海底地形数据；洋壳年龄：EarthByte，2008；钻孔数据：DSDP、JODP 航次报告；板块运动速率：Demets et al.，1990

这一隆起的东侧，轴深稳定增加，最深处在 Melville 转换断层和靠近 RTJ 的 69°E 之间，达到 4730m（Mendel et al.，1997）。Gallieni 转换断层和约 64°E 之间的洋脊段，有明显的倾角（>30°），并且可以达到离轴一定距离的范围，包括 AtlantisⅡ、Novara 和 Melville 转换断层（57°E、58°24′E 和 60°45′E），以及一些非转换型轴部不连续带。64°~67.5°E 的洋脊段仅有微小的倾角，但在接近三联点处倾角增加（Patriat et al.，1997；Sauter et al.，2001）。从 61°E 到 RTJ 与 9°~25°E 一样，西南印度洋中脊几乎没有大型的转换带和非转换型不连续带（Sauter et al.，2004；Cannat et al.，2006）。

超慢速扩张的西南印度洋中脊平均洋壳厚度比快速扩张洋中脊洋壳厚度更小，呈现出岩浆作用洋脊段与非岩浆作用洋脊段相间的地质特征。在岩浆作用洋脊段的扩张中心洋壳厚度比较大，如在 50°28′E 的洋中脊扩张中心处厚度可达 10km（Li et al.，2015）；而在非岩浆作用洋脊段及转换断层处，由于岩浆作用稀少，洋壳厚度很小甚至缺失。因此，从整体上看，在岩浆作用洋脊段，洋壳广泛出露玄武岩，而在非岩浆作用洋脊段及转换断层附近，则大量出露地幔橄榄岩或辉长岩（图 2.22）（叶俊，2012）。沿洋中脊轴的深度、重力变化（Patriat et al.，1997；Cannat et al.，1999）及玄武岩的地球化学特征（Mendel et al.，2003）表明，Melville 转换断层在岩浆产生和分布上是一个重要的界线，该转换断层东侧比西侧的岩浆补给多但稳定性差。

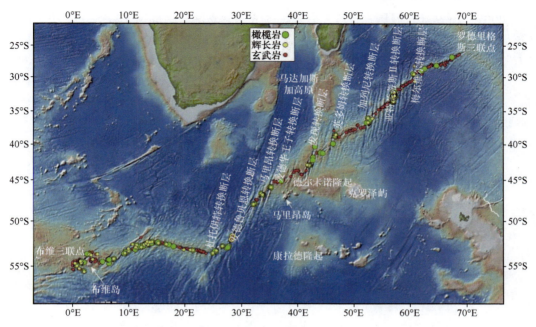

图 2.22 西南印度洋中脊基底岩石样品分布图（Zhou and Dick，2013）
红色点代表玄武岩样品；黄色点代表下洋壳辉长岩样品；绿色点代表地幔橄榄岩样品

2.3.2 西南印度洋中脊热液活动概述

20 世纪 90 年代，在西南印度洋中脊发现了多处热液异常。例如，1997 年 Fuji 航次在西南印度洋中脊东部发现 6 处热液异常，1998 年 Indoyo 航次在西南印度洋中脊（27°51′S，63°56′E）发现非活动的 Mt. Jourdanne 热液区，2000 年 R/V Knorr 162 航次在西南印度洋中脊西部发现 8 个热液异常点，2001 年在西南印度洋中脊 10°～16°E 发现 1 个超基性岩控制的非活动热液矿化点（Münch et al.，2001；陶春辉等，2014）。但是，直到 2007 年尚未在超慢速扩张洋中脊发现活动热液区。2007 年 1～3 月，我国在西南印度洋中脊（37°47′S，49°39′E）发现了第一个热液区（龙旂热液区），拍摄到了正在冒"黑烟"的多金属硫化物烟囱体、大量多金属硫化物和生物照片，并取得了多金属硫化物烟囱体、玄武岩等样品（Tao et al.，2012；陶春辉等，2014）。截至目前，中国在西南印度洋中脊已经发现 8 处热液区，其中，6 处位于 49°～53°E 段，2 处位于 63°～64°E 段（Tao et al.，2014）。

2.3.2.1 西南印度洋中脊 49°～53°E 段

49°～53°E 段洋中脊主要位于西南印度洋中脊的中部，处于 Indomed 和 Gallieni 转换断层之间，是目前西南印度洋中脊热液活动调查程度最高的海区（王琰等，2015）。8～10Ma 以来该段洋中脊经历了岩浆供给突然增加的过程，地球物理资料表明该段洋中脊中部是岩浆供给最多的区域，水深最浅为 1570m，发育有大量平顶火山，部分洋脊段的洋中脊裂谷消失。该区域两侧脊轴水深逐渐加深，并分别延伸到 Indomed 和 Gallieni 转换断层（陶春辉等，2014）。

2007～2009 年，我国在该段洋脊发现的 6 个热液区分别位于（37°56′S，49°16′E）（玉皇热液区）、（37°47′S，49°39′E）（龙旂热液区）、（37°39′S，50°24′E）（断桥热液区）、（37°37′S，50°56′E）（长白山碳酸盐区）、（37°27′S，51°19′E）（51°19′E 热液区）和（36°6′S，53°15′E）（53°15′E 热液区）（图 2.23）。在断桥热液区采到了大量以蛋白石为主的富硅沉积物和多金属硫化物（Tao et al.，2009a）；在长白山碳酸盐区发现了大范围覆盖的碳酸盐沉积；在 51°19′E 热液区探测到温度和浊度异常，并获得了少量多金属硫化物样品；在 53°15′E 热液区探测到多处温度和浊度异常，获得贻贝等热液生物（陶春辉等，2014）。

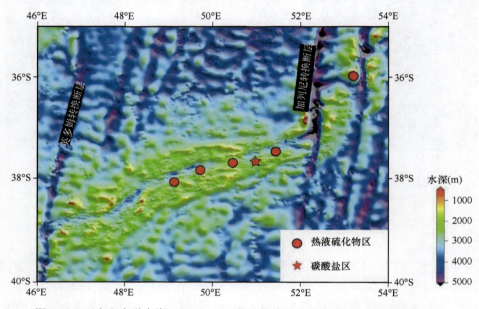

图 2.23　西南印度洋中脊（49°～53°E 段）热液活动分布图（Tao et al.，2014）

1）龙旂热液区

龙旂热液区位于洋中脊小型非转换断层错断与洋中脊裂谷正断层交汇点，中轴裂谷东南斜坡的丘状突起正地形上，水深约为 2755m（图 2.24）（陶春辉等，2011，2014）。该区周围地形高低起伏不平，玄武岩普遍出露，缺乏深海沉积物。以往的研究认为，慢速-超慢速扩张洋中脊发育大量低角度拆离断层，长时间活动的拆离断层使得大量下地壳和地幔物质暴露在海底，形成大洋核杂岩（Tucholke et al.，2008；Blackman et al.，2009；陶春辉等，2014）。因此，拆离断层被认为是慢速-超慢速扩张洋中脊海底热液活动发育的重要控矿构造之一（McCaig et al.，2007；Fouquet et al.，2010；陶春辉等，2014）。龙旂热液区周边洋壳明显减薄，说明其可能处于拆离断层的发育早期，这为该区的热液循环提供了重要通道（Zhang et al.，2013；陶春辉等，2014）。

目前已经在龙旂热液区发现了 3 处喷口区，分别是 S 区、M 区和 N 区（图 2.24）。该热液区热液活动影响范围大，其低磁带面积达到 $6.7×10^4m^2$，超过 Juan de Fuca 洋中脊的 Relict、Bastille 热液区和大西洋中脊的 TAG 热液区（Zhu et al.，2010；陶春辉等，2014）。利用美国伍兹霍尔海洋研究所（Woods Hole Oceanography Institute）的"ABE"水下机器人在 S 区进行了离底 5m、50m 和 150m 的水体异常探测。通过加载在 "ABE" 上的温度、浊度和氧化还原电位（oxidation-redox potential，ORP）（Eh）传感器，可以准确描绘出该热液喷口区（S 区）周围水体的异常分布特征。其中，离底 5m 探测面上探测到的温度、浊度和 Eh 异常分别达 2.6℃、3.16NTU 和 –1.02V，估算其喷口范围为 120m×100m。M 区位于 S 区的西北侧，相距约 450m。N 区位于 M 区的北侧，与 M 区相距约 110m。"ABE" 水下机器人在近底探测过程中拍摄到较为密集的热液生物群落，发现了贻贝、鳞脚螺、铠茗荷和海葵等大型海底生物（Tao et al.，2012；陶春辉等，2014）。

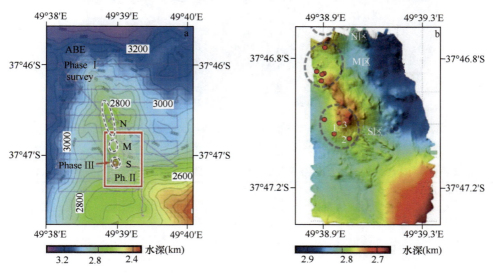

图 2.24　西南印度洋中脊龙旂热液区热液活动分布（Tao et al.，2012）
a. 热液活动的分布特征；b. S、M 和 N 区分布于约 1000m 的范围内；红色圆圈代表了电视抓斗获取多金属硫化物样品的位置；1、2、3 代表了高温喷口的分布区

龙旂热液区赋矿玄武岩中裂隙较为发育，导致部分岩石呈角砾状。这些岩石普遍发育蚀变现象，以硅化和绿泥石化为主，还可见到沸石化、蛇纹石化、碳酸盐化和绿帘石化等。手标本和镜下观察表明，多金属硫化物的产出总是伴随着围岩蚀变，矿化总是与硅化脉体、绿泥石化脉体及硅化-绿泥石化细脉、网脉或其他形式的硅化、绿泥石化等在空间上密切共生，说明二者可能有密切的成因联系。

龙旂热液区目前采集到的多金属硫化物样品以多金属硫化物烟囱体和块状多金属硫化物为主，包括次生氧化矿石（图 2.25a）和原生多金属硫化物矿石（图 2.25b、c）两大类。根据矿石主要矿物组成及富集元素特征，可将其划分为两类：富 Zn 多金属硫化物矿石和富 Fe 多金属硫化物矿石（陶春辉等，2011），其分别对应不同的成矿阶段。典型多金属硫化物样品的主、微量元素组成表明（表 2.6），样品的 Fe、Cu、Zn 金属含量较高，其中，Fe 含量为 35.14~52.5wt.%，平均为 42.62wt.%；Cu、Zn 的含量变化较大，Cu 含量为 0.02~7.44wt.%，平均为 2.47wt.%，Zn 的含量为 0.02~6.11wt.%，平均为 2.40wt.%；Au 的含量为 0.052~2.54ppm，平均为 1.07ppm；Ag 的含量为 1.72~106.52ppm，平均为 36.44ppm。对该区热液产物稀土元素特征的研究表明，成矿流体性质与一般洋中脊成矿流体性质相似，具有高温和还原性的特点（王振波等，2014）。

图 2.25　西南印度洋中脊龙旂热液区多金属硫化物矿石手标本照片图
a. 热液喷口通道（多金属硫化物被氧化淋滤）；b. 黄铜矿矿石；c. 黄铁矿矿石

表 2.6　西南印度洋中脊龙旂热液区多金属硫化物主微量元素组成（陶春辉等，2011）

样号	Fe (%)	Cu (%)	Zn (%)	S (%)	Si (%)	Mn (%)	Co (ppm)	Ni (ppm)	As (ppm)	Pb (ppm)	Ag (ppm)	Au (ppm)
1	46.60	1.21	2.69	—	2.71	—	185.5	2.2	74.0	105.4	50.4	1.70
2	43.70	5.80	4.37	—	2.07	—	288.9	2.8	63.8	143.2	106.5	2.54
3	47.90	2.07	2.56	—	3.58	—	239.8	2.0	99.2	95.8	71.3	2.00
4	46.80	2.62	3.54	—	4.42	—	281.1	1.6	102.1	99.3	57.5	1.70
5	52.50	1.02	0.58	—	2.80	—	564.4	2.1	97.6	121.6	11.2	0.80
6	35.14	7.44	0.36	41.17	0.60	0.03	8.0	67.0	57.0	77.0	13.4	0.03
7	45.93	1.60	1.34	32.25	6.79	0.01	1039.0	105.0	—	24.0	3.3	0.52
8	32.13	0.47	0.02	27.80			1045.0	1.1	4.8	11.0	1.7	0.05
9	32.87	0.02	6.11	39.48	3.55	0.01	315.0	7.0	41.0	265.0	12.6	0.30
平均值	42.62	2.47	2.40	35.18	3.32	0.02	440.7	21.2	67.4	104.7	36.4	1.07

注：—表示未检出

富 Zn 多金属硫化物矿石的矿物组成主要为闪锌矿、黄铁矿、黄铜矿及少量的自然金。矿石中广泛发育溶蚀孔洞构造、同质增生结构、孔洞周围高 Fe 环带结构等，表明该类型矿石在成矿后曾被后期富 Fe 高温流体叠加改造（Fouquet et al., 1991；叶俊，2010）。富 Fe 多金属硫化物矿石的矿物组成主要为黄铁矿、磁黄铁矿、白铁矿、闪锌矿，此外还有等轴古巴矿、黄铜矿及微量自然铜、自然钨等。其中，黄铁矿常见半自形-自形粒状结构（图 2.26a）、环带状结构（图 2.26b）及纹层状结构（图 2.26c），且局部常被交代形成白铁矿（图 2.26d）；黄铜矿常呈叶片状（图 2.26e），推测可能为方铁黄铜矿，其常与闪锌矿共生（图 2.26f），或以石英-黄铜矿脉的形式沿裂隙充填（图 2.26g），偶见黄铜矿沿黄铁矿的边部进行交代（图 2.26h）；另外，该类矿石中还广泛发育等轴古巴矿固溶体分解结构，表明富 Fe 多金属硫化物阶段成矿流体具有高温富 Fe 性质（叶俊等，2011）。

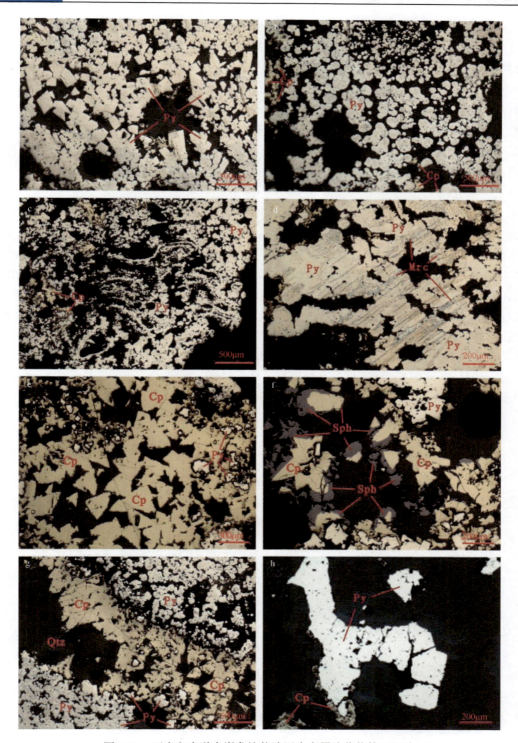

图 2.26　西南印度洋中脊龙旂热液区多金属硫化物镜下照片

a. 半自形-自形粒状黄铁矿；b. 半自形粒状黄铁矿,由流体通道中心向外粒径逐渐变大；c. 黄铁矿纹层状结构；d. 黄铁矿被白铁矿交代；e.（方）黄铜矿的叶片状结构；f.（方）黄铜矿被闪锌矿交代；g. 石英-黄铜矿脉；h. 黄铜矿交代早期黄铁矿。Py 表示黄铁矿；Cp 表示黄铜矿；Mrc 表示白铁矿；Sph 表示闪锌矿；Qtz 表示石英根据矿物组合特征及矿石结构构造，推断该热液区多金属硫化物矿石的形成至少经历了两个矿化阶段。阶段Ⅰ：富 Zn 多金属硫化物成矿阶段，矿物组合以闪锌矿-黄铁矿-黄铜矿为主，沉淀过程中流体温度相对较低。阶段Ⅱ：富 Fe 多金属硫化物成矿阶段，矿物组合以黄铁矿-闪锌矿-等轴古巴矿为主，成矿流体温度相对较高（叶俊等，2011）。阶段Ⅱ对阶段Ⅰ的沉积物堆积体进行了叠加改造。成矿温度由低到高变化，反映该热液区成矿流体喷发具有幕式活动的特点。成矿流体温度的升高可能是热液区构造活动或底部岩浆活动的反映。结合区域地质背景资料，推测该区热液活动可能与其他洋中脊类似，同样受底部岩浆热源控制（叶俊，2010）。

2）断桥热液区

断桥热液区位于洋中脊轴部高地上，水深较浅，约为 1700m，周边地形较为平坦（图 2.27）。重力数据及其反演地壳厚度显示，27 洋脊段和 28 洋脊段具有牛眼（bull-eye）构造特点，即洋脊段中心表现为低的地幔布格重力异常（mantle Bouguer gravity anomaly，MBA），而两侧非转换不连续带（non-transform discontinuity，NTD）表现为高的 MBA 值，说明 27 洋脊段和 28 洋脊段中心洋壳厚度均比较大，特别是 27 洋脊段中心洋壳厚度超过 9km，推断其底部可能仍存在轴部岩浆房（AMC），为其提供岩浆来源（Mendel et al.，2003；杨伟芳，2017）。断桥热液区是利用深海摄像探测到弱 Eh、pH、H_2S 的异常而被发现的，其热液活动范围大约为 200m×125m，与龙旂热液区 S 区类似（Tao et al.，2012；杨伟芳，2017）。自 2008 年至今，通过多个航次的调查，已经在该区采集到了蛋白石烟囱体、多金属硫化物烟囱体及块状多金属硫化物等样品。

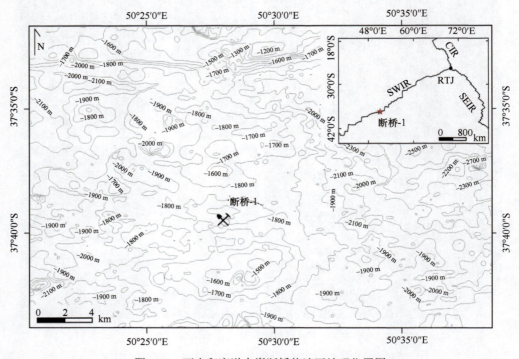

图 2.27 西南印度洋中脊断桥热液区地理位置图

断桥热液区多个站位获得了富硅沉积物样品,其形态和结构变化较大(图2.28a、b),从浅黄色、灰色到黑色,大部分样品疏松多孔,含水量较高,部分样品具有骨架结构,质地坚硬。X射线粉晶衍射结果表明富硅沉积物以蛋白石为主,其含量超过50%,含有少量的黄铁矿、白铁矿等多金属硫化物及硬石膏和重晶石等硫酸盐矿物。对富硅沉积物进行了扫描电镜分析,结果表明富硅沉积物结构较为简单,蛋白石以隐晶质和胶状分布,多呈球状,直径为10～30μm,部分表面光滑(图2.28c),部分受到溶蚀作用(图2.28d),部分球状蛋白石连接在一起呈链状和板状(图2.28e、f)。另外,还发现少量板状硬石膏(图2.28g)和草莓状黄铁矿(图2.28h)(陶春辉等,2014)。

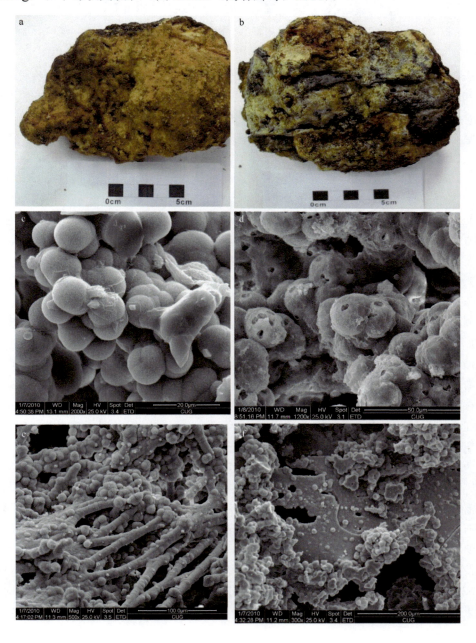

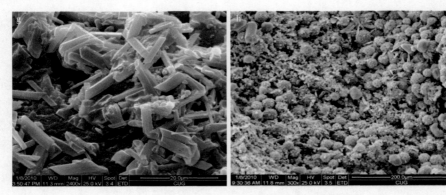

图 2.28　西南印度洋中脊 50°24′E 富硅沉积物照片和形貌结构（Tao et al., 2014）
a、b. 样品照片；c、d. 球状蛋白石；e. 链状蛋白石；f. 板状蛋白石；g. 板状硬石膏；h. 草莓状黄铁矿

成矿流体的性质和组成等在很大程度上取决于水岩反应的温度和压力、流体循环的深度和规模等因素，成矿流体与海水的混合方式是决定海底热液沉积类型的主要因素（Tivey，2007；陶春辉等，2014）。目前，有关热液区富硅沉积物的研究较少，在东太平洋海隆（Herzig et al.，1988）、中印度洋中脊（Halbach et al.，2002）、马里亚纳海沟（Stüben et al.，1994）和大西洋中脊的 TAG 热液区（Knott et al.，1998）、劳（Lau）盆地（孙治雷等，2012）曾有报道（陶春辉等，2014）。一般认为非晶质硅出现在热液活动的晚期，可作为大型多金属硫化物分布区的盖层。由于成矿流体中硅溶解度较高，高温成矿流体直接与海水混合一般不会沉淀出非晶质硅，只有成矿流体经过绝热降温过程或者经过降温过程之后与海水发生混合才会出现硅的沉淀。此外，微生物在富硅沉积物的沉淀过程中也发挥了重要作用（孙治雷等，2012；陶春辉等，2014）。

3）长白山碳酸盐区

长白山碳酸盐区周边地形起伏较小，西侧靠近小型的非转换断层不连续带。2009 年 1 月海上调查发现，该区覆盖了大范围的碳酸盐岩沉积，获得了"烟囱状"碳酸盐岩样品，并认为其可能是与 Lost City 热液区类似的热液碳酸盐区。但是，Lost City 热液区由热液集中喷溢形成的碳酸盐岩烟囱体仅出现于热液区中心的局部区域，大部分区域则被深海沉积碳酸盐岩覆盖（与研究区样品相似）。因此，目前关于该区碳酸盐沉积的成因还存在争议，需要进一步调查研究（陶春辉等，2014）。

在该区近底水体中没有探测到明显的温度和浊度异常，但发现了较弱的 CH_4 异常。利用电视抓斗在该区采到了 6 个站位的碳酸盐沉积物样品，样品表面多呈黑色，内部为浅黄色或者白色，无明显流体通道。选取代表性样品进行了矿物学和地球化学分析，其主要矿物为方解石、文石及含铁黏土，颗粒细小（图 2.29）（陶春辉等，2014）。样品整体具有富 Ca 贫 Mg 特征，Si、Al 和 Fe 含量变化较大且在部分样品中相对较高，表明存在绿泥石、黏土等碎屑矿物。稀土元素的球粒陨石标准化配分模式均呈右倾模式，分馏程度大体随稀土总量的增加而减弱，Eu 均呈现负异常（李三忠等，2012）。碳酸盐岩的 $^{87}Sr/^{86}Sr$ 平均值为 0.709 154，与海水（0.709 160）基本相同；$\delta^{18}O_{PDB}$ 为 0.143‰～3.414‰，$\delta^{13}C_{PDB}$ 为 0.630‰～1.414‰，均主要反映了海水的特征，所获碳酸盐岩样品的矿物学和地球化学结果表明其属于正常的深海沉积碳酸盐岩，其中碳主要源自海水（陶春辉等，2014）。

第 2 章 洋中脊热液活动与多金属硫化物成矿作用

图 2.29 西南印度洋中脊长白山碳酸盐区碳酸盐岩样品扫描电镜图（Tao et al.，2014）

2.3.2.2 西南印度洋中脊 63°～64°E 段

63°～64°E 段洋中脊位于西南印度洋中脊 Melville 转换断层和 RTJ 之间的区域，该区域洋中脊裂谷平均水深为 4730m，是西南印度洋中脊平均水深最深的区域，地幔温度更低，洋壳更薄。在 63°～64°E 段洋中脊发育的横向延伸达几千米的新火山洋中脊，被认为是发育热液活动的理想地区（Münch et al.，2001；陶春辉等，2014）。

其中，Mt. Jourdanne 热液区水深约为 2949m，位于（27°51′S，63°56′E），在 7 000～18 000 年前处于活动期，目前的调查没有探测到热液活动迹象（Münch et al.，2001；陶春辉等，2014）。该区多金属硫化物中出现类似弧后环境的方铅矿和其他含铅矿物与闪锌矿和方铁黄铜矿共生的现象，还见到无沉积物覆盖洋中脊环境中未见过的雄黄和硫锑铅矿，反映了超慢速扩张洋中脊特殊的成矿环境（Münch et al.，2001；陶春辉等，2014）。2009 年 2 月，我国在（27°57′S，63°32′E），即 Mt. Jourdanne 热液区的西南侧，发现了新的热液区（图 2.30），利用电视抓斗获得了黑色块状多金属硫化物、红褐色铁氢氧化物和多金属软泥等样品。块状多金属硫化物主要由等轴古巴矿、闪锌矿、白铁矿、铜蓝等矿物组成，Fe、Cu、Zn 和 Au、Ag 的含量分别是 24.82wt.%、2.47wt.%、0.002wt.%和 0.645ppm、0.42ppm。在该区取到的基岩样品蚀变严重，由蛇纹石及残留的橄榄石和辉石组成，判断其原岩为二辉橄榄岩。另外，在 Mt. Jourdanne 热液区的南侧区域探测到水体温度和浊度异常，并发现了热液贻贝等生物，但没有取到多金属硫化物样品。

2.3.3 西南印度洋中脊热液成矿作用

超慢速扩张洋中脊是一类特殊的洋中脊类型，由于岩浆供给贫乏，洋中脊具有火山增生脊段和非火山增生脊段相间发育的特点（Dick et al.，2003）。地幔物质的不均一性可能造成超慢速扩张洋中脊局部岩浆供给充足，是局部洋壳加厚的原因（Standish et al.，2008）。目前，在超慢速扩张洋中脊（如西南印度洋中脊）发现了大量的热液活动，这难以用传统的岩浆平衡理论解释（German et al.，1998a；Baker et al.，2004）。目前对于超慢速扩张洋中脊的热液系统成因及其成矿过程知之甚少（Tao et al.，2014）。西南印度洋中脊的多金属硫化物成矿特征复杂，例如，对 Mt. Jourdanne 热液区（约 64°E）的多金属硫化物的矿物学和地球化学研究表明，该区主要为富 Zn 多金属硫化物，具有较高的 Pb、As、Ag 和 Au 等微量元素含量，与弧后和岛弧地区以长英质容矿岩石为主的热液系统相似，无沉积物覆盖的洋中脊的多金属硫化物成矿模型难以解释微量元素的异常富集（Nayak et al.，2014）。

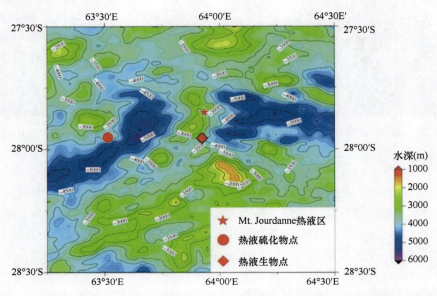

图 2.30　西南印度洋中脊 63°～64°E 段热液活动分布（Tao et al.，2014）

2.3.3.1　热源

洋中脊热液活动受到深部岩浆活动的强烈控制（Fouquet，1997b；Hannington et al.，2005；杨伟芳，2017），热液对流系统的发育程度取决于岩浆房的形态及其岩浆供给量。在不同扩张速率的洋中脊，驱动热液循环系统的岩浆热源的空间分布、规模、热量大小存在显著差别（Baker，2009；杨伟芳，2017）。在快速扩张洋中脊，由于岩浆喷发频繁，热液系统容易遭受破坏，热液活动的周期较短，不利于形成大规模的多金属硫化物矿床，发育的多金属硫化物矿床虽然广泛分布但规模相对较小。例如，在东太平洋海隆 9°30′N，多金属硫化物的体积仅为 $0.03×10^6 m^3$（Fornari et al.，1998；杨伟芳，2017）。在慢速扩张洋中脊，前人的研究推断存在 4 种潜在热源驱动热液在洋壳中对流：地幔上涌、岩石圈冷却放热、橄榄岩蛇纹石化释热及岩浆热源（Lowell et al.，2013；杨伟芳，2017）。

超慢速扩张西南印度洋中脊的地幔熔融程度很低，玄武岩洋壳很薄，岩浆供给及其带来的热储量极低，因此早期认为在此环境下很难形成热液活动（Baker et al.，1996；杨伟芳，2017）。但近些年的调查显示，在超慢速扩张 Gakkel 洋中脊和西南印度洋中脊，热液活动比预期要多，其热液活动发生率（F_s）甚至超过了快速和慢速扩张洋中脊（Beaulieu et al.，2015；杨伟芳，2017），传统的岩浆平衡理论已经难以解释该现象。一些研究认为，地幔物质的冷却和蛇纹石化释热可能为热液系统提供了额外的热量，因此超慢速扩张洋中脊的热液活动发生率甚至超过了快速和慢速扩张洋中脊（Baker and

German，2004；杨伟芳，2017）。最近，对西南印度洋中脊热液系统的研究表明，局部岩浆供给和稳定的洋壳渗透率可能是超慢速扩张洋中脊具有较高热液活动发生率的主要原因（Tao et al.，2012）。

龙旂和断桥热液区所处洋脊段位于西南印度洋中脊 Indomed（46.0°E）和 Gallieni（52°E）转换断层之间，二者相距约 70km。该段洋中脊地形明显隆起，洋中脊中段裂谷消失，发育大量圆顶火山（Dick et al.，2003），显示出岩浆活动强烈的特征，尤其是断桥热液区所处的 50.5°E 区域，地形隆起最高，由多个火山组成，可能为目前岩浆活动的中心。地震 3D 层析成像模型研究发现 27 洋脊段轴部之下存在 6km（N—S）×10km（E—W）×4km（Z）的大范围低速区，可能为残留的岩浆房（Niu et al.，2015），进一步论证了断桥热液区深部可能存在强烈的岩浆活动，为热液区的形成提供了热源。Sauter 等（2009）研究发现，该洋脊段在距今 8～11Ma 时岩浆供给突然增加，岩浆活动剧烈，岩石圈明显增厚，推测 Crozet 地幔热点的作用可能是造成该洋脊段增生异常的原因之一。

28、29 洋脊段目前无显著的岩浆活动，地形地貌特征显示洋中脊轴部及南翼构造活动强烈，除发育一系列近 E—W 向的线性构造以外，最明显的特征是发育大量的大型断块，显示了强烈的构造拉张作用（梁裕扬，2014）。在 28、29 洋脊段进行的地震层析成像研究（Zhao et al.，2013）、2D 反演、3D 层析成像研究（Li et al.，2015；Niu et al.，2015）及基于多波束地形数据对该洋脊段南侧隆起区的研究，均认为 28、29 洋脊段南翼在强烈的拉张作用下发育大型拆离断层及与之相关的海底核杂岩。

位于 28 洋脊段的龙旂热液区热液喷口的发育可能主要得益于大型拆离断层。其为低角度的深断层，可为热液喷口的形成提供长期稳定的流体循环通道，使得海水与 28 洋脊段岩浆源相互作用，形成热液活动，拆离断层及伴生的小断裂持续活动，导致热液活动也持续发生。从热液喷口发现的位置分析，该拆离断层的影响区域远不止海底核杂岩所出露的范围，向西至少可以延伸至龙旂热液区热液喷口位置（梁裕扬，2014）。但由于目前的研究资料有限，还有待使用微震数据对热液循环通道的形态和位置进行进一步的精细定位。

2.3.3.2 成矿物质来源

洋中脊多金属硫化物主要由硫与铁、铜、锌、铅等金属组成，由于铅与铁、铜、锌等金属化学性质类似，因此常在多金属硫化物中紧密共生，而锶 Sr 在海水中的滞留时间尺度（Ma）远远大于全球海水的混合时间尺度（×10³a），因此，多金属硫化物的 S、Pb 及 Sr 等同位素组成可以有效地限制成矿物质和流体的来源（叶俊，2010）。研究结果显示，龙旂热液区富 Zn 多金属硫化物中闪锌矿和黄铁矿的 $\delta^{34}S$ 值分别为+8.08‰～+8.27‰和+7.50‰～+7.67‰；而富 Fe 多金属硫化物中闪锌矿和黄铁矿的 $\delta^{34}S$ 值分别为+6.92‰～+8.31‰和+6.53‰～+8.82‰（叶俊，2010）。断桥热液区多金属硫化物烟囱体的 $\delta^{34}S$ 值变化范围较小，为+4.426‰～+4.715‰，而块状多金属硫化物的 $\delta^{34}S$ 值为+4.945‰～+5.621‰（杨伟芳，2017）。玉皇热液区东北区多金属硫化物矿石的 $\delta^{34}S$ 值为+3.75‰～+8.73‰，而西南区多金属硫化物矿石的 $\delta^{34}S$ 值为-1.37‰～+6.02‰。洋中脊多金属硫化物中的硫主要有 3 个来源：洋壳中淋滤出来的硫、海水中硫酸盐还原的硫及有细菌活动参与的沉积物中的硫（Seal，2006）。海水中硫酸盐还原的硫同位素 $\delta^{34}S$ 约为+21‰，而洋中脊玄武岩中多金属硫化物的硫同位素 $\delta^{34}S$ 约为（+0.1±0.5）‰（Ono et al.，2007；Tostevin et al.，2014）。由于硫酸盐还原菌的作用，沉积物中多金属硫化物的硫同位素发生分馏，与海水硫酸盐相比，多金属硫化物的 $\delta^{34}S$ 值通常亏损达 20‰~60‰（Hartmann and Nielsen，1968）。总体来看，龙旂热液区多金属硫化物的 $\delta^{34}S$ 值为+6.53‰~+8.82‰，断桥热液区多金属硫化物的 $\delta^{34}S$ 值为+4.426‰~+5.621‰，玉皇热液区多金属硫化物的 $\delta^{34}S$ 值为−1.37‰~+8.73‰。与其他洋中脊热液区相比，西南印度洋中脊多金属硫化物的 $\delta^{34}S$ 值具有变化范围更大的特征。例如，大西洋中脊的 TAG 热液区多金属硫化物的 $\delta^{34}S$ 值为+4.6‰~+8.2‰（Knott et al.，1998），Lucky Strike 热液区多金属硫化物的 $\delta^{34}S$ 值为+0.4‰~+3.6‰（Ono et al.，2007），Broken Spur 热液区多金属硫化物的 $\delta^{34}S$ 值为+0.8‰~+2.4‰（Duckworth et al.，1995），EPR 21°N 热液区多金属硫化物的 $\delta^{34}S$ 值为+1.4‰~+3.0‰（Zierenberg et al.，1984），EPR 13°N 热液区多金属硫化物的 $\delta^{34}S$ 值为+0.4‰~4.7‰（Bluth and Ohmoto，1988；Ono et al.，2007），EPR 9°~10°N 热液区多金属硫化物的 $\delta^{34}S$ 值为+3.1‰~+5.5‰（Rouxel et al.，2008），全球无沉积物覆盖洋中脊多金属硫化物的 $\delta^{34}S$ 平均值为+3.2‰（Herzig et al.，1998）。硫同位素组成特征表明西南印度洋中脊多金属硫化物的硫源可能受到多个端元的影响，龙旂与断桥热液区多金属硫化物具有较小的 $\delta^{34}S$ 值分布范围，但大于典型的洋中脊玄武岩中多金属硫化物的 $\delta^{34}S$ 值分布范围，说明这两个热液区的硫源以玄武岩中淋滤的硫为主，但可能混合有部分海水硫酸盐还原的硫。同时，龙旂热液区多金属硫化物相对断桥热液区多金属硫化物具有更高的 $\delta^{34}S$ 值，这表明龙旂热液区多金属硫化物可能有更多的海水中硫酸盐还原硫的贡献。而玉皇热液区多金属硫化物极高的 $\delta^{34}S$ 值表明较多的海水中硫酸盐还原硫的混合，极低的负 $\delta^{34}S$ 值则表明该热液区的硫源可能还有细菌还原硫。

龙旂热液区多金属硫化物矿石的 $^{206}Pb/^{204}Pb$、$^{207}Pb/^{204}Pb$ 及 $^{208}Pb/^{204}Pb$ 值分别为 18.170~18.214、15.460~15.504 及 37.893~38.031（叶俊，2010），断桥热液区多金属硫化物矿石的 $^{206}Pb/^{204}Pb$、$^{207}Pb/^{204}Pb$ 及 $^{208}Pb/^{204}Pb$ 值分别为 18.237~18.396、15.512~15.721 及 38.101~38.792（杨伟芳，2017）。总体而言，龙旂与断桥热液区多金属硫化物的 Pb 同位素组成全部落在西南印度洋中脊玄武岩范围内，远低于印度洋结壳和远洋沉积物，表明这两个热液区的成矿元素主要来自于玄武岩的淋滤，沉积物的贡献不明显。这与产出于其他无沉积物覆盖洋中脊的多金属硫化物矿床特征一致，如 TAG、EPR 13°N 和 EPR 18°S 等热液区（Lehuray et al.，1988；Mills et al.，1993；Fouquet and Marcoux，1995）。相反，有沉积物覆盖的多金属硫化物矿床，由于沉积物的贡献，形成的多金属硫化物更富放射性成因铅，例如，Juan de Fuca 洋中脊的 Middle Valley 热液区和 Endeavour 热液区的铅来自火山岩和沉积物两个端元的混合（Stuart et al.，1999；Yao et al.，2009；Cousens et al.，2013）；Gorda 洋中脊 Escanaba Trough 热液区的铅几乎全部来自沉积物（Zierenberg，1993）。综上，西南印度洋中脊的玄武岩可能是该区域多金属硫化物矿床的主要金属源。此外，与断桥热液区多金属硫化物相比，龙旂热液区多金属硫化物具有更低的 Pb 同位素组成，表明龙旂热液区的成矿金属可能有更多超基性岩物源的贡献，这也与该热液区目前观察到的主要受拆离断层控制的地质事实一致。

此外，由于 Sr 与多金属硫化物的主要组成元素（S 与 Fe、Cu、Zn、Pb 等金属元素）的半径差异显著，因此 Sr 不进入多金属硫化物的晶格（Shannon，1976），一般以流体包裹体或者矿物包裹体的形式存在于多金属硫化物中。因此，多金属硫化物的 Sr 同位素组成能反映成矿流体的 Sr 同位素特征。龙旂热液区多金属硫化物矿石的 $^{87}Sr/^{86}Sr$ 为 0.7086～0.7091，明显不同于该热液区的基底玄武岩的 $^{87}Sr/^{86}Sr$（0.7027～0.7033）（叶俊，2010）；断桥热液区多金属硫化物的 $^{87}Sr/^{86}Sr$ 为 0.7053～0.7090，也明显高于该热液区的基底玄武岩的 $^{87}Sr/^{86}Sr$ 组成（0.7030～0.7038）（杨伟芳，2017）。邓希光等（2012）获得西南印度洋中脊多金属硫化物的 $^{87}Sr/^{86}Sr$ 为 0.7067～0.7104。全球现代海水的 Sr 同位素组成均一，$^{87}Sr/^{86}Sr$ 为 0.709 180±0.000 012，而全球洋中脊玄武岩尽管存在明显的不均一性，但均具有较低的 $^{87}Sr/^{86}Sr$，为 0.7020～0.7030（叶俊，2010；邓希光等，2012）。尽管西南印度洋中脊多金属硫化物的 Sr 同位素组成变化范围较大，但这些多金属硫化物都具有富集放射性成因 Sr 同位素的特征，接近现代海水的 Sr 同位素组成，明显高于洋中脊玄武岩，这表明西南印度洋中脊多金属硫化物的成矿流体主要来源于海水淋滤玄武岩形成的热液。成矿流体的这一特征与其他洋中脊多金属硫化物类似，如大西洋中脊的 15.2°S 热液区（$^{87}Sr/^{86}Sr$ 为 0.7082～0.7090）（Wang et al.，2018）。

综合已有的多金属硫化物 S、Pb 和 Sr 同位素研究成果，认为西南印度洋中脊多金属硫化物的形成主要受海水对流的影响，海水淋滤基底玄武岩形成了成矿流体，玄武岩中的硫与海水中硫酸盐还原硫混合是多金属硫化物的主要硫源，并可能受到细菌还原硫的影响，而成矿金属则主要来源于对基底玄武岩的萃取，其他端元的贡献不明显。相对于断桥热液区，龙旂热液区多金属硫化物的硫有更多的海水中硫酸盐还原硫的参与，而成矿元素则为更偏基性的基底岩石的贡献。

2.3.3.3 成矿时代

准确的年代测定是矿床研究和对比的基础。多金属硫化物的年代学可揭示它们形成过程中的演化历史。有限的测年数据表明，海底热液系统一般具有周期性成矿特征，所形成的多金属硫化物矿床最大生命周期通常在 10^5a 左右（Lalou et al.，1993；Cherkashov et al.，2010；杨伟芳，2017）。现代海底多金属硫化物中，$^{230}Th/^{238}U$ 测年方法应用最为广泛（Lalou et al.，1985，1993，1998）。

$^{230}Th/^{238}U$ 年代学结果表明，西南印度洋中脊断桥热液区最年久的多金属硫化物的年龄为（84.338±0.534）×10^3a，来自于该热液区的北部。而最年轻的多金属硫化物则来自于该热液区的中部，为（0.737±0.023）×10^3a（杨伟芳，2017）。研究结果还表明，断桥热液区可能存在 4 次主要热液事件：（68.9±0.7）～（84.3±0.5）×10^3a 前；（43.9±0.9）～（48.4±0.4）×10^3a 前；（25.3±0.1）～（34.8±0.3）×10^3a 前；（0.737±0.023）～（17.3±0.1）×10^3a 前（杨伟芳，2017）。Münch 等（2001）重建了 Mt. Jourdanne 热液区的演化历史，结果指示了两次热液活动事件：40～70×10^3a 前和 13～27×10^3a 前。本文的研究结果表明，龙旂热液区的块状多金属硫化物的成矿年龄集中分布于（1.496±0.176）～（5.416±0.116）×10^3a，最大可达（15.997±0.155）×10^3a（Yang et al.，2017）。目前已有的西南印度洋中脊多金属硫化物年代学数据表明，龙旂热液区热液活动的形成时代明显小于断桥和 Mt.

Jourdanne 热液区。

与快速、中速、慢速扩张洋中脊硫化物矿石的成矿年龄相比，超慢速扩张洋中脊硫化物的成矿年龄同样分布广泛（杨伟芳，2017）。本书总结出了其他洋中脊热液区约 270 个硫化物样品年龄（n=270）分布，为（<10）~200×10^{3}a。大部分较老的硫化物（年龄>10×10^{3}a）来自于慢速-超慢速扩张洋中脊，如 SWIR、CIR、MAR 等（图 2.31）（杨伟芳，2017）。其中，大西洋中脊 Peterburgskoe 热液区的硫化物样品的成矿年龄最老，为（176.2±59）×10^{3}a（Cherkashev et al.，2013）。非活动热液区硫化物平均最大年龄为 80.52×10^{3}a，而活动热液区硫化物平均最大年龄为 41.23×10^{3}a，即大部分不活动热液区明显老于活动热液区。西南印度洋中脊断桥热液区残留烟囱体的最大年龄（84×10^{3}a）与 Mt. Jourdanne 热液区烟囱体的最大年龄（70×10^{3}a）较为接近（Münch et al.，2001；杨伟芳，2017）。而断桥热液区块状硫化物的年龄[（0.737±0.023）~（15.886±0.339）×10^{3}a] 比大部分热液区硫化物年龄要小，如 Rainbow、Sonna 及 Ashadze-2 热液区（图 2.31）（杨伟芳，2017）。

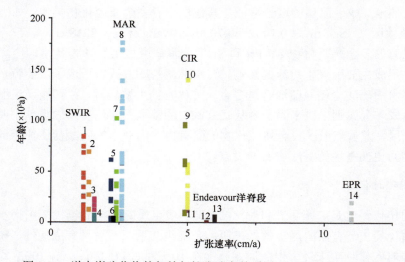

图 2.31　洋中脊硫化物的年龄与扩张速率关系图（Yang et al.，2016）

1. 断桥；2. Mt. Jourdanne；3. Ashadze-2；4. Ashadze-1；5. Rainbow；6. Snake Pit；7. TAG；8. MAR 热液区（包括 Semenov、Kranow、Zenith-Victoria、Puy Des Folles、Peterburgs、Logatchev-1、Logatchev-2、16°38′N、14°45′N）；9. Kairei；10. Talus Tips；11. Sonne Field；12. Northern Cleft；13. Endeavour；14. EPR。Endeavour 的部分样品定年方法为 ^{226}Ra/Ba；Northern Cleft Segment、Endeavour 和 EPR 的少部分样品定年方法为 ^{210}Pb/Pb；其他所有样品的定年方法均为 ^{230}Th/U

2.3.3.4　成矿模式

构造条件、岩浆作用和围岩性质是影响洋中脊多金属硫化物矿床的类型、形态和规模的主要因素。水深、热液系统的稳定性、渗透性、混合作用、流体沸腾、地质盖层条件等多种地质因素都制约着洋中脊多金属硫化物矿床的成矿条件和过程（Fouquet，1997b；杨伟芳，2017）。无论是以基性岩还是超基性岩为基底的热液区，多金属硫化物矿床的形成均受到外部条件如水深、水力压裂及渗透性的控制（Fouquet，1997b；杨伟芳，2017）。在以玄武岩为基底的热液区，一般形成典型的硫化物丘状体，而在以超基性岩为基岩的热液区，如 Rainbow、Logatchev、Ashadze 热液区，成矿流体的运移明显不如玄武质区集中，在大部分热液区呈弥散状黑烟释放，形成相对平坦的硫化物堆积体（图 2.32）（Fouquet et al.，2010；杨伟芳，2017）。本书以西南印度洋中脊代表性的龙旂和断桥热液区为例，与研究程度最高的大西洋中脊进行对比，以探讨该地区洋中脊多金属硫化物矿床的控矿要素和成矿模式。

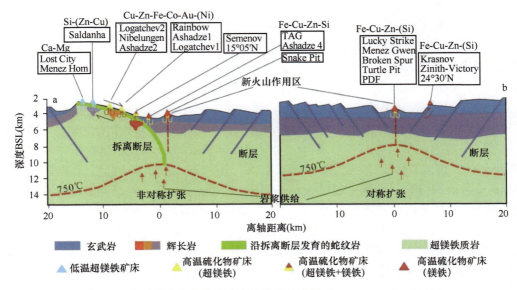

图 2.32　大西洋中脊热液系统成矿模式示意图（Fouquet et al.，2010）
a. 非对称扩张洋中脊；b. 对称扩张洋中脊

龙旂热液区发育于洋脊裂谷南侧的裂谷壁上，位于拆离断层的上盘，与大西洋中脊 TAG 热液区的发育位置相似。该区赋矿围岩主要为玄武岩，沉积物覆盖较少，其南部出露有蛇纹岩、蛇纹石化橄榄岩及热液蚀变碎屑（绿泥石、滑石和蛇纹石）。多金属硫化物呈孤立、巨大的多金属硫化物烟囱体或者烟囱群分布，部分区域可见多金属硫化物堆积体（陶春辉等，2014）。研究表明，龙旂热液区所采集到的多金属硫化物样品存在两个成矿阶段，富 Zn 硫化物成矿阶段和富 Fe 硫化物成矿阶段。前者成矿过程中成矿流体的温度较低，而后者的温度较高，表明该热液区并不是一次热液活动成矿流体不同温度演化阶段的结果，而是幕式排泄的结果（叶俊，2010）。成矿流体温度的升高可能是热液区构造活动或底部岩浆活动的反映。热液区金属物质来源主要是成矿流体对基底岩石的淋滤（叶俊，2010）。热液区的发育受到三方面因素的控制：拆离断层、正断层和局部岩浆活动。大量拆离断层的活动造成流体通道和流体运移速度的变化，导致老的通道逐渐被热液蚀变产物或者热液沉淀充填，同时新的裂隙产生，形成新的热液喷口（陶春辉等，2014；杨伟芳，2017）。

断桥热液区位于西南印度洋中脊 27 洋脊段轴部新生火山脊，与大西洋中脊的 Snake Pit 热液区类似。该区地形明显隆起，水深最浅为 1650m，不发育中央裂谷。洋中脊轴部区域可见较多的平顶火山，表明岩浆供给充足和岩浆活动剧烈（杨伟芳，2017）。该热液区的赋矿围岩主要为拉斑玄武岩,控矿构造主要为高角度正断层。由于 27 洋脊段为对称扩张洋中脊,发育了一系列的高角度正断层,垂向上与浅部的构造断裂及热收缩断裂组合成流体疏导网络,可能为海水下渗提供了通道。与此同时,岩浆、构造作用过程带来的热量使得下渗的海水被加热并驱动了热液循环(杨伟芳,2017)。高温岩体被下渗海水冷却,容易收缩形成热收缩缝隙,使得海水获得深部的热量进而促进热液系统在垂向上的范围不断扩大(Alt,1995;Wilcock and Delaney,1996;李兵,2014;杨伟芳,2017)。镁铁质围岩与流体的反应使得一些金属元素溶解并被淋滤,经过不断的热液循环,流体中金属元素逐渐浓缩并富集形成成矿流体,当喷出海底时,热液携带的金属元素以多金属硫化物的形式沉淀,形成高温黑烟囱,最早发育的烟囱形成于高渗透性火山岩系的顶部、热液喷口及其附近,晚期的烟囱则发育于多金属硫化物丘状体之上(杨伟芳,2017)。烟囱体不断生长,当其生长到一定高度后便坍塌形成烟囱碎屑丘状体。而后,在已形成的多金属硫化物丘状体内部,海水和高温流体又不断发生循环,形成完整的不同温度的矿物组合。多金属硫化物沉淀及堆积是烟囱体-丘状体共同作用的结果(Herzig and Hannington,1995;Ohmoto,1996;杨伟芳,2017)。同时,西南印度洋中脊断桥热液区独特的一点就是超厚地壳(厚度可达 10km),且超厚地壳可以追踪到脊轴外约 4Ma,并且有研究已证实有轴部岩浆房(axial magma chamber,AMC)的存在(Jian et al.,2016)。AMC 的熔融对热液活动具有重要作用。不活动热液区是由于岩浆供给结束,当熔融冷却后,轴部岩浆房的热传导路径将受到热液蚀变阻碍(Wilcock et al.,2009;杨伟芳,2017)。

第 3 章 洋中脊多金属硫化物矿床模型

现代洋中脊多金属硫化物矿床的成矿过程相似，但由于洋中脊扩张速率、岩浆作用、断裂构造、海底地形、水深、沉积物盖层、基底岩石类型及其渗透性等多种因素的影响，形成了不同类型的多金属硫化物矿床。早期人们只能借助潜水器、海底摄像等手段观察多金属硫化物矿床的二维平面产状，而深海钻探计划（Deep-Sea Drilling Project，DSDP）和综合大洋钻探计划的实施，则为了解洋中脊多金属硫化物矿床的三维内部结构提供了有利条件。基于洋中脊多金属硫化物矿床的外部几何形态和内部构造差异，从多金属硫化物产出形态的角度出发，可以将现代洋中脊多金属硫化物矿床归纳总结为 3 类不同的主要矿床类型（Hannington et al.，2005；Fouquet et al.，2010）。

（1）以 TAG 热液区为代表，赋存于玄武岩、辉长岩等镁铁质岩石中（镁铁质岩系统），多金属硫化物以典型的网脉状+丘体状形式产出，类似于陆地上"Cyprus（塞浦路斯）"型矿床。

（2）以 Logatchev 热液区为代表，赋存于方辉橄榄岩、蛇纹石化橄榄岩等超镁铁质岩石中（超镁铁质岩系统），多金属硫化物以较宽的网脉状+似透镜状/平板状形式产出。

（3）以 Middle Valley 热液区为代表，产于浊积岩及碎屑沉积物中（有沉积物覆盖系统），多金属硫化物以板状+网脉状+丘体状形式产出。

对于现代洋中脊多金属硫化物矿床而言，岩浆作用、断裂构造、海底地形、洋中脊扩张速率等区域控制因素主要影响热液区的产出位置，而决定多金属硫化物矿床产出的最主要因素可能是围岩类型及其本身的渗透性，水深、岩石破碎程度、构造稳定性及地质盖层也会产生一定的影响。因此，针对不同产出形态的矿床，所建立的矿床模型也不同。本章将在典型热液区研究和控矿要素分析的基础上，结合洋中脊多金属硫化物矿床产出形态的不同，建立矿床模型。

3.1 镁铁质岩系统多金属硫化物矿床模型

现代海底出露的岩石类型包括玄武岩、辉长岩、橄榄岩、蛇纹石化橄榄岩、玄武质安山岩、安山岩、流纹岩、英安岩、浊积岩等。玄武岩作为洋壳的主要组成部分，在洋中脊的分布最为广泛。对于不同扩张速率洋中脊的热液区，如快速扩张洋中脊的东太平洋海隆 9°～10°N、13°N 热液区，中速扩张洋中脊的 MESO 热液区，慢速扩张洋中脊的 TAG、Snake Pit、Lucky Strike、Broken Spur、Krasnov 热液区及超慢速扩张洋中脊的 Mt. Jourdanne 热液区，虽然它们的形成均与镁铁质岩石有关，但慢速和快速扩张洋中脊的多金属硫化物矿床模型存在一定差异。

3.1.1 镁铁质岩系统矿床模型

该类矿床的赋矿围岩一般以镁铁质火山岩为主,主要包括枕状、席状正常洋中脊玄武岩(N-MORB)、富集型洋中脊玄武岩(E-MORB)及辉长岩等,常发育绿泥石化、硅化和黏土化等围岩蚀变,常赋存在水深为1500~5000m的洋中脊。硫化物矿石的构造主要为块状构造、脉状构造、网脉状构造、角砾状构造等,矿石结构常见自形-半自形粒状结构、交代结构、浸染状结构、胶状结构等。矿石矿物主要为黄铜矿、黄铁矿、方铁黄铜矿等,闪锌矿和白铁矿次之,铜蓝、斑铜矿、蓝辉铜矿含量较少。非金属矿物则主要为石英、重晶石、石膏、硬石膏等。矿石金属元素组成以Cu、Zn为主,少数富集Au、Ag、Sb、Cd等元素(Humphris et al.,1995;Hannington et al.,2005)。

这类多金属硫化物矿床一般赋存在慢速扩张洋中脊,其成矿特征与"Cyprus"型矿床类似,如TAG热液区丘状体,但规模存在着一定的差异。由于块状或枕状火山熔岩渗透性较差,成矿流体通常沿主要断裂呈聚集式喷出(Hannington et al.,1998)。然而,慢速扩张洋中脊热液系统较为稳定,加之多次热液活动的叠加,使得成矿物质集中卸载,从而在海底表面小范围内堆积形成多金属硫化物丘状体。这类多金属硫化物丘状体一般呈圆丘状,由烟囱角砾和岩块(多金属硫化物和硬石膏)等组成,若热液系统仍处于活动状态,丘状体顶部会发育密集分布活动的黑白烟囱。矿床深部以发育石英-多金属硫化物网脉为特征,钻孔显示深部网脉带垂向上似管状,平面上近圆形,网脉带一般较窄,向两侧延伸的宽度不会超过丘状体的出露宽度,且向深部逐渐变窄(图3.1)。丘状体在垂向剖面上具有明显的分带性,呈叠瓦状构造,从浅部至深部发育不同的多金属硫化物和蚀变岩石组合类型,依次为块状多金属硫化物带(黄铁矿-黄铁矿角砾岩带)、多金属硫化物-硬石膏带(黄铁矿-硬石膏或黄铁矿-硬石膏-石英角砾组合)、石英-多金属硫化物带(黄铁矿-硅质岩角砾和硅化-绢云母化-绿泥石化围岩角砾岩带)及蚀变玄武岩带(绿泥石化-赤铁矿化)(Humphris and Cann,2000;蒋少涌等,2006;Humphris,2010)。

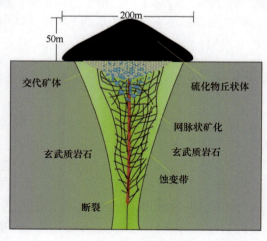

图3.1 慢速扩张洋中脊、离轴海山与镁铁质岩系统有关的多金属硫化物矿床模型(Fouquet,1997b)

第 3 章 洋中脊多金属硫化物矿床模型

此外,金属矿物和元素从中心向两侧也表现出一定的空间分带性:金属矿物分带表现为中心部位以黄铜矿、硬石膏为主,两侧以黄铁矿、闪锌矿为主,而矿床边缘则以铁的氢氧化物为主;元素分带表现为核部富 Cu,表面富 Zn,从中心向两侧依次为 Cu-Zn、Fe-Au、Ag、Sb(Humphris et al.,1995)。

在快速扩张洋中脊,由于构造活动强烈,洋壳岩石破裂严重,渗透性好,有利于成矿流体的运移,尤其是在洋中脊扩张的晚期阶段,成矿流体呈弥散式排放;另外,由于洋中脊的快速扩张,构造活动频率较高,造成多金属硫化物堆积体的不断迁移,因此,在快速扩张洋中脊,一般很难形成类似于 TAG 热液区的多金属硫化物丘状体,多金属硫化物主要以小型的、成行排列的不断迁移的烟囱体形式存在(图 3.2)。例如,在 EPR 13°N 热液区,22 个正在活动的热液点和 108 个已经熄灭的烟囱体密集分布在长 30km、宽 150m 的狭长地带内。每个热液点通常分布 3~10 个多金属硫化物烟囱体,烟囱体形态大小不一,高度从几米到最高 25m,直径可超过 3m(Fouquet et al.,1996)。然而,快速扩张洋中脊离轴海山稳定的构造环境和高的岩浆异常环境,常有利于大型多金属硫化物矿床的形成,这些区域多金属硫化物的产出类似于慢速扩张洋中脊的 TAG 热液区多金属硫化物丘状体,如东太平洋海隆 13°N、9°~10°N、21°N 热液区(Fouquet et al.,1996)。

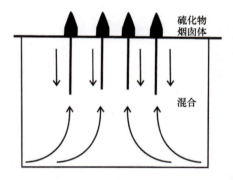

图 3.2 快速扩张洋中脊与镁铁质岩系统有关的多金属硫化物矿床模型(Fouquet,1997b)

3.1.2 镁铁质岩系统多金属硫化物矿床产出环境

与镁铁质岩有关的多金属硫化物矿床在现代洋中脊发育最为频繁,分布也最为广泛,其产出的地质环境也最为复杂。洋中脊的扩张速率、所处的扩张阶段不同,热液区产出的位置也不同(表 3.1)。通常,洋中脊岩浆脊段轴部地形高地、裂谷壁顶部与底部、离轴海山等位置最有利于该类矿床的产出(图 3.3)。而轴部透镜状地堑、与裂谷壁相交的断层、火山口及熔岩湖等则在局部上也有矿床的产出。

慢速扩张洋中脊常被转换断层或非转换断层不连续带分割成不连续脊段,脊段约长 60km、宽 15km,发育轴部裂谷,两端为转换断层或非转换断层不连续带,最新的火山活动一般集中在脊段中央部位,形成沿脊段走向延伸的狭长火山带。同时由于深部岩浆的侵入,上述火山带通常为正地形,平面上呈线状排列于慢速扩张洋中脊内(Fouquet et al.,2010)。在区域尺度上,洋脊轴部不连续火山形成的地形高地是慢速扩张洋中脊与

表 3.1 镁铁质岩系统多金属硫化物矿床地质特征（曹亮，2015）

典型热液区	位置	扩张速率 (mm/a)	水深 (m)	围岩类型	地质控制因素	规模	离轴距离 (km)	参考文献
TAG	大西洋中脊	23.6	3670	洋中脊玄武岩	裂谷壁底部+断裂交汇处+火山中心	丘状体直径约200m，高50 m	7	Alt and Teagle, 1998; Tivey et al., 2003
Snake Pit	大西洋中脊	26	3500	洋中脊玄武岩	中央新火山脊（地形高地？）+火山中心+透镜状地堑	3 个丘状体 40～100m 长，20m 宽，40m 高	0	Fouquet et al., 1993a
Lucky Strike	大西洋中脊	22	1700	洋中脊玄武岩	轴部锥形火山（地形高地）+N—S 向断裂+破火山口	多金属硫化物块体直径 n～30m，高 n～20m	0	Charlou et al., 2000; Humphris et al., 2002; Bogdanov et al., 2006; Escartin et al., 2008
Broken Spur	大西洋中脊	26	3050	洋中脊玄武岩	中央火山脊（地形高地？）+地堑裂谷壁+海山	5 个多金属硫化物丘状体，最高达35m	0	Murton et al., 1995; German and Parson, 1998
Mt. Jourdanne	西南印度洋中脊	9.6	2940	洋中脊玄武岩，富集型洋中脊玄武岩，超基性岩	轴部新火山脊顶部（地形高地？）+轴部地堑平行或垂直洋中脊走向的构造	单个多金属硫化物丘状体约 5m³	?	Nayak et al., 2014
MESO	中印度洋中脊	47	2850	洋中脊玄武岩	轴部新火山脊（地形高地？）+与洋中脊平行或垂直的山脊顶部+断层	面积 0.5km²	?	Münch et al., 1999
Edmond	中印度洋中脊	49.1	3300	洋中脊玄武岩	裂谷壁顶部+平行洋中脊走向的高角度正断层	面积约 100×90m²	7	Gallant and Von Damm, 2006; Kumagai et al., 2008; Okino et al., 2015
EPR 13°N 离轴海山	东太平洋海隆	120	2650	洋中脊玄武岩	离轴海山+塌陷火山口+塔岩流断裂	丘状体直径约 200m，高 75m	55	Hekinian et al., 1983; Fouquet et al., 1996
Axial 海山	胡安·德富卡中脊	60	1500	洋中脊玄武岩	离轴海山+塌陷火山口+塔岩流裂隙	厚 1～4m 的多金属硫化物建造	50	Escartin et al., 2008
EPR 13°N	东太平洋中脊	120	2630	洋中脊玄武岩	轴部地形高地+地堑断层/地堑中心熔岩湖	22 个喷溢点和108 个烟囱体沿轴狭长地带分布	0	Hekinian et al., 1983
EPR 9°～10°N	东太平洋海隆	110	2600	洋中脊玄武岩	轴部地形高地+地堑+破火山口凹陷边缘	18 个高温热液喷口点	0	Crane et al., 1988; Fornari et al., 2004

注："?"表示未确认

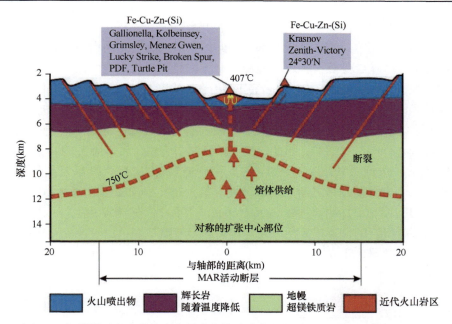

图 3.3 与镁铁质岩有关的多金属硫化物矿床产出位置（Fouquet et al.，2010）

镁铁质岩有关的多金属硫化物矿床产出的有利位置（图 3.4a）。例如，Lucky Strike、Broken Spur、Snake Pit、Gallionella、Kolbeinsey、Grimsley 等热液区均位于中央火山地形高地。此外，目前的研究表明，该类矿床不仅局限于洋中脊轴部，除了中央地形高地，裂谷壁顶部与底部和离轴海山也是常见的产出位置（图 3.4），部分情况下甚至可以分布在远离轴部达 2.5km 的位置，例如，TAG 热液区位于裂谷壁底部。

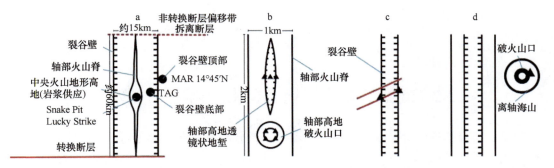

图 3.4 慢速扩张洋中脊与镁铁质岩有关的多金属硫化物矿床产出位置（Fouquet，1997b）
区域：a. 中央火山地形高地（Snake Pit，Lucky Strike）、裂谷壁底部（TAG）、裂谷壁顶部（MAR 14°45'N）。局部：b. 轴部高地破火山口（Snake Pit，Broken Spur），海山火山口（Lucky Strike）；c. 裂谷断层及与裂谷壁相交断层（TAG）；d. 离轴海山发育破火山口（EPR 13°N 离轴海山）

在局部尺度上，位于中央新火山带地形高地的热液区进一步受透镜状地堑或火山口的控制。例如，Snake Pit 热液区位于中央地形高地上发育的透镜状地堑中，而 Lucky Strike 热液区受中央地形高地火山口的控制（图 3.4b）。发育在裂谷壁顶部与底部的热液活动主要受到与洋中脊平行的地堑断层或与裂谷壁相交的断层控制，例如，TAG 热液区位于裂谷断层及与裂谷壁相交断层的交汇处（图 3.4c）。而离轴海山热液区主要受塌陷火山口及熔岩通道的控制（图 3.4d），如 EPR 13°N 离轴海山和 Axial 海山热液区热液喷口通常沿塌陷火山口和熔岩流裂隙位置分布。因此，局部上的控制因素与区域上的控制因素一般是相对的，区域上受控于构造而在局部上往往受控于火山，而在大的背景下受控于火山的局部反而受控于构造（Okino et al，2015）。

快速扩张洋中脊不同洋脊段之间也发育转换断层，但与慢速扩张洋中脊不同的是其无中轴裂谷，仅发育宽约 1km 的轴部地堑，最近的火山活动也主要集中在该地堑内，呈连续分布（Crane et al., 1988）。因此，快速扩张洋中脊由于轴部裂谷的缺失而不存在裂谷壁（Hekinian et al., 1983），该类洋中脊系统与镁铁质岩有关的多金属硫化物矿床，主要分布在两个主要断裂带之间的地形高地（图 3.5a）。例如，东太平洋海隆 13°N 热液区，岩浆作用的控制更加明显（Bougault et al., 1993）。在局部尺度上，洋中脊扩张阶段不同，热液区赋存的位置也有所变化。例如，热液喷口在火山阶段受轴部高地的火山口和熔岩湖控制（图 3.5b），而在构造阶段受地堑断层的控制，分布于地堑壁或地堑中心（图 3.5c、d）。

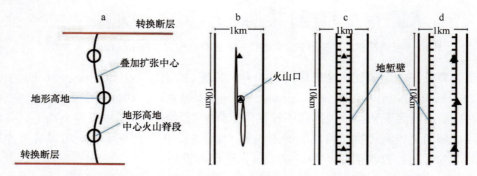

图 3.5　快速扩张洋中脊与镁铁质岩有关的多金属硫化物矿床产出位置（Fouquet，1997b）
区域：a. 中央地形高地（EPR 13°N）。局部：b. 火山阶段（EPR 17°30′S）；c. 早期构造阶段（EPR 13°N）；d. 晚期构造阶段（EPR 18°15′S）

3.2　超镁铁质岩系统多金属硫化物矿床模型

目前在全球洋中脊系统已发现的热液区大部分与海底玄武岩密切相关，但位于慢速扩张大西洋中脊的 Logatchev、Ashadze、Menez Hom、Nibelungen、Saldanha、Semenov、Rainbow 及 Lost City 等热液区，其矿化、蚀变类型及喷口流体特征等均与镁铁质岩系统明显不同（Marques et al., 2007）。下文以 Logatchev 热液区为例，详细介绍现代海底与橄榄岩等超镁铁质岩有关的矿化系统——超镁铁质岩系热液系统。

3.2.1　超镁铁质岩系统矿床模型

该类矿床的赋矿围岩以方辉橄榄岩、蛇纹石化橄榄岩为主，同时含有少量辉长岩和玄武岩等，具有超镁铁质岩和镁铁质岩的混合围岩结构特点，分布水深一般为 2000～5000m。超镁铁质岩成矿系统的成矿流体显示出强还原性，所形成的多金属硫化物以黄铜矿、磁黄铁矿、方铁黄铜矿、闪锌矿为主,同时含有 Co、Ni 矿物,如镍黄铁矿、针镍矿、硫钴矿等,脉石矿物主要有硬石膏、重晶石、方解石、文石等。可供利用的金属以 Cu、Zn、Co、Ni、Au 为主,其中,Cu 和 Zn 的含量可达 20~40wt.%;Au 异常富集,其平均含量一般为 1~26ppm,部分热液区最高可达 50~60ppm,如 Rainbow、Logatchev 热液区。矿石构造常见条带状构造、块状构造等,并发育交代结构、浸染状结构、粒状结构、网脉状结构、胶状结构、出溶结构、假象结构等。围岩蚀变以橄榄岩蛇纹石化最为发育,碳酸盐化、硅化、绿泥石化等也较为发育(Nakamura et al.,2009)。

以 Logatchev 热液区为代表的超镁铁质岩多金属硫化物矿床与镁铁质岩相关的多金属硫化物矿床(如 TAG 热液区)具有很大的不同。前者以深部发育较宽的网脉带和顶部发育平坦状或透镜状多金属硫化物堆积体为特征(图 3.6),而在超镁铁质岩环境中,由于岩石的渗透率较高,高温成矿流体的卸载并不像 TAG 热液区仅局限于丘状体表面的某一较小范围内,而是以较为广泛的弥散式卸载或交代成矿。弥散式卸载方式在海底表面并不是形成明显的多金属硫化物丘状体(锥状体),而是形成相对平坦的多金属硫化物板状体或透镜体,有时甚至无多金属硫化物堆积体形成,仅表现为成矿流体交代超镁铁质岩成矿(Bogdanov et al.,1997;Lein et al.,2010)。

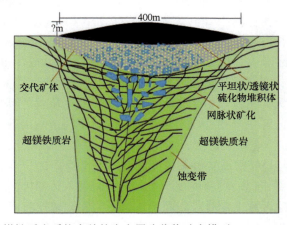

图 3.6 与超镁铁质岩系统有关的多金属硫化物矿床模型(Fouquet et al.,2010)

海底观测显示,在透镜体或板状体表面发育的"烟囱火山口"构造,整体一般呈圆形,直径可达 10~15m,高 2~5m,中间为洼地,深可达 2~5m,存在明显的边缘,边缘高 1~5m。黑烟从中心洼地底部向外喷发,但未见烟囱体的形成,或仅见少量小型的烟囱体分布于火山口壁的边缘,高度一般不到 1m(Petersen et al.,2009)。除 Logatchev 热液区发育这类"烟囱火山口"构造外,在 Ashadze-2 和 Nibelungen 热液区也观察到了类似的现象(Fouquet et al.,2010),说明"烟囱火山口"构造和小型多金属硫化物烟囱体可能是超镁铁质岩系统普遍存在的现象。其成因可能与海底表面岩石发生大面积硅化作用,形成顶部不透水层"硅帽",随着成矿流体的聚集形成高压,进而产生水力爆破作用有关(Schmidt et al.,2007;Melchert et al.,2008)。

与超镁铁质岩有关的热液系统深部的矿化形式与镁铁质岩系统有一定的相似性。围岩的渗透性较强,影响了流体运移路径,导致成矿流体沿镁铁质/超镁铁质碎屑发生广泛的侧向流动，从而有利于形成较为宽阔的网脉带，其宽度大于上部透镜状或板状多金属硫化物堆积体。另外，靠近海底表面广泛的高温热液循环有利于形成范围相对较大的蚀变区域和交代成矿区域（图 3.6），而其中的围岩交代残余，则代表了成矿流体与围岩的交代前缘（Marques et al.，2007）。

与镁铁质岩系统类似，赋存于超镁铁质岩系统中的多金属硫化物矿床也表现出金属矿物和元素的分带性。金属矿物的分带性表现为从顶部向深部依次为块状构造的多金属硫化物烟囱体、块状多金属硫化物、半块状多金属硫化物和深部的网脉状多金属硫化物。元素分带性表现为顶部为 Cu、Zn 多金属硫化物带，富集 Cu、Fe、Zn、Au、Co、Ni 等元素，下伏蛇纹石化围岩矿化带，富集 Cu、Fe、Au、Co、Ni 等元素，深部为多金属硫化物矿化围岩带，富集 Cu、Fe、Zn 等元素。

3.2.2　超镁铁质岩系统多金属硫化物矿床产出环境

目前已知的与超镁铁质岩有关的热液系统主要集中在慢速扩张的大西洋中脊，如位于 8°18′S 的 Nibelungen 热液区、13°N 的 Ashadze 热液区、14°45′N 的 Logatchev 热液区、36°14′N 的 Rainbow 热液区等（Fouquet et al.，2010）。此外，超镁铁质岩广泛出露的现象在其他慢速和超慢速扩张洋中脊也有发现（表 3.2），如超慢速扩张的西南印度洋中脊 10°～16°E 和 63.5°～66°E 脊段（Cannat et al.，1999）、北极 Gakkel 洋中脊 3°～29°E 脊段及加勒比海 Cayman 洋中脊部分洋脊段（Cannat et al.，2006），但目前对这些洋中脊海底热液活动的研究报道还比较少。对典型热液区的研究表明，区域上有利于该类矿床产出的地质环境主要为洋中脊非岩浆脊段末端的裂谷壁、脊段之间的转换断层、非转换断层不连续带或它们与洋中脊相交内角超镁铁质岩穹窿构造的顶部（图 3.7）（Fouquet et al.，2010）。

在局部尺度上，与超镁铁质岩有关的成矿作用主要受垂直于洋中脊走向的低角度拆离断层、平行于洋中脊走向的高角度正断层及辉长岩侵入体的控制（图 3.7）。在慢速、超慢速扩张洋中脊，除区域上洋脊段之间的转换断层和非转换断层不连续带，成矿作用还常发育在非转换断层不连续带内侧角的低角度拆离断层（图 3.7），这些拆离断层导致洋壳下部岩石甚至超镁铁质岩石暴露在海底，形成以超镁铁质岩为主的基底（Ildefonse et al.，2007；Escartin et al.，2008）。同时，拆离断层发育的部位一般伴随着较强烈的构造活动、岩石蛇纹石化及辉长质岩浆的侵入活动，有利于热液循环系统的形成（McCaig et al.，2007）。例如，新发现的 Semenov 热液区及大西洋中脊 15°05′N 矿化区均位于拆离断层的底部，即超镁铁质岩与上覆玄武质岩石的接触带。

拆离断层对超镁铁质岩系统多金属硫化物矿床的控制主要表现在其为成矿流体的运移提供了良好的通道（Canales et al.，2007；Demartin et al.，2007）。当深部热源发育时，拆离断层可以使成矿流体的迁移距离高达十几千米，导致多金属硫化物矿床远离深部热源（图 3.8）。实际上，几乎所有的以超镁铁质岩为赋矿围岩的多金属硫化物矿床都位于离轴位置（Fouquet et al.，2010）。例如，Logatchev-2 热液区活动黑烟囱（320℃）位于离轴 12km 处（Fouquet et al.，2007），Lost City 热液区（<100℃）则位于离轴

第 3 章 洋中脊多金属硫化物矿床模型

表 3.2 超镁铁质岩系统多金属硫化物矿床地质特征（曹亮，2015）

典型热液区	位置	扩张速率 (mm/a)	水深 (m)	围岩类型	地质控制因素	规模	离轴距离 (km)	参考文献
Menez Hom	大西洋中脊	20.2	1830	方辉橄榄岩	非转换断层不连续带与洋中脊相交内角+弯窿构造顶部	—	8	Charlou et al., 2000; Lein et al., 2010
Saldanha	大西洋中脊	20.5	2325	方辉橄榄岩、辉长岩、玄武岩	非转换断层不连续带与洋中脊相交内角+弯窿构造顶部	—	11	Dias and Barriga, 2006
Rainbow	大西洋中脊	20.6	2400	方辉橄榄岩	非转换断层不连续带中心+超镁铁质岩弯窿构造	400m×100m	6	Douville et al., 2002
Lost City	大西洋中脊	22.6	700	地幔橄榄岩、辉长岩	转换断层与脊中交内角+低角度拆离断层	400m	15	Kelley et al., 2005; Amador et al., 2013
15°05′N	大西洋中脊	25.5	2600	纯橄榄岩、方辉橄榄岩、辉长岩	断裂带与洋中脊相交内角+超镁铁质岩弯窿顶部+拆离断层+裂谷壁	—	2	Hannington et al., 2005, 2010
14°55′N	大西洋中脊	25.5	3500	方辉橄榄岩	裂谷壁	—	—	Hannington et al., 2005, 2010
Logatchev-1	大西洋中脊	25.5	3000	蛇纹石化橄榄岩、局部辉长岩侵入体、玄武岩	非转换断层不连续带+裂谷壁顶部	400m×150m 面积 2.5km^2	8	Petersen et al., 2005a; Fouquet et al., 2007; Schmidt et al., 2011
Logatchev-2	大西洋中脊	25.5	2700	蛇纹石化橄榄岩+局部辉长岩侵入体	非转换断层不连续带+裂谷壁顶部	100m×200m	12	Petersen et al., 2005a; Fouquet et al., 2007; Schmidt et al., 2011
Semenov	大西洋中脊	26	3700	蛇纹石化超基性岩+局部辉长岩侵入体	裂谷底部+拆离断层	—	2	Melekestseva et al., 2010; Melekestseva et al., 2014
Ashadze-2	大西洋中脊	26.2	3250	蛇纹石化橄榄岩+辉长岩侵入体	非转换断层不连续带+裂谷壁+拆离断层	200m	9	Hannington et al., 1998; Hannington and Monecke, 2009; Hannington et al., 2010
Ashadze-1	大西洋中脊	26.2	4040	蛇纹石化橄榄岩+辉长岩侵入体	非转换断层不连续带+裂谷壁+拆离断层	200m	4	Hannington et al., 2005, 2010, 2011
Nibelungen	大西洋中脊	33	2915	方辉橄榄岩	非转换断层不连续带	—	9	Schmidt et al., 2007; Melchert et al., 2008; Schmidt et al., 2011
MAR 14°45′N	大西洋中脊	26	3000	橄榄岩	裂谷壁+轴部高地+转换断层	300m×125m×80m	8	Hannington et al., 2010, 2011
Kairei	中印度洋中脊	49.1	2400	蛇纹石化橄榄岩+玄武岩+辉长岩侵入体	非转换断层不连续带或拆离断层+裂谷壁顶部+高角度正断层	长约 80m，宽约 30m，由 7 个活动喷口组成	7	Gallant and Von Damm, 2006; Nakamura et al., 2009

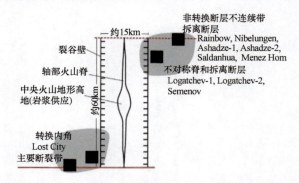

图 3.7　与超镁铁质岩有关的多金属硫化物矿床产出位置（Fouquet et al., 2010）
转换断层或非转换层不连续带与洋中脊相交内角：Menez Hom、Saldanha、Lost City；非转换断层中心：Rainbow、Nibelungen；洋中脊脊段末端裂谷壁的翼部：Logatchev、Ashadze

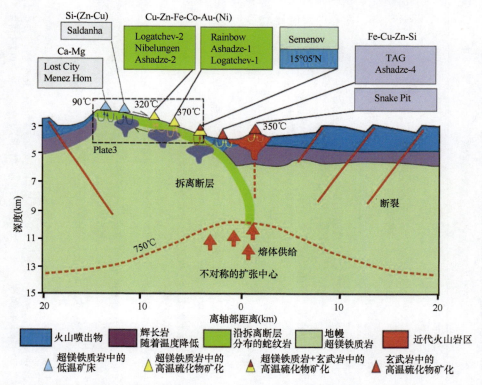

图 3.8　现代洋中脊受拆离断层与超镁铁质岩控制的多金属硫化物矿床（Fouquet et al., 2010）

15km 处（Kelley et al., 2001）。这些离轴矿床的发现表明，慢速-超慢速扩张洋中脊热液活动发育的潜在区域远比预想的广泛，拆离断层的存在极大地拓展了慢速扩张洋中脊热液区可能出现的位置（图 3.9）。另外，拆离断层及与其相关的次级断裂类似于导矿构造，还控制着成矿流体的迁移及展布。

关于辉长岩侵入体对超镁铁质岩热液循环系统的影响，早期认为热液活动的热源为地幔岩石蛇纹石化放热，但后来热平衡模型显示尽管蛇纹石化放热可以形成广泛的热液活动，但温度一般只能达到几十度（40～75℃）（Lowell and Rona，2002），即使是低温的 Lost City 热液区也不可能仅仅依靠蛇纹石化放热而形成。因此，除蛇纹石化放热之外还应该有其他热源，如洋中脊地热梯度增大或海水沿断裂下渗到深部被热的岩石圈加热等。但这些热源往往也只能形成区域性弥散状的热流，无法解释与超镁铁质岩有关的成矿流体富集稀土元素（REE）、Ba 和 Si 元素的特点（Douville et al.，2002）。基于以上原因，一些研究认为热液区的深部应该存在辉长岩侵入体或岩墙群，一方面辉长岩侵入体提供的热更易形成高温且相对集中的热液循环，另一方面这些辉长质岩浆的侵入可为成矿流体提供丰富的 REE、Ba 和 Si 元素（Wetzel and Shock，2000）。近期研究也表明拆离断层对高温热液活动的形成具有重要控制作用，沿拆离断层的镁铁质岩墙和深成岩侵入等构造活动促进了热液活动的形成，加剧了围岩的蛇纹石化（Demartin et al.，2007；McCaig et al.，2007）。

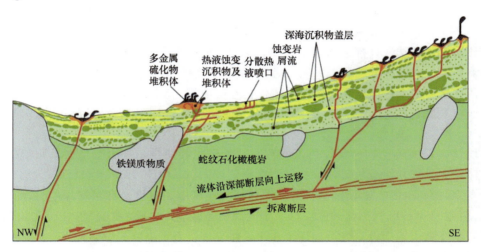

图 3.9　Logatchev-1 热液区成矿流体运移示意图（Petersen et al.，2009）

3.3　有沉积物覆盖系统多金属硫化物矿床模型

现代洋中脊环境中玄武质岩石几乎全部直接暴露在海底，但其靠近大陆边缘的局部扩张中心可以接收一定的沉积物。在有沉积物覆盖系统的扩张中心，热液循环与无沉积物覆盖的洋中脊类似，但海底沉积物的出现改变了热液成分和运移机制，在现代海底形成了一种新的矿化类型，即与沉积物有关的热液循环系统（Stuart et al.，1999）。

3.3.1　有沉积物覆盖系统矿床模型

现代洋中脊与沉积物有关的热液区以 Middle Valley 最为典型，研究程度也最高。该热液区的赋矿围岩以泥砂质巨厚沉积物（500m 左右）为主，同时深部发育镁铁质岩，硫化物分布于水深 2000～3000m 处。矿石矿物以黄铁矿、黄铜矿、等轴古巴矿为主，磁黄铁矿、磁铁矿、闪锌矿、纤锌矿、赤铁矿、白铁矿、方铅矿等含量较少。脉石矿物常见石英、绿泥石、重晶石、硬石膏、滑石、方解石、非晶质硅等。可供利用的金属以

Cu、Pb、Zn 为主，部分富集 Ni 和 Au，具有较高的稀有和稀散元素含量。常见的矿石构造主要有块状构造、条带状构造等；矿石结构以交代结构、脉状结构、网脉状结构、浸染状结构、莓球状结构、胶状结构为主。与矿化关系密切的围岩蚀变类型主要为绿泥石化、硅化及重晶石化等(Ames et al., 1993; Goodfellow and Franklin, 1993; Houghton et al., 2004)。

有沉积物覆盖的洋中脊系统赋存的多金属硫化物矿床的产出特征与无沉积物覆盖的洋中脊系统存在很大差异。总体来说，赋存于沉积物中的多金属硫化物矿床也存在分带现象，表现为顶部为薄层多金属硫化物角砾或碎屑带，下部为块状多金属硫化物丘状体，厚度占一半以上，主要矿物是以黄铁矿、闪锌矿为主的铜铁锌硫化物（Turner et al., 1993），多金属硫化物丘状体以下为石英-多金属硫化物网脉带。除发育上部多金属硫化物丘状体和深部网脉带多金属硫化物以外，ODP 的 Leg169 钻孔还在 Middle Valley 热液区网脉带之下发现了厚约 13m 的层状富 Cu 多金属硫化物，其含量高达 50%（Zierenberg et al., 1998）。上部块状多金属硫化物丘状体呈近似圆锥状，直径约 200m，高可达 100m，具有相对陡峭的边部及接近水平的底部，与丘状体的中央部分相比，边部多金属硫化物缺少黄铜矿、方铁黄铜矿及磁黄铁矿等高温矿物。块状多金属硫化物丘状体缺少沉积物覆盖，且其内部未见沉积物与多金属硫化物互层现象，表明大部分多金属硫化物的沉淀发生于沉积物与海水的接触界面，且多金属硫化物的沉积速率大于沉积物的沉积速率（Davis, 1992, 1994）。

块状多金属硫化物丘状体之下发育网脉状矿化补给带。补给带上部以脉状矿化为主，伴随少量细粒浸染状矿化，脉体宽度变化较大，从小于 1mm 至 8cm，大部分产状近于直立。石英-多金属硫化物脉体的矿化强度、密度、宽度及产状随深度的增加发生变化。补给带下部脉状矿化的强度相对于上部明显减弱，脉体宽度变窄，平均约为 1mm，产状向下逐渐由近于直立过渡为近于水平，并且许多近于直立的脉体边部存在分支，形成近于水平的脉，向下逐渐发育受沉积物层理控制的浸染状矿化（图 3.10）。有沉积物

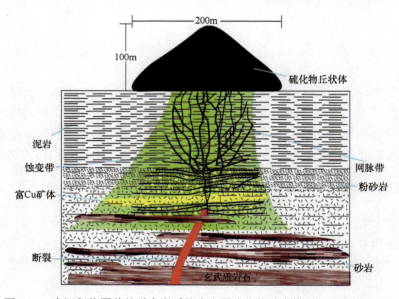

图 3.10　有沉积物覆盖的洋中脊系统多金属硫化物矿床模型（曹亮，2015）

覆盖的洋中脊系统多金属硫化物矿床与无沉积物覆盖的洋中脊系统的最大差异在于在网脉带之下可能存在富 Cu 多金属硫化物层，其产状受沉积层理及原生孔隙的控制，总体呈水平产出，脉状多金属硫化物不发育（Zierenberg et al.，1998）。

综上所述，与沉积物有关的热液系统补给带矿化形式与其他类型的热液系统存在差异，主要呈脉状充填在沉积岩裂隙中或沉淀在沉积物原生孔隙内。脉状充填主要出现在泥岩中，而原生孔隙形成的矿化主要出现在砂岩中。这可能反映了流体在向上运移的过程中，当断裂两侧为渗透性较好的砂岩时，流体会发生侧向运移，形成近于水平的层状矿化；当顶部为渗透性较差的泥岩时，流体在局部地段聚集，流体压力大于围岩承压能力，在渗透性较差的泥岩中发生水力破裂作用形成近于垂直的网脉系统，为流体运移提供了通道，造成流体的聚集式卸载（Stein et al.，1998）。补给带"硅帽"区域的存在进一步证实了上述运移机制的存在。另外，补给带上部脉体呈现出明显的破裂愈合构造，表明存在多次流体的聚集式卸载，最终在海底表面形成了大型的多金属硫化物丘状体（Marquez and Nehlig，2000）。

3.3.2 有沉积物覆盖系统多金属硫化物矿床产出环境

全球活动的扩张中心仅有约 5%被陆缘沉积物所覆盖。因此，与之相关的洋中脊热液系统分布也相对局限，目前仅见于 Juan de Fuca 洋中脊的 Middle Valley 热液区、Endeavour 洋脊段的 Mothra、Main Endeavour、High Rise 热液区，加利福尼亚湾的 Guaymas Basin 热液区及南 Gorda 洋中脊 Escanaba Trough 热液区等（Hannington et al.，2005）。虽然该类型的多金属硫化物矿床较少，但从目前已知的典型热液区来看，区域上的隆起地形为其有利的产出环境。这类地形深部的过渡性洋壳（岩席+沉积物复合体）、断裂构造及与洋中脊平行的陡崖和裂隙控制了热液的局部卸载（图 3.11，表 3.3）。

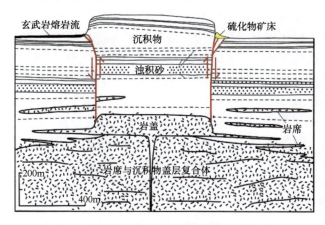

图 3.11　有沉积物覆盖的洋中脊系统多金属硫化物矿床成矿模式图（Zierenberg，1993）

有沉积物覆盖的洋中脊火山喷发活动较弱，一般地形平坦，海底的岩浆侵入活动非常常见，扩张中心轴部局部地段海底地形在 0.5~1.2km 处被抬高 50~120m，反映了深部可能存在岩浆侵入（Zierenberg et al.，1993）。例如，Middle Valley 热液区，上升的沉积物断块直径为 400m，上升高度为 50m（Davis，1992）；Escanaba Trough 热液区被

表 3.3　有沉积物覆盖的洋中脊系统多金属硫化物矿床地质特征总结（曹亮，2015）

典型热液区	洋脊名称	扩张速率(mm/a)	水深(m)	围岩类型	地质控制因素	规模	离轴距离	参考文献
Middle Valley	Juan de Fuca 洋中脊	56	2425	浊积岩、碎屑沉积物、玄武岩	区域地形隆起+岩基与沉积物复合体+与洋中脊平行的陡崖和裂隙构造	丘状体宽400m、高60m、边缘厚度达95m	9km	Turner et al.，1993；Currie and Davis，1994；Stein et al.，1998
NESCA	Gorda 洋中脊	22	3300	玄武岩、沉积物	火山活动中心+沉积物盖层	多个丘状体和热液喷口组成（长100m）	—	Tufar，1990
Escanaba Trough	Gorda 洋中脊	24	3200	玄武岩、沉积物	区域地形隆起+岩基沉积物复合体+与洋中脊平行的裂隙构造	—	—	Tufar，1990；Currie and Davis，1994；Gieskes et al.，2002；Von Damm et al.，2005

抬高的沉积物丘状体直径可达 3~6km，抬高高度可达 120m（Zierenberg et al.，1993；Von Damm et al.，2005）。这些被抬高的圆形丘状体被认为是侵入体中心顶部岩帽定位以后上升的断块。一般断块顶部较为平坦，边部陡峭，暴露出层状沉积物，多金属硫化物矿床常分布于这些断块的周围（Currie and Davis，1994；Stein et al.，1998）。无论是 Middle Valley 还是 Escanaba Trough 热液区，多金属硫化物矿床空间上均与被抬高的沉积物丘状体密切相关，并且分布于断块周围被错断的沉积物地层中（Zierenberg et al.，1993）。

目前的研究表明，赋存在沉积物中的热液区被抬高的断块之下均存在岩床或岩席。例如，在 Middle Valley 热液区，钻孔结果显示 Bent Hill 矿床之下 250m 存在侵入的岩床，且发生了强烈的蚀变作用（Zierenberg et al.，1998）；Escanaba Trough 和 Guaymas Basin 热液区钻孔结果揭露矿床下也存在玄武岩基底，而高温的热液喷口主要聚集在被沉积物覆盖的岩床边缘（Zierenberg and Miller，2000）。因此，如果玄武岩基底代表正常的洋壳，那么岩席与沉积物盖层复合体构成的过渡性洋壳就在局部尺度上控制了多金属硫化物的产出。例如，磁测剖面显示弱磁性沉积物向玄武岩的过渡带出现在 Bent Hill 矿床附近，表明 Bent Hill 矿床形成于正常洋壳向沉积裂谷型洋壳的过渡部位（岩席与沉积物盖层复合体）（Zierenberg et al.，1998）。

地形高地之下的岩席或岩床对热液区的贡献主要表现为驱动成矿流体的循环（Currie and Davis，1994），而与侵入体有关的断裂、裂隙或与洋中脊平行的断裂系统则为成矿流体的运移提供了通道。例如，Escanaba Trough 热液区已经发现的大型多金属硫化物矿床的分布受与岩浆侵入体有关的断裂构造的控制，所有已知的多金属硫化物矿床均位于侵入体中心上部被错断的沉积物中（Zierenberg et al.，1993）；Middle Valley 热液区地层微电阻率扫描成像（formation micro-scanner，FMS）显示，在深部富 Cu 多金属硫化物以下存在一系列与断裂有关的裂隙，具有相同的倾角（50°~70°）（Currie and Davis，1994）；另外，Bent Hill、ODP 和 BHMS 矿床均受与洋中脊平行的正断层的控制，Bent Hill 矿床位于东部边界断层以西，是一系列平行于东部正断层崖呈线性排列的丘状体中的一个，BHMS 矿床西侧边缘下部存在一个与洋中脊平行的正断层，而 ODP 与 BHMS 矿床相距 330m，沿同一条 N-S 走向的断层分布（Zierenberg and Miller，2000）。

第4章 洋中脊多金属硫化物矿床控矿要素与矿化信息

4.1 洋中脊多金属硫化物矿床控矿要素

对古代块状多金属硫化物矿床的研究表明，岩浆活动、断裂构造、围岩类型及沉积物盖层等多种因素共同控制着矿床的形成过程（侯增谦等，2002）。现代海底多金属硫化物矿床作为古代块状多金属硫化物矿床的类似产物，除了要考虑上述因素，还要关注洋中脊扩张速率、水深及海底地形等多种因素对成矿的控制作用。目前对洋中脊热液成矿系统的研究发现，在上述单一的控矿要素条件下，往往仅形成小而不稳定的热液循环体系，只有多个因素共同耦合才能形成大型多金属硫化物矿床。总体来看，洋中脊扩张速率、深部岩浆作用、断裂构造、海底地形、水深、盖层、围岩类型及洋壳渗透性等都是洋中脊多金属硫化物矿床最为重要的控矿要素。

4.1.1 洋中脊扩张速率

洋中脊是发育热液活动的重要地区。不同扩张速率的洋中脊具有明显不同的深部岩浆作用、断裂构造、地壳厚度等特征，观测到的热液活动也存在明显差异。对不同扩张速率洋中脊的深部岩浆活动、热液活动分布的研究发现，洋中脊热液区发育的频率与扩张速率存在较好的正相关关系，表明扩张速率是控制洋中脊热液活动发育的重要因素（Baker and German，2004）。此外，洋中脊的扩张速率与热液活动产物——多金属硫化物矿床的规模也存在一定的联系（Hannington et al.，2005）：快速扩张洋中脊的岩浆活动较频繁，使得热液区和多金属硫化物产出的频率也较高，但由于构造环境不稳定，因而尽管其所发育的热液活动较多，但持续时间短，多金属硫化物矿床的规模较小；慢速-超慢速扩张洋中脊的岩浆供给较少，热液区发育的频率较低，但是由于其构造环境相对稳定，成矿时间较长，因而可以形成较大规模的多金属硫化物矿床。

4.1.2 深部岩浆作用

岩浆活动是地球内部热量释放的主要机制，深部岩浆房把热量传递给海水，引起大规模的热液对流循环，导致海底黑烟囱的形成（Lagabrielle et al.，2000）。深部岩浆活动对洋中脊热液成矿系统的控制作用主要表现在两个方面：提供热源和成矿物质来源。洋中脊的热液活动沿着洋中脊并非呈均匀分布，高温的热液喷口经常出现在某些洋中脊水深较浅的洋脊段，这些洋脊段的地形抬升通常是由深部岩浆侵入所造成的（Baker and Hammond，1992）。高分辨率地震反射研究证明了洋中脊深部有岩浆房的存在，在快速扩张洋中脊，岩浆房的深度一般在洋脊轴部以下 1~3km（Kent et al.，1993）。Francheteau

和 Ballard（1983）最早提出了"岩浆量控制假说"（magmatic budget hypothesis），认为岩浆供应量是影响现代海底热液区形成与分布的最主要因素，并认为它们之间存在一定的线性关系。Baker 和 German（2004）的研究表明，全球海底热液活动发生率与不同构造环境中岩浆的供应量具有密切联系，直观上表现为洋中脊热液区的数目与洋中脊扩张速率具有一定的相关性，即快速扩张洋中脊岩浆活动强烈，发育的热液区较多，而慢速扩张洋中脊岩浆供应较少，热液区发育较少。具体到典型热液区，如 TAG、Logatchev 及 Middle Valley 等热液区，岩浆活动在其形成过程中无不起着重要作用。例如，在 TAG 热液区，多波束和地震勘探显示区内岩浆活动强烈，表现为沿洋中脊扩张轴至少存在 3 个火山穹窿（新火山作用区）（Canales et al.，2007）；在 Logatchev 热液区，岩浆活动表现为热液区附近发育年轻的玄武质熔岩流和离轴火山，表明热液区深部可能存在辉长质岩浆的侵入（Petersen et al.，2009）；而在 Middle Valley 热液区，沿着与洋中脊轴部平行的断裂分布有许多小火山穹丘，地震数据显示轴部裂谷深部存在一个岩浆房，岩浆房的位置大致位于海底以下 2～3km 处，该区段出现明显的高热流异常（Stein et al.，1998）。

然而超慢速扩张洋中脊的热液活动发生率远远高出根据 Baker 和 German（2004）提出的洋中脊岩浆供应量与热液活动发生率关系所估计的值（Edmonds et al.，2003；Tao et al.，2012）。对西南印度洋中脊热液区的多年多学科综合考察和研究，已经认识到该超慢速扩张洋中脊存在非常有利于热液循环形成的岩浆活动：①断桥热液区具有比普通超慢速扩张洋中脊洋壳厚得多的洋壳，反映了该区极度丰富的岩浆活动（Sauter et al.，2009；Niu et al.，2015）；②洋壳深部存在仍未完全固结的洋脊轴部岩浆房（Li et al.，2015；Niu et al.，2015；Jian et al.，2017）。此外，对该区段进行的 AUV 高精度地形探测表明，龙旂热液区高温喷口多发育在大型拆离断层面附近，这表明控制热液活动的不仅是平均岩浆量，洋中脊局部发育的岩浆活动、岩浆房的稳定状态、断层和深大断裂的发育可能发挥着更为重要的作用。因此，局部的岩浆活动和稳定的洋壳渗透率可能是超慢速扩张洋中脊具有比根据洋中脊扩张速率所预测的更高热液活动发生率的主要原因（Tao et al.，2012）。

岩浆活动为热液区的形成提供了直接物质来源（Marques et al.，2011）。Lisitzin 等（1997）研究认为，现代海底黑烟囱的流体中金属元素溶度较低，不足以形成类似古代富 Cu 的多金属硫化物矿床，例如，以 EPR 典型热液喷口金属元素 Cu（2ppm）、Zn（5ppm）的浓度进行估算，若要形成大规模的多金属硫化物矿床需要很大体积的围岩和大规模的热液循环系统。因此，除了热液对围岩的淋滤萃取，深部岩浆活动也可能为多金属硫化物矿床的形成提供了成矿物质来源（Rubin，1997）。俄罗斯在大西洋中脊 Semenov 热液区通过拖网采集到了闪长岩、斜长花岗岩等样品，发现该热液区的矿物、化学组成和与岩浆热液相关的浅成低温热液 Au-Ag 矿床特征相似，岩浆活动可能是该区多金属硫化物成矿过程中富 Au 流体的来源（Melekestseva et al.，2017）。在大西洋中脊 Logatchev 热液区，在其深部可以直接观察到与辉长岩侵入体密切相关的含多金属硫化物——石英脉，并且辉长岩中存在浸染状多金属硫化物，为深部岩浆活动能够提供成矿物质来源提供了直接的证据（Petersen et al.，2009）。综上，深部岩浆活动在洋中脊热液区的形成过程中起着重要的控制作用。

4.1.3 构造条件

断裂构造系统切割海底形成的裂隙不仅是海水下渗、对流循环、热液与基底岩石发生物质交换、交代、萃取等作用及热液运移、喷出的良好通道，而且还控制了热液循环系统的规模与热液区产出的具体位置（Glasby，1998；邵珂等，2015b）。尤其是在慢速扩张洋中脊，岩浆房处于深部，断裂对于热液区的控制作用更加明显（Fornari and Embley，1995）。近年来很多学者分析了断裂对热液区的控制作用，认为海底热液成矿受断裂与岩浆活动控制，主要赋存于扩张边缘带及扩张脊段（李粹中，1994）。从目前热液区产出的构造位置看，无论是板块增生带的扩张洋中脊还是板块汇聚带的岛弧，热液活动都与张性构造有关（高爱国，1996；陈弘等，2004）。总体而言，构造作用对热液活动环境的影响主要体现在以下两个方面（何智敏，2010）。

1）构造环境的稳定性

相对稳定的构造环境有利于热液循环系统的长期稳定存在。快速扩张洋中脊上频繁剧烈的火山和构造活动会改造早期的构造格局，破坏热液对流循环系统，往往只能在洋中脊上形成小型的、不断迁移的成行排列的热液活动烟囱体；但在慢速扩张洋中脊的离轴海山上，构造环境相对稳定，有利于热液循环系统的长期稳定（Hannington et al.，2005）。在慢速扩张洋中脊，不太频繁的构造活动使热液对流循环活动长期存在，易于形成大型多金属硫化物堆积体（Hannington et al.，2005）。

2）构造裂隙的发育程度

构造裂隙的发育程度直接影响成矿流体的集中供应。一般情况下，少量大型断裂的存在有利于成矿流体的集中喷溢，但过分发育的断裂将分散流体的喷溢。对于构造活动末期的快速扩张洋中脊，地壳严重破裂，具有很强的渗透性，所以热液只能沿断层面破裂处弥散式排放，形成众多的小型硫化物烟囱（Fouquet et al.，1998；Zierenberg et al.，1998）。而慢速扩张洋中脊上成矿流体沿主要断层集中排放，可以形成大型的块状多金属硫化物丘状体。

4.1.4 海底地形

海底地形作为一定构造环境的外在表征，总与大洋中脊、弧后扩张中心、离轴海山及大洋板内火山等构造活动、近代岩浆活动密切相关（Macdonald，2001；季敏和翟世奎，2005）。但事实上并非所有张性构造活动带内每种地形环境中都发育热液活动。从目前发现的典型热液区所处的地形地貌来看，局部地形高地是热液活动发育的最主要场所（季敏和翟世奎，2005），但热液活动在地形表征上最突出的特点是大部分出现在大洋高地形中的低洼部位，少部分出现在低地形的较高部位（图 4.1）（何智敏，2010）。即在洋中脊，热液活动通常不是出现在洋中脊顶部，而是常见于扩张轴轴部地堑、裂谷两翼斜坡的阶地或断层崖上、中央裂谷中丘状地形的上部或翼部及火山口内壁的基部或顶部等位置（季敏，2004；杜华坤，2005；Fouquet et al.，2010）。例如，Snake Pit、Lucky Strike 和 Broken Spur 热液区均产于洋中脊中央裂谷的火山脊高地（Fouquet et al.，1993b），TAG、Krasnov 热液区产于裂谷壁的顶部（Bougault et al.，1993）。

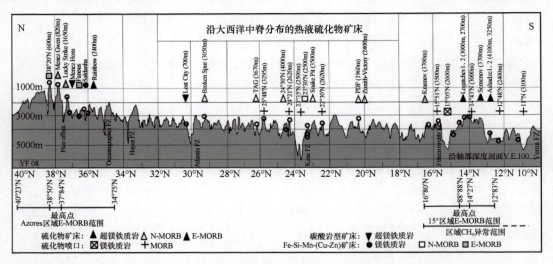

图 4.1　大西洋中脊 10°~40°N 海底水深剖面及典型热液区产出位置（Fouquet et al., 2010）

控制热液排放的裂陷盆地、凹陷的火山口、断陷地堑等地貌，在一定程度上决定了热液区的分布和形态。以爆发的方式直接释放的火山活动，其产出位置直接指示了岩浆高通量区和构造薄弱带，与火山活动相伴发育的断裂往往是发育热液活动的有利场所（公衍芬，2008）。破火山口是高热流和断裂集中的地区，其放射状断裂对热液的集中喷溢起了重要作用，热液矿床的形态往往为透镜状，受地堑断裂控制的热液活动及产物则沿裂隙走向分布（Macdonald, 2001；Fouquet et al., 2010）。对不同类型洋中脊热液区产出的地形特征总结发现，从慢速到快速扩张洋中脊，热液区发育的地形逐渐从洋中脊轴部的裂谷区域转变为洋中脊地堑的顶部区域及远离洋中脊的海山上（姚会强等，2011）。在有沉积物覆盖的洋中脊，沉积物覆盖使得热液区主要发育在小突起上。在现代海底火山活动区，热液活动主要出现在新火山脊顶部和底部的熔岩流前沿或断层处。此外，离轴海山的顶部和翼部、非转换断层区和三联点处的断裂带交汇区也是热液活动发育非常频繁的地区（季敏和翟世奎，2005）。

另外，海底地形对羽状流的扩散存在一定的影响（图 4.2）。沿着东太平洋海隆，轴部地堑较浅（Macdonald, 1982），羽状流一般会上升到轴部高地之上，可能沿着底流方向向洋中脊轴部扩散或者水平扩散进入大洋深处（Lisitzin et al., 1997）。与之相反，在慢速扩张大西洋中脊上，轴部地堑的深度可能达到 1000m，羽状流的侧向扩散受到地堑的影响（Macdonald, 1982），沿轴的羽状流由于科里奥利力的作用而被限制在某个地堑附近，但是可以在裂谷中沿底流方向运移很远。例如，大西洋中脊的 Rainbow 热液区羽状流可以沿着洋中脊地形扩散至 50km 远处（German et al., 1998b）。当热液活动足够强烈或存在转换断层且上升羽状流的高度足够时，也可以出现扩散到洋脊裂谷之外的例外情况，已经在 Mohns 和 Gakkel 洋中脊发现类似的结果（Edmonds et al., 2003）。

4.1.5　水深

海水是一类富含多种化学成分的水溶液，其含有大量的钠、镁、钙、钾、锶等金属

第 4 章 洋中脊多金属硫化物矿床控矿要素与矿化信息

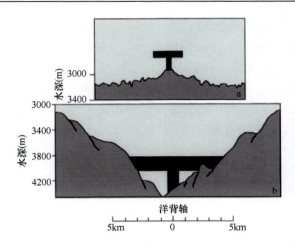

图 4.2 热液羽状流在轴部地堑扩散示意图（Tyler and Young, 2003）
a. 太平洋海隆；b. 大西洋中脊

阳离子，还含有大量的氯离子、硫酸根离子、溴离子、氟离子、碳酸根及碳酸氢根、氢氧根和氢氧化硼与二氧化碳等（Dickson and Goyet, 1994）。而海底成矿流体中富含多种金属元素，如铜、铁、锌、铅、银、金、钴等，除此之外还包括甲烷、氢气、硫化氢等气体成分，流体大多呈酸性，部分呈碱性（曾志刚, 2011）。另外，当海水沿着海底及岩石裂隙下渗时，由于深部的岩浆房加热和深部的高压条件作用，原海水中的大量离子与岩石中的其他金属元素发生交代、置换等反应，从而使岩石中的元素发生迁移和富集，最终形成富含多种金属组分的成矿流体（Kelley, 2001）。成矿流体在通道或喷口附近与冷的碱性海水接触，两者之间发生能量和物质上的交换，导致成矿流体中的金属元素及其他物质因温度、压力、pH 等的变化在喷口及其附近发生沉淀和富集（Tivey, 1995）。水深对海底热液成矿作用可能的影响主要表现在对热液沸腾现象的控制作用，进而影响到多金属硫化物沉淀的物理化学条件（Monecke et al., 2014）。水深不同，热液喷口的压力也不同，水深越大，压力越大，水的沸点也越高（图 4.3），流体越不容易发生沸腾作用。

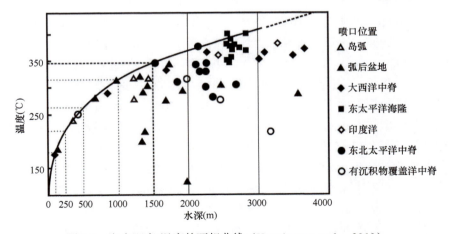

图 4.3 海水深度-温度的两相曲线（Hannington et al., 2010）

海底常见的高温热液喷口喷出的流体温度为 350℃左右,该温度正好低于 1500m 水深压力所对应的沸点(Fouquet,1997b)。此时,当成矿流体喷出海底时,不会发生沸腾作用,金属硫化物快速沉淀而堆积成矿(图 4.4)。然而,当水深小于 1500m 时,高温的流体(350℃)将发生沸腾作用,造成水蒸气相和流体相的分离,气相的分离使残余流体相盐度升高(NaCl 进入流体相)、金属元素的含量升高,但温度降低且亏损 H_2S(H_2S 进入气相),该过程可能导致富含金属元素的流体相在海底表面以下形成网脉状矿化,而含金属元素较少的气相喷出海底后仅在海底表面形成低温的贫金属硫化物的矿化,一定程度上抑制了多金属硫化物矿床的形成(Monecke et al.,2014)。因此,1500m 可能是形成大型多金属硫化物矿床的临界水深条件(Cann et al.,1997;Kilias et al.,2013)。例如,位于大西洋中脊深度为 800m 的 Menez Gwen 热液区,由于成矿流体发生沸腾作用,富气的流体中金属元素含量很低,仅在海底形成以硬石膏和重晶石为主的堆积体,伴随少量浸染状多金属硫化物,金属元素主要在深部发生沉淀形成以网脉状为主的矿化(Lein et al.,2010)。

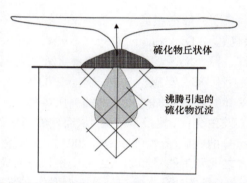

图 4.4 浅水环境沸腾作用形成的网脉状矿化(Menez Gwen 热液区)(Fouquet,1997b)

对国际洋中脊协会(InterRidge)的热液区产出水深数据(Beaulieu et al.,2015)的分析发现,现代海底热液活动产出水深为 100~5000m,但大部分热液区的产出水深集中在 1500~3000m,只有约 10%的热液区的产出水深大于 3000m,约 30%的热液区的产出水深小于 1500m(图 4.5)。不同构造环境中热液区的产出水深范围存在很大的差异。Hannington 等(2005)的研究表明,洋中脊和弧后扩张中心赋存的热液活动的产出水深主要集中在 2600m;栾锡武(2004)对全球 490 多个热液区水深分布的研究表明,热液区产出的平均水深为 2532m,出现频率最高的为 2600m;景春雷等(2013)对洋中脊 315 个热液区的分析表明,热液区集中分布于水深 2000~4000m 的区域,其中在水深 3000m 左右的洋中脊发现的热液区数目最多。此外,本书根据 InterRidge 2015 年公布的数据统计分析,发现不同扩张速率洋中脊热液区的水深范围也具有一定的差异(图 4.6)。例如,快速扩张洋中脊发现的热液区集中分布于水深 2280~3000m,而慢速扩张洋中脊热液活动分布的水深主要集中在 2720~3360m,中速扩张洋中脊则主要分布在 2350~2850m 的水深中。除此之外,超慢速扩张洋中脊热液区的水深范围较其他速率扩张洋中脊的水深范围大,其主要集中在 2750~4950m。因此,理论和实际统计分析数据都表明洋中脊热液活动的分布与水深存在着很大的关系。

第 4 章　洋中脊多金属硫化物矿床控矿要素与矿化信息

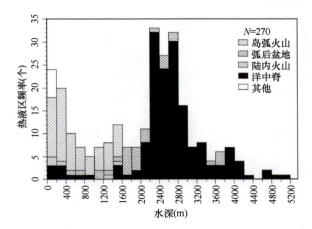

图 4.5　现代海底不同构造环境中热液区产出水深分布柱状图（Hannington et al.，2005）

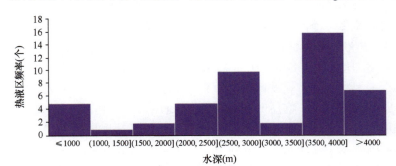

a. 超慢速扩张

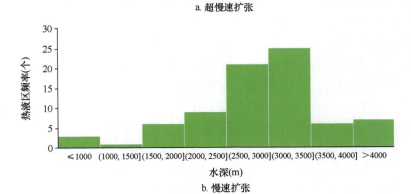

b. 慢速扩张

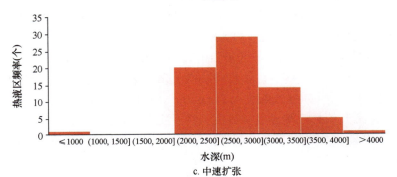

c. 中速扩张

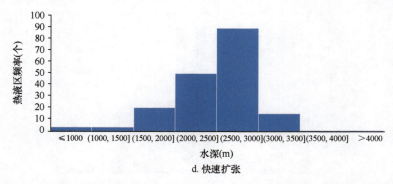

d. 快速扩张

图 4.6 不同扩张速率洋中脊热液喷口产出水深分布（Beaulieu et al., 2015）

4.1.6 地质盖层

上升的成矿流体与冷海水的混合作用是导致多金属硫化物沉淀的主要机制。在开放的海底环境中，热液喷发形成的黑烟囱中 97%的金属元素将会扩散到周围海水中而难以形成多金属硫化物堆积体（Fouquet，1997b）。因此，地质盖层在洋中脊多金属硫化物矿床的形成过程中起到了非常重要的作用。一是在矿床形成过程中形成有效的圈闭系统，防止热量、成矿流体及成矿物质的散失（Zierenberg et al.，1998）。例如，东太平洋海隆之所以没有形成大型多金属硫化物矿床的原因之一就是缺少地质盖层，使得大部分成矿物质散失到周围海水中（Hannington et al.，2005）。二是为多金属硫化物矿床的形成提供了部分成矿物质来源。三是在矿床形成以后，为多金属硫化物提供了良好的保存条件，抑制了风化侵蚀和氧化（景春雷等，2013）。

现代海底地质盖层主要有三种：海底浅部早期形成的多金属硫化物丘状体、洋底沉积物（不包括已经固结成岩的沉积岩，如 Middle Valley 热液区巨厚的碎屑岩）及不可渗透层，但通常以后两种为主（Fouquet，1997b）。

早期形成的多金属硫化物丘状体在一定程度上堵塞了成矿流体喷发的通道，阻止了晚期成矿流体与海水的大规模混合，并导致大量金属矿物的沉淀，即多金属硫化物丘状体在后期热液系统演化过程中一定程度上起到了地质盖层的作用（Fouquet et al.，2010）。例如，在大西洋中脊的 TAG 热液区，ODP 揭示该区多金属硫化物丘状体为多金属硫化物-硬石膏-硅质角砾的复合体，表明多金属硫化物的堆积经历了多个期次的热液过程。在热液活动的间歇期，早期烟囱体的坍塌、堆积有效阻止了晚期流体与海水的大量混合（Alt and Teagle，1998；Knott et al.，1998）。

洋底沉积物的存在会影响热液区喷口流体和热液沉积物的地球化学特征，如喷口流体的温度、pH 和 H_2S 含量等。沉积物中的有机质也会对热液沉积物起到还原作用，造成不同类型的矿化作用（Goodfellow and Franklin，1993）。例如，有沉积物覆盖的 Guaymas Basin 热液区，上升的热液端元流体与沉积物发生反应，在沉积物层中形成很厚的多金属硫化物；ODP 证实 Middle Valley 热液区的多金属硫化物丘状体厚达 90m（Zierenberg et al.，1998）。

不可渗透层这一地质盖层可能是碳酸盐层、硫酸盐层或硅质层，也可能是一系列的熔岩流。当渗透性较好的岩石（超镁铁质岩、浊积岩和角砾岩等）之上存在渗透性较差的盖层时，有利于多金属硫化物矿床的形成。例如，在大西洋中脊的 Lucky Strike 热液区，海底浅部的 SiO_2 不透水层为上升的成矿流体提供了良好的圈闭层（Bogdanov et al.，2006）；Lau 弧后盆地也常见类似情况，成矿流体呈弥散式排放，首先在海底表面形成 Fe、Mn 或 Si 壳体，这些壳体为强渗透性的火山碎裂角砾岩的盖层，盖层之下不断进行着多金属硫化物的沉淀堆积（Ferrini et al.，2008）。

4.1.7 围岩类型

洋中脊出露的岩石类型主要有玄武岩、辉长岩、橄榄岩、蛇纹石化橄榄岩、浊积岩及碎屑沉积物等。其中，玄武岩在不同扩张速率的洋中脊环境中均有出现；橄榄岩、蛇纹石化橄榄岩等超镁铁质岩在慢速和超慢速扩张的洋中脊较为常见；浊积岩及碎屑沉积物仅在部分区域较为发育，如 Middle valley 热液区等（Macdonald，2001；Hannington et al.，2005）。围岩为洋中脊多金属硫化物矿床的形成提供了物质来源，因此，围岩类型对热液区的影响主要表现在对物质成分和含量的控制（Fouquet et al.，1993a，1993b）。

不同构造环境中不同赋矿围岩类型的典型洋中脊多金属硫化物样品的化学分析结果（表 4.1）显示，洋中脊环境以玄武岩为主要赋矿围岩的多金属硫化物中一般富集 Cu 和 Zn，以超镁铁质岩为主要赋矿围岩的多金属硫化物除富集 Cu、Zn 以外，还明显富集 Co、Au、Ni 等元素（Herzig and Hannington，1995；Hannington et al.，2010）。最近的研究表明，在慢速-超慢速扩张洋中脊，与超镁铁质岩有关的热液区可能占其总量的 50%（German et al.，2016）。在有沉积物覆盖的洋中脊，由于成矿流体与陆源碎屑或半远洋沉积物发生反应，从长石或其他碎屑物质中淋滤出 Pb、Ba 等元素，导致有沉积物覆盖的洋中脊赋存的多金属硫化物富集 Cu、Zn，还明显发育方铅矿（Hannington et al.，2005）。

表 4.1 不同构造环境中不同赋矿围岩类型的主要矿物组成（Herzig and Hannington，1995）

围岩类型	Po	Py/Mc	Sph/Wtz	Cpy/Iso	Anh	Ba	Ga	Ten	Tet	Ss	Ap/Re
玄武岩	√	√	√	√	√	√					
浊积岩及碎屑沉积物	√	√	√	√			√				
超镁铁质岩	√	√	√	√	√	√					

注：Po 表示磁黄铁矿；Py/Mc 表示黄铁矿/白铁矿；Sph/Wtz 表示闪锌矿/纤锌矿；Cpy/Iso 表示黄铜矿/等轴古巴矿；Anh 表示硬石膏；Ba 表示重晶石；Ga 表示方铅矿；Ten 表示砷黝铜矿；Tet 表示黝铜矿；Ss 表示含硫酸盐/硫代硫酸盐；Ap/Re 表示雌黄/雄黄

围岩类型对热液区的影响不仅表现在多金属硫化物的种类上，而且在矿石品位上也表现出明显差异（表 4.2）。例如，以玄武岩为主的洋中脊环境中，多金属硫化物中金属元素的平均含量 Cu 为 5.9wt.%、Zn 为 6.1wt.%、Pb<0.1wt.%、Au 为 1.6ppm、Ag 为 89ppm；有沉积物覆盖的洋中脊多金属硫化物中金属元素的平均含量 Cu 为 1.1wt.%、Zn 为 3.6wt.%、Pb 为 0.5wt.%、Au 为 0.5ppm、Ag 为 84ppm，反映出成矿流体在上升过程中受到了厚层碎屑沉积物的影响（Hannington et al.，2010）。最新数据显示某些超镁铁质

岩环境中形成的热液矿床常具有较高的 Cu、Au 等金属元素含量，其矿石的 Cu 和 Au 平均含量分别大于 10wt.%和 3ppm（German et al.，2016）。

表 4.2 不同构造环境中多金属硫化物矿床金属元素平均含量表（Hannington et al.，2010）

构造环境	样品数	Cu（wt.%）	Zn（wt.%）	Pb（wt.%）	Au（ppm）	Ag（ppm）
无沉积物覆盖的洋中脊	2071	5.9	6.1	<0.1	1.6	89
洋内岛弧	169	5.3	17.7	2.4	9.6	407
有沉积物覆盖的洋中脊	173	1.1	3.6	0.5	0.5	84

4.1.8 洋壳渗透性

对洋中脊多金属硫化物矿床进行控矿要素分析时，不仅要考虑区域控制因素，还要考虑局部控制因素。目前已知热液区的对流循环系统依赖于热源岩浆房的形态及岩浆的供应（Baker，2009），成矿流体的上升主要受断裂和火山单元的控制（裂谷断层、新火山脊），但热液区成矿物质的卸载主要受海底岩石本身的渗透性或与其相关的断裂/裂隙的控制（Canales et al.，2007）。赋矿围岩渗透性的发育程度及其类型主要影响成矿流体和多金属硫化物的卸载方式，形成聚集式或弥散式卸载，进而影响多金属硫化物的形态特征（Fouquet et al.，2010）。

聚集式卸载：对于渗透性很差的块状火山熔岩，如典型的洋中脊枕状玄武岩，成矿流体只能通过主要断裂运移和卸载，容易形成聚集式的多金属硫化物，有利于在小范围内形成大型多金属硫化物丘状体，尤其是在存在稳定热液循环系统的慢速扩张洋中脊，常形成较大规模的多金属硫化物堆积体（Fouquet et al.，2010）。

弥散式卸载：火山岩本身具有很强的渗透性，如超镁铁质岩、火山碎屑岩及多气孔火山岩等。成矿流体在上升的过程中更加分散，即使海底断裂不发育，成矿流体也可通过火山岩本身的裂隙或气孔与冷海水发生大面积混合（Chen et al.，2006）。在海底表面形成的一层低温铁锰质/硅质壳，为继续活动的热液系统提供了良好的地质盖层。成矿流体交代蚀变火山岩或铁锰质/硅质壳形成多金属硫化物的沉淀（Fouquet et al.，2010）。这种矿化方式一般不易形成大型多金属硫化物丘状体，而是在洋壳内形成透镜状或席/板状多金属硫化物（渗透性岩石弥散式卸载）。当围岩为浊积岩和碎屑沉积物时，如 Middle Valley 热液区，岩石的渗透性更强，成矿流体不仅可以沿着岩石的孔隙上升发生弥散式流动，还可以顺着沉积物层理发生侧向运移，形成典型的多金属硫化物板状体（Goodfellow and Franklin，1993）。此外，当渗透性较差的火山熔岩中发育断裂裂隙或发生角砾岩化时，其渗透性得到很大提高，有利于小型多金属硫化物堆积体或烟囱体的形成，该情况在快速扩张洋中脊晚期构造阶段较为常见（Fouquet et al.，2010）。此时的洋壳裂隙发育，岩石渗透性较高，为成矿流体的上升和海水的下渗提供了大量通道，容易发生弥散式卸载（Fouquet et al.，1996）。例如，东太平洋海隆 13°N 热液区的火山熔岩由于构造作用破坏发育裂隙，成矿流体广泛发生弥散式卸载，形成许多小型多金属硫化物堆积体和烟囱体（Fouquet et al.，1988a；Harding et al.，1989）。

4.2 洋中脊多金属硫化物矿床的矿化信息

矿化信息是指从地质信息中提取出来的，能够指示、识别矿产存在或可能存在的事实性信息和推测型信息的总和（赵鹏大，2006）。根据其信息来源可分为描述型、加工型和推测型矿化信息三种；根据其信息的纯化程度（可靠性）可分为直接矿化信息和间接矿化信息，前者如矿产露头、有用矿物重砂，后者如大多数的物探异常、围岩蚀变、遥感资料等。

一般来说，事实性信息中的描述型信息与直接矿化信息相对应，加工型、推测型信息与间接矿化信息相对应，矿化信息提取工作的主要研究对象应是具有多解性的加工型和推测型地质信息（赵鹏大，2006）。各种找矿技术方法都是通过获取地质体不同侧面的找矿信息从而最终达到发现矿产的目的。洋中脊多金属硫化物往往与海底热液活动相伴生，因而对于找到洋中脊多金属硫化物矿床来说，寻找正在活动的或非活动的热液喷口是直接且有效的方法（Tao et al., 2014）。总体而言，洋中脊多金属硫化物矿床的矿化信息有地质（矿化露头、构造）、地貌形态、热液羽状流、地球物理和地球化学信息等。

4.2.1 矿化露头信息

矿化露头信息可以直接指示矿产的种类、可能的规模大小、存在的空间位置及产出特征等，是最重要的找矿信息（赵鹏大，2006）。矿产露头在海底经常受风化作用改造，根据其受风化作用改造的程度，可分为原生露头和氧化露头两类。原生露头是指出露在地表，未经或经微弱的风化作用改造的矿化露头，其物质成分和结构构造基本保持原来的状态。但多数多金属硫化物的露头在海底均遭受不同程度的氧化，使得其矿物成分、矿石结构发生不同程度的破坏和变化，这种露头被称为多金属硫化物的氧化露头。洋中脊多金属硫化物的氧化露头最终常在海底形成"铁帽"，即多金属硫化物经受较为彻底的氧化、风化作用改造后，在海底形成的以 Fe、Mn 氧化物和氢氧化物为主且混杂硅质、黏土质的帽状堆积物（Fallon et al., 2017）。洋中脊多金属硫化物矿床的矿化露头主要有烟囱体、多金属硫化物及蚀变角砾和热液沉积物等（图 4.7），可直接指示多金属硫化物矿床的位置（表 4.3）。

4.2.2 构造信息

洋中脊是海底扩张和洋壳增生的地方，不断的扩张作用会引起裂隙和断层的广泛发育。海底断裂构造的发育程度与多金属硫化物成矿密切相关，断裂构造切割海底形成的裂隙是热液区最重要的导矿和容矿通道，对多金属硫化物的形成起着重要的控制作用（Canales et al., 2007；邵珂等，2015b）。前人通过对大西洋中脊 Logatchev、Rainbow 等典型热液区的研究，发现大部分热液区位于洋中脊脊段末端拆离断层附近的转换内角（German et al., 1998c；Beltenev et al., 2004；Melchert et al., 2008）。例如，Rainbow 热液区受 N-S 向和 NE-SW 向断裂的共同控制；TAG 热液区位于 NNE 向与 ENE 向断裂的

图 4.7　典型多金属硫化物矿化露头信息
a. 多金属硫化物露头及贻贝生物；b. 无生物的非活动烟囱体露头；
c. 块状多金属硫化物堆积；d. 蚀变角砾和热液沉积物

表 4.3　洋中脊多金属硫化物主要矿化露头

序号	露头类型	具体信息
1	烟囱体	黑烟囱，白烟囱及其角砾与碎块
2	多金属硫化物	块状多金属硫化物、网脉状及浸染状多金属硫化物及其角砾与碎块
3	热液沉积物	具有不同颜色的热液沉积物
4	铁帽	Fe、Mn 氧化物和氢氧化物堆积体、硅质、黏土质混杂的帽状堆积物等

交汇部位（Buck，1998）。对大西洋中脊典型热液区的研究表明，海底热液成矿作用主要受张裂活动控制，例如，Snake Pit、Logatchev 热液区均分布于平行洋中脊的裂谷断层（Fouquet et al.，2010）；Glasby（1998）对 92 个热液喷口进行的统计表明，81%的热液喷口出现在断层末端或断裂交错区。

总体而言，在区域上，有利于与超镁铁质岩有关的多金属硫化物矿床产出的地质环境为脊段之间的转换断层、非转换断层不连续带及脊段末端的裂谷壁，且广泛发育超镁铁质岩；有利于与有沉积物覆盖系统有关的多金属硫化物矿床产出的地质环境区域上表现为地形隆起，且海底覆盖巨厚沉积物（500m 左右）；而有利于与镁铁质岩有关的多金属硫化物矿床产出的地质环境还要考虑洋中脊扩张速率的影响，慢速扩张洋中脊表现为洋中脊轴部中央地形高地、轴部裂谷壁的顶部与底部和离轴海山，快速扩张洋中脊由于轴部裂谷的缺失仅倾向于两个主要断裂带之间的地形高地，且赋矿围岩为玄武岩（Fouquet et al.，2010）。在局部区域，断裂构造的有利成矿部位有：①不同方向断裂交叉处、主干断裂与次级断裂交汇处；②断裂产状变化处、平面上断层走向变化扭曲转弯处、剖面上张性断层倾角由缓变陡处、压性断层由陡变缓处；③断裂中局部圈闭好的部位；④断裂构造与有利岩层交汇或其他构造交切处等（Fouquet et al.，2010）。

4.2.3 地貌形态信息

海底热液区在微地形上往往都有一些特有的标志，如烟囱体、多金属硫化物丘状体、海底裂隙等（Ferrini et al.，2008；Kowalczyk，2011）。虽然地形地貌资料不能准确地提供多金属硫化物的分布信息，但在调查研究初期缺乏其他资料的情况下，可将这种形似喷口或多金属硫化物丘状体的地形特征作为洋中脊多金属硫化物矿化信息。由于烟囱体形成过程不同，其大小各异，形态多变，呈筒状、柱状、尖塔状或蘑菇状等，可具凸缘。单个烟囱体高度从几厘米到几十米不等，直径从几厘米到几米。多个烟囱体聚集分布、成群产出可构成烟囱体群，可见它们之间的合并与分叉。烟囱体坍塌后可堆积成多金属硫化物丘状体，其上可以有新的烟囱体形成或老的烟囱体残余。丘状体的规模大小不一，高度从几十厘米到几十米，直径从小于一米到几百米（Rona and Scott，1993；郑翔，2015）。例如，TAG热液区就是由规模巨大的活动高温多金属硫化物丘状体、不活动的热液残留带和低温带构成的类型齐全的热液活动产物，其主要由数个大的多金属硫化物堆积体构成，并在局部分布有几个高达25m的多金属硫化物烟囱体，其中一个宽250m、高50m的椭圆形堆积体的块状多金属硫化物的质量就达到5×10^6t（Rona，1988；邓希光，2007）。Iheya North 热液区的"北部大烟囱"高约为30m，直径为4～5m，呈陡峭的角锥形状，发育良好的多层多边凸缘结构，其上多金属硫化物呈层状堆叠。大烟囱周围地形地貌复杂，地势变化大，规模不等的活动和非活动的烟囱体、丘状体广泛发育，岩体突兀，呈多层多边凸缘结构（Glasby and Notsu，2003；郑翔，2015）。

目前海底地形地貌数据的获取主要采用船载多波束或近底 AUV、ROV、HOV 等探测的形式。结合侧扫和浅地层剖面等资料，可对海底地形地貌类型进行分级和分类，进而对与多金属硫化物矿床有关的地形环境进行详细探测，从而可以更好地揭示研究区的微地形地貌（郑翔，2015）。由于洋中脊热液活动多分布于水深大于1000m的深水海域，船载多波束系统在这种深度下的测量数据分辨率只能达到几十米到几百米，所以仅依靠船载调查手段不能进行小范围热液喷口区的精细地形地貌探测，需要利用近底高精度声学设备揭示研究区的微地形地貌。目前，在这方面已经开展了大量的研究（郑翔，2015）。2002年6月，美国国家海洋大气局（National Oceanic and Atmospheric Adminiatration，NOAA）组织的大洋航次在 Explorer Ridge 开展了近海底40m的探测，获得了分辨率小于1m的高精度地形数据，从获得的图像中发现许多活动的热液喷口沿着具有精细结构特征的地方分布，例如，一些似烟囱体群位于偏移多变的小断层处（Jakuba et al.，2002；郑翔，2015），后续还探讨了 South Explorer Ridge 脊部热液活动所处的精细位置，并分析了热液系统与轴部地堑断层和火山类型的关系（Deschamps et al.，2007；郑翔，2015）；在 Logatchev-1 热液区，俄罗斯学者利用高精度多波束及侧扫声呐资料分辨出了直径在

20~50m 的多金属硫化物丘状体（Uglov，2013）；鹦鹉螺矿业公司在巴布亚新几内亚外海的弧后区利用 ROV 搭载的高精度多波束资料逐步确定洋中脊多金属硫化物的分布区域；Ferrini 等（2008）利用超高分辨率（网格间距为 25cm）的测深图定量分析了位于 Lau 弧后盆地上的 6 个热液区的地形特征（图 4.8），并结合侧扫声呐图对热液系统有了更加深入的了解。

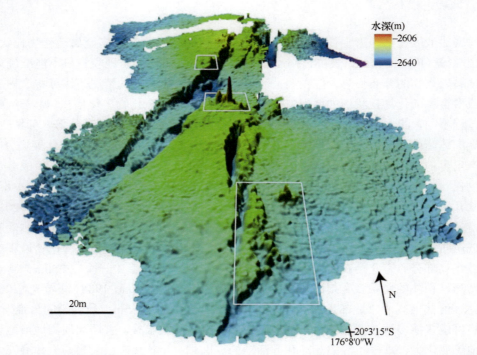

图 4.8　位于 Lau 弧后盆地上的 Kilo Moana 热液区的超高分辨率测深图（Ferrini et al.，2008）

4.2.4　热液羽状流信息

4.2.4.1　热液羽状流及其探测

热液羽状流由海底热液喷口喷出的流体与周围冷海水相遇后迅速混合形成，其物理化学组成和性质与海水有很大的区别（Speer，1998）。喷口流体的密度相比海水密度（$1.03g/cm^3$）偏小，压力偏大，因此可使喷口流体脱离喷口，同时被不断卷入周围海水中并稀释，呈羽状体的形式上浮，直到热液的密度与周围海水的密度相等，在距离海底几十米至几百米的高度，与环境达到平衡，形成中性浮力层，其横向运移可达几千米至几十千米（图 4.9）（Chin et al.，1998；Ernst et al.，2000）。热液羽状流在上升和扩散过程中不断与周围海水发生物质和能量的交换，因此其物理化学组成和性质与周围海水有所不同，这也为探测热液活动提供了有利条件。由于中性浮力层覆盖洋中脊的范围比活动的热液烟囱体和堆积体的范围大得多，因此中性浮力层的热液羽状流的各项特征（包括温度、浊度、盐度和密度等）为探测热液活动提供了有效的途径。

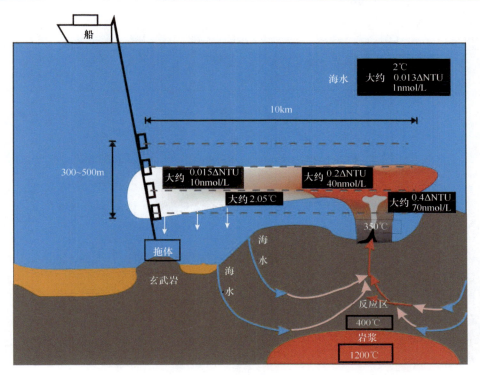

图 4.9 热液羽状流形成示意图（陈升，2016）
NTU 指散射浊度单位

4.2.4.2 热液羽状流与热液活动的关系

热液羽状流是热液区中成矿流体喷出海底表面后的产物，主要与正在活动的热液区有关，在洋中脊多金属硫化物勘查中主要对活动热液区具有一定的指示作用，而对非活动热液区不具有指示意义（Baker and German，2004）。热液羽状流中与热液活动有关的水体异常信息主要包括以下 4 个方面：①指示热液羽状流特征的物理、化学参数值，如温度、盐度、酸碱度、氧化还原电位（Eh）、浊度、光透射及光散射等特征（Baker and Lupton，1990；Chin et al.，1998；Gamo et al.，2004）；②水体化学元素的异常含量，包括化学元素的组合、比值特征等，例如，热液羽状流中具有较高的 CH_4、NH_4^+、Mn、Fe 等含量（Charlou et al.，1988；German et al.，1994；Grylls et al.，1998；Field and Sherrell，2000），He 元素在喷口流体和热液羽状流中具有较高浓度，其在海水中停留的时间较长，其同位素比值（$^3He/^4He$）可以很好地指示热液羽状流的来源，并真实反映流体的稀释过程（Jean-Baptiste et al.，2004）；③热液羽状流中颗粒物的化学组成特征；④热液羽状流的运动特征（上升高度、水平扩散距离等）。

4.2.4.3 热液羽状流信息

洋中脊多金属硫化物的热液羽状流信息是指在寻找洋中脊多金属硫化物时，能够作为线索的有关热液羽状流的信息或特征。其范围往往比多金属硫化物的分布范围广，易于探测,能有效而迅速地定位海底热液喷口,从而找到多金属硫化物。热液羽状流信息主要包括以下几种:温度-盐度、浊度、氧化还原电位、甲烷浓度、溶解态 Mn^{2+} 和 Fe^{2+}、He 同位素及 $^3He/^4He$ 比率等(图 4.10)。

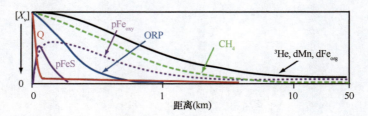

图 4.10　热液羽状流化学元素随着喷口距离的变化示意图(Tao et al.,2017)

1)温度-盐度

热液羽状流的温度与周围海水有所不同,会表现出温度异常。Lonsdale(1970)最早定量研究羽状流的温度异常,将 EPR 8°S 东西向两翼剖面的温度和盐度剖面投影,发现在相同盐度下,轴部站位的温度要比离轴站位的温度高,为 0.01~0.09℃。

对热液羽状流的温度-盐度异常进行定量分析需要了解各大洋的背景温度和盐度剖面。在太平洋海底,海水的盐度梯度为正且随着深度增加,热液羽状流通常表现出正的温度异常(Gamo et al.,2004)。而在大西洋或者盐度梯度为负的地区,热液羽状流也可以表现出负的温度异常(Speer and Rona,1989)。

2)浊度

热液羽状流的浊度用以表征水体中微小固体颗粒悬浮或均匀分散于热液羽状流中而引起的水体透明度降低的程度,比正常海水的浊度更高(Baker et al.,2001)。该值可以基于光衰减和光散射两种方法调查得到。与传统的水文调查不同,光指示信息是非保守性的,随着远离热液喷口位置,光学信号要比温度信号减小得更为剧烈。

3)氧化还原电位

成矿流体为还原性,海水相对于成矿流体具有氧化性,因此羽状流在上升扩散过程中会存在氧化还原电位的变化(Baker,2017)。一般在靠近热液喷口的地方,氧化还原电位变化尤为显著,表现出明显的突变;随着与喷口距离增大,氧化还原电位值缓慢恢复到原值。

4)甲烷浓度

随着时间的推移,热液羽状流中化学组分在各种物理、化学或生物作用(包括氧化、沉淀和代谢反应等)影响下可发生各种变化。尽管甲烷是一种非保守性组分,易在洋流混合、化学反应和扩散、微生物氧化等作用下被稀释或消耗,但由于喷口热液的连续补充或已形成羽状流的某些保守特性,致使已形成的甲烷在羽状流中可保持较长的时间(Charlou et al.,1987;周怀阳等,2007)。因此,热液羽状流中的甲烷浓度相对周围海水通常表现出明显的正异常,从而成为海底热液喷口活动的一个重要指示信息(周怀阳等,2007)。甲烷浓度异常随着热液羽状流离开喷口距离的增加而发生改变。例如,在 Juan de Fuca 洋中脊的 Endeavour 洋脊段,探测到甲烷浓度从轴上站位(600nmol/L)

向离轴方向减小，离轴 3km 处的浓度约为 26nmol/L，离轴 15km 处甲烷浓度减小到<11nmol/L（Fox et al.，2001）。

5）溶解态 Mn^{2+} 和 Fe^{2+}

Mn 是目前公认的示踪海底热液活动最敏感的指标之一，在许多热液区的成矿流体和热液羽状流中均可观测到显著的 Mn 正异常（Bougault et al.，1990；German et al.，1999）。热液羽状流中的 Mn 有多种来源：热液循环过程中从玄武岩中淋滤出来的 Mn；来自海水中的 MnO_2 颗粒，受酸性高温成矿流体的影响发生化学反应，形成 Mn^{2+} 存在于热液羽状流中；在热液羽状流中悬浮固体颗粒上 Mn 与颗粒发生作用，使得一部分 Mn 重新进入热液羽状流中（German et al.，1994，1999）。

研究表明，热液羽状流中 Mn 与甲烷之间保持一定的线性关系，反映出岩浆活动和沉积环境对热液羽状流中 Mn 和甲烷浓度产生的影响（Baker and Massoth，1987；Charlou and Donval，1993）。通常在有沉积物覆盖的热液区，热液羽状流中 Mn 含量的增高伴随着甲烷浓度的急剧增高；然而，在无沉积物覆盖的洋中脊，尽管热液羽状流中的甲烷浓度增高，但是从慢速扩张洋中脊到快速扩张洋中脊及板内火山和岛弧火山区，岩浆的去气活动均可导致热液羽状流具有较宽的 CH_4/Mn 值范围（Baker and Massoth，1987；Charlou and Donval，1993；Baker et al.，1994；Chin et al.，1998；Lupton et al.，1999）。

与溶解态 Mn^{2+} 相似，热液羽状流通常也具有溶解态 Fe^{2+} 异常。成矿流体从喷口喷出后，溶解 Fe 被快速氧化并以铁颗粒物的形式进入中性浮力层（Rudnicki and Elderfield，1993）。例如，在 EPR 9°45′N 靠近喷口的区域（与喷口距离<0.3km），热液羽状流中性浮力层中溶解态 Fe 的浓度达到 320nmol/L，而距离喷口区 1~3km 的热液羽状流中，溶解态 Fe 的浓度为 20nmol/L（Field and Sherrell，2000）。

6）He 同位素及 $^3He/^4He$ 比值

亏损上地幔、下地幔和陆壳的 $^3He/^4He$ 比值明显不同，相对于海水，He 元素在喷口流体和热液羽状流中具有较高浓度及较长的停留时间（^3He 在大气中的停留时间是 1Ma，比大气本身的混合时间还要长，因此无法作为大气示踪剂），深海中 ^3He 的停留时间大约是 4000a，与大洋混合时间（1000a）具有可对比性（Lupton and Craig，1981），可以很好地指示热液的来源，并能较真实地反映出流体的稀释和热液羽状流的演变过程。

总体而言，目前热液羽状流示踪指标实时探测的主要有浊度、氧化还原电位和温度。但是，由于热液羽状流的温度降低得较快，其异常区仅分布在热液区周围很小的范围内，因此仅仅通过温度等物理量异常探测热液活动是不够的，还需要结合水体中的化学异常来探测热液羽状流的存在（Baker，2017）。浊度是目前为止使用最普遍的，然而仅仅使用浊度数据来判断热液喷口位置时，热液喷口定位的有效精度为 3~5km（Baker，2017），一些特定的化学示踪元素可以提供更高精度的信息。由于这些化学元素会在几个小时或几天内被快速氧化，完成新陈代谢或者化学转换，包括不同的硫离子（如 HS^-）、Fe^{2+} 和 H_2，每一个被还原的离子都会产生显著的氧化还原电位变化（Sudarikov and Roumiantsev，2000；German et al.，2008；Stranne et al.，2010；Tao et al.，2016），因此只能在喷口附近的地方探测到异常。

4.2.5 地球物理信息

物探方法在矿产资源预测中的作用非常明显，具有对地质信息响应直接、探测尺度大和相对经济等优点。洋中脊多金属硫化物矿床形成的热、流等背景条件，各类物性参量均与海底的围岩（如基性岩、超基性岩等）、沉积物存在不同程度的差异，为利用物探方法进行洋中脊多金属硫化物勘查提供了基本条件。目前，物探方法在 EPR、MAR 和弧后盆地等不同构造背景的多金属硫化物分布区均有应用，但其主要目的是探测多金属硫化物矿床形成的地质构造背景等。鹦鹉螺矿业公司使用了不同方式（近底、拖曳）和不同类型（重力、磁力、浅剖、自然电位、电磁、地形地貌）的物探方法来确定 Lau 盆地中多金属硫化物的三维分布范围（Consulting and Consultants，2012）。然而，物探方法对矿体的类型、大小与形态等具有多解性的问题也非常明显，物探方法在不同区域、不同环境的应用效果并不相同。综合目前多金属硫化物资源勘探的研究成果可知，不同的物探方法在勘探过程中因预测地质目标的差异而起到不同程度的作用（表 4.4）。

表 4.4 物探方法对地质目标预测的作用

物探方法	区域地形	微地形	地貌	区域构造	微构造	平面范围	埋深	三维分布
船载多波束	***		**	*	*			
近底多波束	**	***	***	*	*	**		*
浅剖	*			**	*			
侧扫	*		***		*	**		**
拖曳多道地震			*	***	*		*	
海底地震				**				
长周期微震					***			
船载重力				***	*			
船载磁力				***	*			
近底磁力		**		*	***	*	*	*
近底瞬变电磁					***	**	***	***
大地电磁				***				
自然电位						*		
地热					*	**		*
放射性					*	**		*

注：***代表非常重要；**代表较为重要；*代表一般

4.2.5.1 地震信息

地震学方法是研究洋中脊热液区地壳和上地幔结构的重要手段，同时也是研究岩浆运移活动的主要监测手段。这些深部的构造和岩浆活动对多金属硫化物的产生和分布具有重要控制作用。目前对洋中脊多金属硫化物来说，地震与浅剖等探测信息更多是用来揭示有利成矿构造条件，包括岩浆房分布、构造活动和沉积厚度等（Jokat and Micksch，

2004；Singh et al.，2006；Pontbriand and Sohn，2014）。因此，地震学作为一种间接方法在研究多金属硫化物成矿的地质背景方面有着重要的意义。目前，在洋中脊探测领域，多道地震和海底地震监测技术是研究洋中脊地壳和上地幔结构的两个重要手段。

1）多道地震

多道地震（multichannel seismic）的最大优点是利用三维空间中灵敏的地震波场提高了识别洋壳结构的准确性和分辨率（Arnulf et al.，2014）。特别是对于地形极为复杂的洋中脊地区，沿洋中脊的岩浆供给情况决定了洋壳的增生和多金属硫化物形成的过程。由于洋中脊的岩浆和构造活动交替进行，岩浆房的大小规模随着岩浆的喷发和补给不断变化（Rubin et al.，2012），因此可以通过多道地震探查与多金属硫化物喷口有关的岩浆房的位置、类型、大小和形态等，指示多金属硫化物矿床可能存在的位置。

在过去的几十年里，多道地震已经被用来调查不同洋脊段的轴部岩浆房。这些研究主要集中在快速扩张的 EPR 9°30′～9°55′N（Kent et al.，2000；Carbotte et al.，2012）、中速扩张 Juan de Fuca 洋中脊的 Cleft 和 Endeavour 洋脊段（Canales et al.，2009，2012）及慢速扩张 MAR 的 Lucky Strike 海山下的岩浆透镜体。Detrick 等（1987）在 EPR 8°50′～13°30′N 进行了沿洋中脊和横切洋中脊的多道地震反射地震观测，发现岩浆房的顶部位于海底以下 1.2～2.4km，岩浆房非常的窄，小于 4～6km，但沿洋中脊几十千米基本可连续追踪。在 EPR 南部接近 9°50′N 的时间序列三维多道地震数据揭示了该区数十年来岩浆分布随时间的变化情况（Carbotte et al.，2012；Mutter et al.，2013）。Singh 等（2005）通过三维地震方法在慢速扩张大西洋中脊的 Lucy Strike 热液区获得了相似的结果，地震反射结果显示岩浆房的顶部位于海底以下约 3km 处，沿轴向延伸 7km，宽度为 3～4km。

2）海底地震仪

全球大约 90%的天然地震发生在海面下，这里具有很高的压力和接近冰点的低温使得观测难度很大。因此，人们使用海底地震仪（ocean bottom seismometer）来观测发生在洋盆中的地震，来加深对大陆边缘到洋盆中央的洋壳和上地幔的认识。洋中脊地震通常震源深度较浅，震级较小（Satake and Atwater，2007；Wilcock et al.，2009；Weekly et al.，2013）。海底地震仪通常是利用人工震源或天然大地震震源，获得十几或几十千米地层结构，对多金属硫化物来说，没有直接的相关性，但对研究成矿的大背景有一定的作用。

微地震方法则是研究尺度较小的热液活动或构造运动的一种较有效的间距观测手段，并在近年取得了丰硕的成果。在快速扩张东太平洋海隆，高温热液喷口区布放的海底地震仪上采集到的微地震数据分析表明，地震活动与热液系统存在非常紧密的联系（Sohn and Fornari，1998），微地震是由浅部洋壳冷却有关的热应变产生的，且水-岩石反应带是一个孕震区。Tolstoy 等（2011）对同一地区的沿轴热液流进行了微天然地震学方法的识别，认为该区域岩浆和构造应力造成了裂隙，并由此增加了洋壳岩石的孔隙度和渗透率，因此有利于热液活动产生。对中速扩张 Juan de Fuca 洋中脊微震的研究表明，震源机制的基本特征表现为近水平的张力轴朝向除平行于脊轴外的所有方向，意味着应力场受到洋中脊扩张速率和热液冷却的影响是均衡的（Wilcock et al.，2002）。

Van Ark 等（2004）对该区的微震研究结果进一步表明，大部分沿脊轴地震集中在岩浆房上方并在这一轴带内扩散，意味着存在与热液活动有关的裂隙，同时推翻了中速扩张洋中脊热液热量的获取主要是通过裂隙向冷岩浆房传播的假设，并指出岩浆热量在热液系统中起着非常重要的作用。对慢速扩张大西洋中脊 TAG 热液区的微震研究表明，TAG 热液区的成矿流体长期通过拆离断层从壳-幔界面附近的区域吸收热量（Demartin et al.，2007）。

4.2.5.2　重力信息

重力信息可以直接反映目标矿体的存在，也可以通过对重力异常信号的进一步处理分析（如线性信号提取、断层扫描及倾向推断等）得到与成矿有关的构造信息。海底热液区大多含有多金属硫化物（主要矿物包括黄铁矿、黄铜矿、磁黄铁矿等），其密度均比周围海底岩石（玄武岩）密度大，从而引起正的重力异常，可以作为直接的矿化信息。但是这些多金属硫化物的体积比较小（一般不足几千米），所引起的重力信号非常弱，只有几毫伽[①]（Evans et al.，1996），而且与海水、沉积物、深部岩浆及洋壳密度横向分布不均匀所引起的重力成分叠加在一起，需要做适当处理，去掉这些干扰因素，得到剩余布格异常才是反映多金属硫化物的有用信号。如果利用船载重力仪进行探测，由于距离场源太远（4～6km），这种微弱的重力信号几乎不能被探测到（图 4.11）。如厚 20m、宽 400m 的矿体在离底 50m 处所产生的重力异常不足 1mGal。因此，如果利用重力信息直接进行多金属硫化物调查，需要在海底进行近底重力观测，该方式已经在大西洋中脊 TAG 热液区的调查中得到了应用（Kowalczyk，2011）。

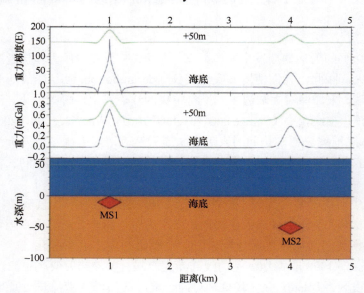

图 4.11　海底物质异常模型（MS1，MS2）产生的重力及重力梯度变化（Shinohara et al.，2015）

MS1 和 MS2 两个模型具有相同形状的沉积物（厚 20m，宽 400m），与围岩密度差为 1g/cm³

---

① 伽，单位符号为 Gal，1 Gal=1 cm/s²

重力勘探方法另一个优势就是可用于推断深部构造和岩体信息，从重力信号中得到大尺度的构造背景或者岩浆供给情况，推断是否有利于热液区及多金属硫化物的形成。洋中脊多金属硫化物矿床的形成受控于其成矿地质背景。热液系统受深部岩浆房驱动，岩浆房为多金属硫化物成矿提供热源，断裂构造和围岩结构为热液循环提供空间和通道（Georgen et al.，2001）。因此，可以利用布格异常提取线性构造信息（如断裂的位置、分布范围、倾角、深度等）或反演深部密度结构，利用剩余地幔布格异常推断岩浆供给量及对称性（索艳慧，2014），从而圈定成矿远景区。

4.2.5.3 磁力信息

洋中脊多金属硫化物矿床的磁力异常是目前应用较为广泛的物探异常之一。热液活动的存在一般需要热源驱动的循环成矿流体及作为循环通道的断裂裂隙系统（Humphris and Mccollom，1998）。这些要素与磁力异常有着很强的相关性，多金属硫化物的基底类型有玄武岩基底、超基性岩基底与碳酸盐基底等，可尝试用磁力异常特征来区别其基底类型。而不同的基底类型，其热源供给方式也可能不同（Humphris and Cann，2000）。断层、断裂等构造常为热液循环提供热液通道，可根据磁力异常推断断层、断裂构造（Tivey et al.，2003），以寻找新的热液区，并对已知热液区的热液通道进行研究。此外，新火山岩磁性强烈，而热液区具有较低的磁性，由于热退磁与化学作用可能改变岩石的磁性特征（Johnson et al.，1982；Tivey，1994），可以尝试用磁力资料研究矿区的空间结构。

由于形成机理不同，磁力异常表现为高磁力异常和低磁力异常两类。热液蚀变等作用在其热液喷口上方常表现为低磁力异常，其作用机制是由液体主导的地热系统将磁性矿物热蚀变为无磁性矿物（如黄铁矿）（Zhu et al.，2010）。尽管其间有热气流对黄铁矿的氧化作用，可获得稳定永久的磁性，但是由于热气流往往发生在热液流之后，此时黄铁矿已被非磁性矿化物取代，而玄武岩本身则被蚀变成黏土、硅石和绿泥石混合物留在脉状体上升区，因此热液区常表现为低磁力异常（Johnson et al.，1982；Hall et al.，1992；Hochstein and Soengkono，1997）。例如，玄武岩基底多金属硫化物三维地磁模型的磁力异常分布显示，热液区的低磁力异常常位于热液喷口上方，多呈圆状（图4.12a）。随着探索的深入，在慢速扩张大西洋中脊发现了Logatchev（Gebruk et al.，1997）、Rainbow（Douville et al.，2002）、Ashadze（Beltenev et al.，2003）等非火山成因热液区，在超慢速扩张西南印度洋中脊发现了新的热液区（Chen et al.，2007；Tao et al.，2012）。这些热液区主要是以超基性岩为基底，其围岩与橄榄岩都受到热液作用。在还原环境下橄榄岩受热液蚀变会发生蛇纹石化，产生磁性矿物磁铁矿与磁黄铁矿，蛇纹石化作用之后变为氧化环境，导致最后只剩下磁铁矿，因此热液区呈高磁力异常（图4.12b）（Dyment et al.，2005；Fujii et al.，2016）。

目前，磁力异常在洋中脊多金属硫化物的勘查中已经得到了广泛的应用。例如，Tivey等（2014）对坐落于Juan de Fuca洋中脊的Raven热液区进行了近底磁法研究，通过三分量磁梯度的计算，提高了磁场源的纵向分辨率，推断认为热液蚀变体的体积约为$15×10^6 m^3$。Fujii等（2015）利用Shinkai 6500 HOV在马里亚纳海沟南部的热液区进行了勘探，将获取的磁力异常反演得到测线上的磁化强度分布，且能与摄像资料很好地对应。

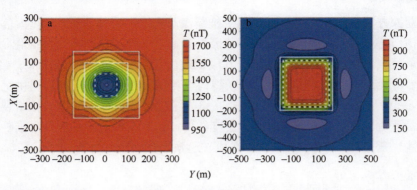

图 4.12 洋中脊多金属硫化物三维地磁模型磁力异常分布（Wu et al.，2016）

a. 玄武岩基底磁力异常分布；b. 超基性岩基底磁力异常分布。图 a 中的方框由外向里分别为弱蚀变带边界、多金属硫化物堆上顶边界和蚀变带边界（下同）；图 b 方框由外向里分别对应基底、蛇纹石化上顶、弱蛇纹石化上顶、多金属硫化物上顶与弱蛇纹石化下顶边界

此外，在（12°56′52″N，143°36′57″E）高地的西边显示低磁力异常，但这些区域发现大量岩浆岩，之所以显示低磁力异常可能是因为该区域发育大量断/龟裂，导致海水渗透，从而发生低温蚀变。此外，Fujii 等（2016）还基于 Shinkai 6500 HOV 在印度洋超基性岩基底的 Yokoniwa 热液区进行了磁法勘探，并进行了岩石样品磁性测试分析，认为该热液区呈高磁力异常是蛇纹石化橄榄岩作用的结果，与岩石剩余磁化强度的测试结果一致。

4.2.5.4 电法信息

由于多金属硫化物与围岩在金属成分和孔隙结构上差异明显，表现出良好的导电性，电法及电磁法成为陆上和海底硫化物勘探的重要手段。

1）自然电位特征

自然电位法在多金属硫化物勘查中具有明显的优势，其观测装置简单，能进行快速测量，可大面积圈定多金属硫化物的分布（Uglov，2013）。在活动的热液喷口，成矿流体扩散到海水中，使得海水性质发生改变，会观测到明显的海水电化学异常及自然电位异常（Sudarikov and Roumiantsev，2000；Kawada and Kasaya，2017），而且自然电位异常与海水及成矿流体电化学性质密切相关。在非活动的热液喷口或有沉积物覆盖的多金属硫化物附近，电化学异常不明显，但是依旧会产生自然电场（Safipour et al.，2017）。因此，自然电位法不仅对正在活动中的热液喷口和出露的洋中脊多金属硫化物有效，还对非活动的热液喷口及有沉积物覆盖的多金属硫化物有效（熊威等，2013）。

目前，自然电位法已经被应用于海洋矿产勘查。例如，缅因州的佩诺布斯科特海湾多金属硫化物矿床的海岸延伸部位存在约 300mV 的自然电位异常（Corwin，1976）；Heinson 等（2005）在澳大利亚艾尔半岛南部大陆边缘海域分别进行了自然电位测量，结合磁法勘探数据推断了大陆边缘矿体向海域延伸的情况。俄罗斯相关研究机构一直重视大洋矿产资源调查，从 1978 年起就一直致力于针对海底资源的电法研究，于 1991 年成功研制了一套针对洋中脊多金属硫化物勘查的拖体设备，可以搭载多个化学探头及电法装置（Gramberg et al.，1992；Palshin，1996）。目前该拖体已发展至第三代，化学探测的主要参数包括氧化还原电位（Eh）、pH、硫离子浓度（p_S）和钠离子浓度（p_{Na}）。自然电位的测量是用一对或多对垂直或水平的电极作为电场传感器，电极电缆被拖体拖曳。2008年俄罗斯"Professor Logatchev 号"科学考察船在北大西洋中脊 20.5°N 发现了明显的自然电位异常，异常幅度为 8mV，"RIFT-3"拖体上的 Eh、p_S 和取样都证实了这里的异常对应多金属硫化物矿床（Beltenev et al.，2008）。鹦鹉螺矿业公司在进行 Solwara 矿区资源评价过程中使用了自然电位设备，主要目的是在前期对勘探区中由高温成矿流体及多金属硫化物产生的氧化还原电位异常进行快速辨别（Lipton et al.，2008）。

洋中脊多金属硫化物的自然电位主要由以下两部分组成。

（1）洋中脊多金属硫化物矿床发生自然极化会产生自然电位异常（Beltenev et al.，2008；Safipour et al.，2017；Constable et al.，2018；Kawada and Kasaya，2018）。自然条件下，同一极化体，不同深度矿体的金属成分和溶液不同，溶液中的离子与矿体表面发生物质交换，使矿体表面产生过电位（Sato，1960）。另外，由于组成和结构不同，多金属硫化物相对于以玄武岩或超基性岩为主的围岩和基岩，具有低电阻率、高极化率的特征（Tao et al.，2013）。多金属硫化物极化率越高，其在特定条件下发生极化时，所产生的自然电位异常越大，通常表现为自然电位负异常的特点。

（2）成矿流体在海水中的扩散会使得海水产生电化学异常，从而产生自然电位异常（Sudarikov and Roumiantsev，2000；Kawada and Kasaya，2017）。在海底热液区，成矿流体喷出、上升及形成热液羽状流的过程携带了大量的还原性物质，如 H_2S、CH_4 等，在成矿流体与海水混合时，这些物质会与流体中的各种离子发生化学反应（Baker et al.，1994）。成矿流体进入海水中，会导致混合后海水的氧化还原电位值下降，产生氧化还原电位异常，并在周围产生自然电场，一般表现为自然电位正异常。

2）极化率特征

激发极化法是多金属硫化物勘探的重要手段之一。Wynn 最早介绍了激发极化法在近岸金属矿产调查中的应用（Wynn and Grosz，1986；Wynn，1988），通过沿海底拖曳测量，观测到了与当地富含钛铁矿等重金属矿的沉积物相符的异常。Nakayama 等（2010）对洋中脊多金属硫化物岩心样品进行了电阻率和极化率测试，发现与陆上同样由海底热液沉积形成的黑矿相比，测试的岩心样品具有更明显的激发极化效应。Goto 等（2011）利用 ROV 搭载的直流电测深仪对伊豆-小笠原群岛一处已经发现的热液喷口进行了试验，获得了热液喷口附近多金属硫化物电阻率与极化率的分布，激发极化效应与块状多金属硫化物的分布吻合得比较好，在矿体中心区域有很强的激发极化效应，测得了较高的极化率异常。与电阻率相比，极化率更能有效地指示这些高品质矿体，因而极化率被认为在勘探块状多金属硫化物时更有效、更可信。

3）电阻率特征

电阻率法是指通过测量地质体的电阻率特征，识别海底地质体或构造特征信息的一种电法勘查方法（李金铭，2005）。海底堆积型多金属硫化物被海水包围，其主要围岩为海底沉积物、破碎玄武岩和玄武岩基岩。通常情况下，堆积型多金属硫化物的电导率大约是海水的 3 倍，是海底沉积物和基岩的 5 倍多。研究表明洋中脊多金属硫化物与其周围介质存在显著的电阻率差异，具备以电导率为基础的电法勘探的物性条件，因此该方法目前在多金属硫化物矿床资源调查中已经越来越受重视（Gramberg et al.，1992）。

然而，由于海水的高电导率及现有理论、技术等的限制，在陆地金属矿物勘探中应用较为成功的电法勘探，在洋中脊多金属硫化物勘探的应用还相对较少。目前，海底电阻率法已经在仪器设备、野外作业和资料分析方面取得了一定的发展。Edwards 团队开发的 MOSES 方法被认为是多金属硫化物探测的有效手段（Edwards and Chave，1986；Edwards，1988），他们利用 MOSES 方法穿透深度大的优点，对热液循环产生的侵入式电导率异常进行了研究。Nobes 等（1986，1992）在 Juan de Fuca 洋中脊北部平坦的 Middle Valley 热液区对电阻率进行了原位测量，测得沉积物的电导率为 1.2～1.5S/m，基底的电导率为 0.12S/m，并在海底热液活动强烈的地区发现了高电导带，大约为 10S/m，推断赋存大范围的多金属硫化物，并通过 ODP 钻孔得到了验证。1996 年美国"阿尔文号"载人深潜器搭载一套瞬时双电偶极子装置在大西洋中脊 TAG 热液区对多金属硫化物进行了试验，大多数热液丘的电阻率都在 0.06～0.7Ω·m，比海水的 0.3Ω·m 要低，较低的电阻率（＜0.009Ω·m）可能与该区有大量的多金属沉积物有关（Cairns et al.，1996；Von et al.，1996）。2012 年鹦鹉螺矿业公司在其矿区内进行了近底精细电法作业，勾画出了多金属硫化物的分布区域，这也是世界上首次商业性质的洋中脊多金属硫化物电法调查（Kowalczyk，2011）。我国也已经开始了该方法的研究，已开展了瞬变电磁（transient electromagnetic method，TEM）的数据采集试验，并获取了较高质量的数据。

4.2.6 地球化学信息

地球化学异常信息是研究成矿规律和评价矿产资源潜力的重要基础信息。通过对地球化学信息的分析及对异常信息的推断和解释，在地球化学分析图及其异常分布图上进行单元素、多元素及元素组合等各种模式的辨认，进一步达到找矿的目的。基于各种模式的辨认结果，评价其成矿找矿意义，圈出有利成矿区、远景找矿靶区，并逐个对其资源潜力进行预测，评价找矿远景。

4.2.6.1 沉积物地球化学勘查

由于海底热液活动的蚀变范围较小，因此岩石原生晕方法在多金属硫化物勘查中的应用相对较少，目前采用相对较多的是沉积物地球化学方法。研究资料表明，海底热液喷发形成的热液羽状流中富含成矿物质（German，1993），根据热液活动强弱的不同，可在热液喷口 1～10km 处形成与之相关的沉积物，除了一些粒径较大的颗粒分布在喷口附近数百米的范围内，超过 90%的物质都会在其上浮扩散过程中沉积在远离喷口的位置（Rona and Smith，1984；Walter and Stoffers，1985；Feely et al.，1992）。沉积物中与热液活动有关的地球化学异常与热液羽状流中沉淀的颗粒物异常一致（German，2003）。目前国际上主流的羽状流探测法主要应用于寻找活动的热液喷口，而无法探测非活动的热液喷口。与沉积物相比，热液羽状流仅能代表热液活动喷发过程中短暂时间段的信息，而沉积物中的地球化学特征是热液活动长期作用的结果。此外，热液活动停止后，即使沉积物发生氧化，其中记录的成矿信息还是会被保留下来（Cronan，1983；Feely et al.，

1987)。因此，深海沉积物的地球化学特征可能是一种潜在的找矿信息（Marchig et al.，1982；杨耀民和石学法，2011）。目前，已经有一些研究者开展了该方面的工作，例如，Cronan（1983）在西太平洋利用沉积物地球化学特征区分出了两种不同构造背景下形成的沉积物类型，并圈定了多处多金属硫化物找矿远景区；Shearme 等（1983）对比了 TAG 热液区内两个热液喷口附近沉积物的地球化学异常分布特征。总体而言，目前有关深海沉积物的研究大多集中在其矿物组成、物源及沉积环境等方面（Pattan and Jauhari，2001；Palma et al.，2013）；有关热液沉积物的研究则集中在多金属软泥、烟囱倒塌体等含金属沉积物的地球化学、矿物学特征等方面（German，1993；Rusakov et al.，2013），将其作为成矿分散晕的研究依然相对较少。

4.2.6.2 沉积物地球化学信息

资料表明，沉积物中与多金属硫化物有关的矿化信息主要有较高的 Cu、Zn、Fe、Mn、As 等元素含量，特别是当其具有较好的元素分带时指示意义更强；特定的元素比值特征有 Cu/Fe 比值、Fe/Mn 比值、MSI 比值特征等；微量元素信息有 P、Y 元素含量及其比值特征等；另外还有稀土元素特征等。

1) Cu、Zn、Fe、Mn、As 等元素含量

大量资料表明，靠近热液喷口和远离热液喷口的沉积物的地球化学特征反映了热液喷口不同部位的地球化学过程，海底热液系统周围沉积物的形成与热液喷口密切相关。成矿流体中携带有大量与成矿物质有关的粒子，其中的成矿元素 Cu、Zn 的含量可以达到正常海水的数十倍以上。平行扩散的中性羽状流中一般缺乏亲铜元素，较为富集 P、V、U 元素和从海水中吸收的稀土元素。当成矿流体喷出海底之后形成热液羽状流，一般在热液喷口形成富含 Cu、Zn 元素的多金属硫化物，并在喷口附近沉淀含同类型多金属硫化物的沉积物。例如，Endeavour 热液区附近沉积物中富含 Cu、Zn 等元素，其含量随着与喷口距离的增加而降低（Hrischeva et al.，2007）。TAG 热液区和 OBS 热液区附近热液沉积物中具有较高的 Cu、Zn 元素含量，其 Cu/Fe 比值分别为 0.090 和 0.71，Zn/Fe 比值分别为 0.006 和 0.037（German，1993；Rusakov et al.，2013）。Laurila 等（2014）对赋存于红海多金属沉积软泥中的元素分布特征进行了分析，发现沉积物中 Ag、As、Au 元素的含量随着与喷口中心距离的增加而逐渐降低，而 Cu/Zn 比值则具有先降低后增高的趋势（图 4.13）。

Fe、Mn 可在热液活动中迁移较远的距离，并以 Fe、Mn 沉积物的形式分布在热液喷口的外围（German et al.，1991）。例如，Mottl 和 Mcconachy（1990）发现，热液与海水混合后大约有 35%以上的 Fe 和几乎全部的 Mn 仍然以溶解态的形式存留在羽状流中；大西洋中脊 Rainbow 热液区羽状流中的 Fe 氧化物颗粒可以沿洋流方向扩散达 10km 以上（Baker et al.，2004）。西南印度洋中脊龙旂热液区的热液羽状流中 Fe、Mn 等金属元素的浓度明显高于背景海水，溶解态 Fe 所占总的比例达 50%以上，表明热液喷出的 Fe 并没有迅速沉淀（Wang et al.，2012）。羽状流中的 As、Cr、Mo、Ag 等元素随着羽状流的扩散被铁氢氧化物所吸附，并在喷口周围沉淀下来，而且其含量在羽状流后期演化中基本不受海水的影响，元素 Ca 和 Mn 可以在热液喷出后以溶解态的形式长时间存在于

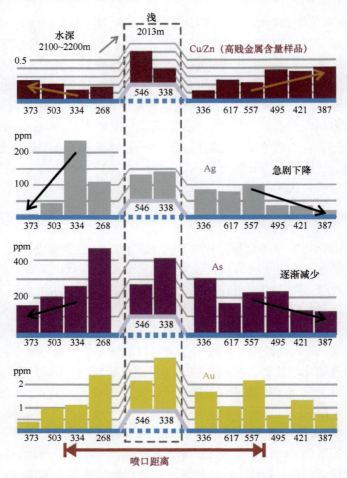

图 4.13　红海多金属软泥分布区热液喷口附近元素分布特征（Laurila et al.，2014）

羽状流中（German et al.，1991）。因此，靠近喷口附近的沉积物中一般具有较高的 Cu、Zn 和 Fe 元素含量，并具有较高的 Fe/Mn 比值，远离喷口的沉积物中则具有较高的 Mn 元素含量和 Mn/Fe 比值，并具有较高的 P、Cr、V、As 等元素含量。Ba 也是热液活动的指示性元素之一，海底热液活动产生的流体中 Ba 元素的含量一般较高，因此热液区附近的沉积物中可能具有较高的 Ba 元素含量（Dymond et al.，1981）。例如，Li 和 Zhao（2016）通过分析沉积物中的 Ba 元素含量，认为西南印度洋中脊部分区域存在低温的弥散流活动。

2）特定的元素比值特征

沉积物中一些特定的元素比值特征可以作为热液活动的指示信息。例如，Boström 等（1969）提出了判断多金属沉积物与非多金属沉积物的 MSI 指标 Al/(Al+Fe+Mn)，满足条件 Fe/(Fe+Al+Mn)＞0.5、Al/(Fe+Al+Mn)＜0.3 和(Fe+Mn)/Al＞2.5 组合指标的样品可以划分为多金属沉积物；Gier 和 Langmuir（1999）发现(Fe+Mn)/Al 比值可能指示了洋脊段热液活动和 Fe、Mn 元素的供给强度，热液活动频率较高的洋中脊沉积物具有较高的(Fe+Mn)/Al 比值，例如，具有较高的热液区分布频率的 MAR 36°~38°N 洋脊段沉积物中(Fe+Mn)/Al 比值(约为 5)高于分布频率较低的洋中脊(约为 1);Marchig 等(1982)建立了 P 与 Y 的相关性、Cr/Zr 比值与 Y/P 比值的相关性、REE 配分模式及 As 元素的含量等指标区分热液沉积物和非热液沉积物;Rainbow 热液区不同距离沉积物中的元素分布特征表明,Cu/Fe 比值可以作为判断沉积物与热液区距离的指标(Cave et al.,2002),热液区近源沉积物(约 2km)的 Cu/Fe 比值可以高达 25,而远源沉积物(约 25km)的 Cu/Fe 比值约为 9。

3)稀土元素特征

稀土元素特征可以作为热液活动的指示信息。资料表明,在洋中脊环境中高温成矿流体普遍具有 LREE(轻稀土元素)富集和强烈的 Eu 正异常特征,而且该特征不受基岩岩石种类及 REE 丰度的影响(Douville et al.,2002;Allen and Seyfried,2005)。深海钙质沉积物普遍表现出微弱的 Ce 负异常和极低的 REE 含量,Eu 异常不明显,而多金属沉积物中则具有较高的 REE 含量和较强的 Ce 负异常(Marchig et al.,1982)。另外,根据沉积物中的 Eu 异常特征判断西南印度洋中脊中段可能存在热液活动(Li and Zhao,2016)。

沉积物地球化学异常的分布特征与洋中脊的类型也有一定的关系。快速扩张洋中脊的轴部地形较高,热液喷出海底后易于扩散形成范围较广的分散晕;与快速扩张洋中脊不同,慢速扩张洋中脊存在一个中部的扩张裂谷,与此类洋中脊相关的热液羽状流一般被限制在裂谷中,因此与之相关的地球化学晕很难扩散到洋中脊两侧,但是可以在裂谷中沿底流方向形成很远的地球化学晕(Lisitzin et al.,1997)。

第 5 章　洋中脊多金属硫化物成矿预测理论与方法

在科学预测理论的指导下，应用地质成矿理论和科学方法综合研究地质、地球物理、地球化学等方面的信息进行成矿预测，其预测结果可以正确指导不同层次、种类找矿工作的布局，提出勘查工作的重点区段或布置具体的勘查工程，提高找矿工作的科学性、有效性和提高成矿地质研究程度（赵鹏大，2006；李少雄，2010）。陆上找矿勘探工作中的成矿预测方法流程已经相对成熟，应用也较为广泛。洋中脊多金属硫化物作为矿产资源勘查的新领域，上述方法和流程同样适用，但其也具有本身的特点。

5.1　洋中脊多金属硫化物成矿预测理论

成矿预测是指在不确定条件下制定最优决策的工作。赵鹏大（1990）率先提出成矿预测的基本理论，可以概括为相似类比理论、求异理论和定量组合控矿理论。

（1）相似类比理论：相似类比理论提出的假设前提是在相似地质环境下，应该有相似的成矿系列和矿床产出；相同的（足够大）地区范围内应该有相似的矿产资源量。根据这一理论，建立矿床模型以指导预测就成为首要的工作，这也是进行地质类比的基本工具。矿床模型是对矿床所处三维地质环境的描述。对大比例尺成矿预测来说，尤其是要加强深部地质环境的描述和地球物理特征的概括，因此，有人提出建立矿床的"物理-地质模型"概念。矿床模型法实质上就是成矿地质环境相似类比法。用于矿床统计预测的聚类分析法也是依据预测区与已知矿床地质特征的相似程度来判断预测区成矿远景（赵鹏大，2006；李少雄，2010）。

（2）求异理论：物探、化探异常作为矿床预测的重要依据是人们所熟知的，但"地质异常"的概念和意义却较少论及。在一定环境和作用条件下，在连续的时间进程中所形成的地质体应该具有一定的并且是稳定的物质成分、结构构造和成因序次。一旦环境（地质、物理、化学或生物环境）发生变化、作用发生改变或各种环境作用的时间进程发生变异，就会导致所形成的地质体发生物质成分、结构构造或成因序次上的改变。这种发生在地壳或其某一部分的变化在整个地质历史发展过程中是十分频繁、普遍、有时是很剧烈的，因而可能构成很复杂的结果，并使得一些地区地质过程的产物具有与其周围产物相区别的显著特征。这样的地区，实际上形成了一种"地质异常体"（赵鹏大和池顺都，1991）。

一般认为，矿床的形成应具备（赵鹏大等，2000）：①矿源、热源和水源的有机组合与匹配；②导矿、散矿和运矿通道的有机组合与匹配；③赋矿、聚矿和成矿的空间及时间的有机组合与匹配；④导致矿质沉淀的失衡、失稳与失常物理、化学和生物环境；⑤导致矿床形成的富集—耗散—富集的过程（赵鹏大等，1996）。因此，"致矿地质异常"的形成是一个复杂的过程。受与成矿作用有密切关系的地质因素控制而形成的"地质异常体"的存在是矿床形成的必备条件（李志军，2001）。有地质异常并不一定导致成矿，但矿床的形成必然有地质异常的存在（赵鹏大和胡旺亮，1992）。这一概念已经涵盖了矿床作为"地壳中有用组分自然浓集地段"的自然属性（赵鹏大，1990；赵鹏大等，2000）。因此，查明地质异常构成了成矿预测的基础，它亦是产生特殊类型和新类型矿床的前提条件，是物化探异常产生的根源（赵鹏大和池顺都，1991；赵鹏大等，2000）。

地质异常包含有定量的，而且是某种强度的概念。异常是相对背景而言的，各种控矿地质因素或地质条件都有一个正常的背景场，如果用一个数值区间（或阈值）来表示背景场，凡是超过或低于该阈值的场就构成地质异常，它具有一定的空间范围和时间范围，是地壳结构不均匀性的综合反映（王成，2006）。地质异常与物、化探异常在时间和空间上可能存在某种联系，但是它们又有着重要的区别。物、化探异常是矿化所致，是由于矿床的形成而导致的地壳局部物理场和化学场变异，是矿床存在的标志（矿致异常），而地质异常则是矿床形成的前提（赵鹏大和孟宪国，1993）。

目前建立的已知矿床模型，只能预测与其类型相同和规模相似或更小的矿床，而不能预测出尚未发现过的新类型矿床或迄今未曾发现过的规模巨大的矿床（黄海峰，2003；郭晓东等，2006）。因此，不能只注意与已知类型的成矿环境类比，还要注意"求异"。当对一个地区进行地质环境分类时，可能有个别地段或单元不能归入任何一类，这种地质异常地段是不应轻易放过的，要对其进行成矿可能性分析并认真进行野外实地检验。

（3）定量组合控矿理论：成矿不是靠单一因素，也不是靠任意因素的组合，而是靠"必要和充分"因素的组合，现在尚不能对其充分认识和查明。这样，成矿和找矿就成了不确定性事件，我们的任务是最大限度地提高找矿概率，这就要求必须最大限度地查明"控矿要素定量组合"，这也是矿床预测必须提取、构置、优化各种成矿信息，并加以综合定量处理的依据。此外，还必须研究各种因素在成矿中所起作用的大小、性质和方向；研究各种成矿因素在成矿中的参与程度或合理"剂量"，也就是说，必须尽可能定量地研究成矿因素组合，而不仅限于定性分析和判断。往往在地质条件相似的情况下，一些地区有矿，而另一些地区无矿，这是因为"相似的地质条件"并不是成矿的"充分条件"。一般来说，一个地区成矿概率的大小与有利因素组合程度有关，也与关键因素是否存在相关（李少雄，2010）。

上述三大理论中，相似类比理论是矿床预测的基础，它要求详细了解和大量拥有国内外已知各类矿床的成矿条件、矿床特征和矿化信息；求异理论是成矿预测的核心，它要求在相似类比的基础上注意发现不同层次或不同尺度水平、不同类型的异常；定量组合控矿理论是成矿预测的依据，它要求把握一切与矿床成因联系的地质、化学、物理和生物作用，掌握一切与成矿有关的因素及其特征（赵鹏大，2006；李少雄，2010）。相似类比理论是成矿环境的对比，从而有可能在广泛的地壳范围内选择所要寻找和预测的最可能成矿环境，或者在指定的地段内，根据其地质环境判断可能寻找和预测的矿产。求异理论指导进行成矿背景场和地质、物探、化探及遥感等异常的分析，从而有可能在确定的有利成矿环境或地段内进行预测靶区的选择；定量组合控矿理论指导成矿概率大小和成矿优劣程度的分析，从而有可能在圈定的成矿远景区中评价和优选最有可能的成矿地段或优选成矿的最佳地段（李少雄，2010）。三大理论之间的关系及作用如图 5.1 所示。

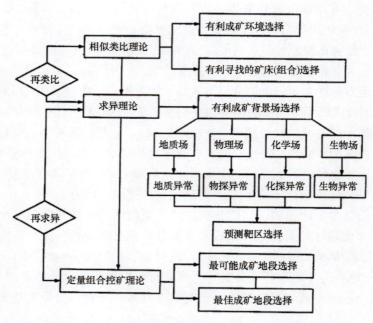

图 5.1 成矿预测理论、作用及相互关系概图（赵鹏大，2006）

5.2 洋中脊多金属硫化物成矿预测方法

5.2.1 地形应力成矿预测

地应力是地质力学与岩体力学研究的基本内容之一，与岩体破裂具有紧密的联系。目前对海底应力场的研究主要集中在洋中脊形成过程中的应力场变化。Madsen（1984）通过应力模拟推测洋中脊高地的产生主要是因为低密度的地幔物质向上拱起岩石圈；Shah 等（2001）在前人应力模拟的基础上增加了温度对海底地形的影响，表明洋中脊地形的形成不仅与洋中脊底部的构造有关，还与洋中脊底部的温度有关；Buck 等（2005）以调整模型的边界及温度参数最终使模型的地形起伏与实际的多波束获得的地形相匹配的方式，阐明了洋中脊附近断层产生的原因。但是，由于海底很难如陆地上一样获得实测点的应力数据，因此对洋中脊热液区的应力场研究成为一个难题。近年来，应力场在海底热液通道预测中也得到了大量关注和初步应用。例如，通过应力场模拟获取海底应力场分布特征，进而预测海底热液活动分布。

5.2.1.1 方法介绍

洋中脊多金属硫化物是海底热液活动的产物。海底热液循环系统的形成与海底断裂和裂隙等密不可分。海底裂隙为热液循环系统提供了热液流通和矿物质交换沉淀的场所，为热液循环系统的产生提供了先决条件。因此，可以通过寻找裂隙的可能区域，来间接寻找洋中脊多金属硫化物（陈钦柱等，2017）。

海底应力场十分复杂，其受岩体自重和构造运动的影响最为强烈。由于构造运动引起的应力场难以计算，在实际应用中通常只考虑岩体自重引起的应力场。早在 1951 年，Anderson 就发现岩石中的三个主应力提供了水压破裂方向的相关信息，即裂隙将沿着最大主应力的方向发育，同时裂隙垂直于最小主应力方向。俄罗斯科学家的流体实验研究结果表明，流体经圆形横截面管道后其势能的损失量最低，也即意味着圆形的通道最适于流体运动喷发（Smirnov, et al., 2013）(http://essuir.sumdu.edu.ua/handle/123456789/31450)。德国科学家 Schöpa 等（2011）在研究陆地火山热液喷口与岩体自重引起的应力的关系时发现，高温热液喷口主要出现在水平最大主应力低值区，且分布在火山口的山脊部位，呈圆环状平行于火山口分布。因此，研究水平和垂直应力的大小与方向有助于分析流体的运动趋势，同时也能为推测海底热液喷口的位置提供一定依据（陈钦柱等，2017）。

Petukhov 等（2015）在仅有多波束海底地形数据的情况下，通过对不同热液区的海底应力场进行模拟，指出活动热液喷口产出于切应力接近于零的区域，而非活动热液区则产出于扩张区域（Petukhov et al., 2015；陈钦柱等，2017）。基于上述研究，俄罗斯海洋研究所建立了大西洋中脊 10°～40°N 及 10°～21°S 区域热液喷口的地形应力预测模型，并以我国西南印度洋中脊部分脊段为典型案例进行了模拟研究（图 5.2）。这些研究为通过地形应力预测洋中脊多金属硫化物矿床的产出位置提供了新思路。

图 5.2　已进行过应力模拟的区域（红色长方形区域）（陈钦柱，2017）

具体实施方面，该方法主要是利用海底声学测深设备（主要是多波束）获取海底地形数据，根据海底测深数据建立地壳动力模型，计算海底岩体自重引起的应力场分布，确定热液活动的最适应力和应变条件（图 5.3），从而预测海底热液区可能存在的区域（Petukhov et al., 2015）；当切应力不为零时，流体通道开始阻止液体流动；当流体通道的横切面是圆形（也就是切应力等于零）时，通道的流通性最好（Petukhov et al., 2010）。因此，寻找具有最大渗透率的热液喷口转化为鉴别海底地形上对应的洋壳浅部切应力为零的区域。尽管该方法不能完全刻画地球内部动力信息，但是经实践检验该方法具有较好的实用效果。

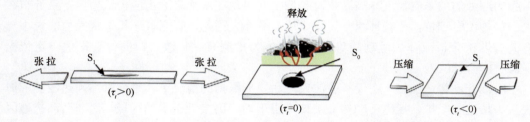

图 5.3 流体通道的横截面切应力与流通性的关系（Petukhov et al., 2010）

5.2.1.2 模型建立

应力模拟的第一步就是建立一个能反映研究对象主要形状特征的实体模型。首先，利用建立符合真实海底地形的地质实体模型，针对海底地质特点建立两层或者多层海底实体模型。图 5.4 为两层模型，上层为弹塑性层，下层为塑性形变层，上层厚度为下层厚度的 1/5，并假设上层地壳的重力引起下层地壳的弹性形变，模型上每个点的形变量与相应点上的地形起伏有关。

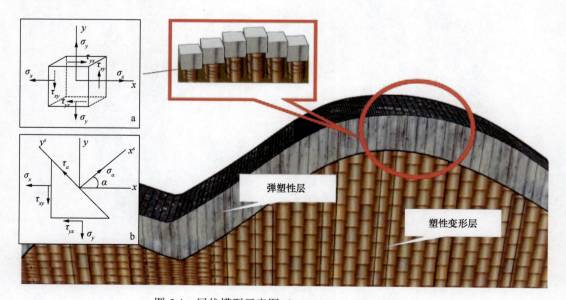

图 5.4 层状模型示意图（Petukhov et al., 2015）

其次，给模型的每层赋予相应的物性参数（弹性模量，泊松比，重力加速度），使模型契合相应洋中脊的特征。在图 5.5 所示的地壳模型中，用弹性薄膜覆在不同长度的杆上代表弹塑性层。柱体的高度（Z）和空间坐标（X，Y）对应于图 5.4 中上层地壳表面的黑圈，三个坐标的值来自研究区域的多波束数据。

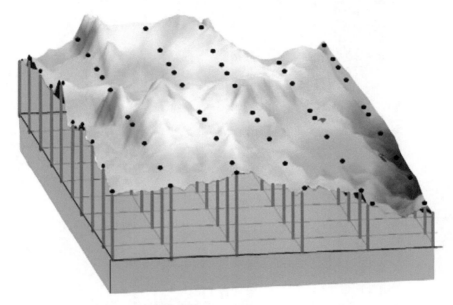

图 5.5　地壳模型图（Petukhov et al., 2015）

5.2.1.3　计算与分析

在建立计算模型的基础上，依靠有限元分析软件（如 ANSYS）获取应力场分布结果。根据应力场与热液喷口发育的关系，选取最有可能出现热液通道的区域，将选取的区域作为下一步的重点研究区，并利用更高精度的多波束地形数据开展应力场模拟与精细分析工作。

虽然 ANSYS 软件具有很强的应力模拟功能，但是其对结果的显示方式并不适于探寻海底应力场与热液活动区域的对应关系。因此，通常利用其他工具（如 MATLAB、Surfer 等）把 ANSYS 模拟处理后的海底表面应力场转化为更容易辨识的等值线图（图 5.6，图 5.7）。

在最终计算的结果图中，首先画出切应力零值区域，图 5.7 中红色粗线代表喷发区域，将红色粗线的两次切应力的符号改变（也就是张拉和压缩的变化），寻找热液喷口的工作就简化为在模型上层中寻找切应力趋近于零的区域，这些区域可以认为是成矿流体喷出的区域。为了以后研究的方便，除了"零"值线外，我们还划分出刚性切应力为高值的地方作为喷口可能的备选区（$\tau \gg 0$）。

依据上述方法通过位移函数得到的地形如图 5.8a 所示，模型得到的地形与真实地形的起伏（图 5.8b）非常吻合，表明在这种边界条件下得到的模型的内部应力分布与实际地壳内部应力分布可能非常接近。

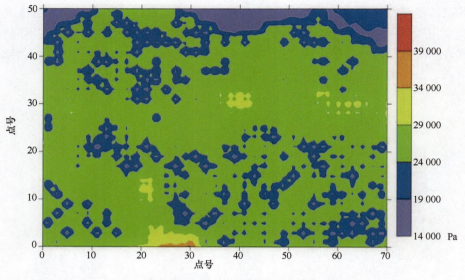

图 5.6　模型最大水平主应力场（陈钦柱，2017）

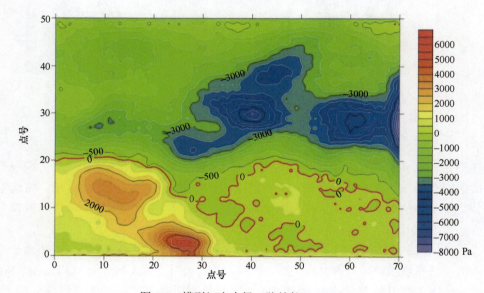

图 5.7　模型切应力场（陈钦柱，2017）

5.2.2　综合信息成矿预测

洋中脊多金属硫化物综合信息成矿预测方法的基本原理以洋中脊多金属硫化物成矿理论为基础，参考现代成矿预测理论和方法，从典型热液区入手，通过综合分析成矿地质背景、成矿规律和成矿控制条件，以点带面，开展大区域洋中脊多金属硫化物成矿预测与资源评价；以大区域成矿预测为基础，综合分析和解释船载及近底地质、地球物理、地球化学等资料，深化已有地质和成矿规律的认识，面中求点，开展局部区域的洋中脊多金属硫化物成矿预测。该预测方法包含两个层级，分别为洋中脊尺度和热液区尺度。洋中脊尺度多金属硫化物的预测主要通过综合考虑洋中脊扩张速率、岩浆供给、地幔-热点作用和构造等特征进行，而热液区尺度多金属硫化物的预测则主要依据地形、断层和蚀变等特征进行。

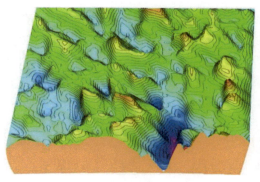
a. 位移函数得到的地形图

b. 多波束得到的地形图

图 5.8　模型的地形和真实地形的对比（陈钦柱，2017）

5.2.2.1　理论基础

多金属硫化物通过海水在洋壳中发生水岩作用过程形成，海底的热液循环是控制岩石圈向水圈传输能量和物质的基本过程（Rona et al.，1998；Tivey，2007；景春雷等，2013）。海底热液活动的形成与其所处区域的构造活动、火山活动、区域变化及局部物理化学事件的循环有关，是在各种内外营力综合作用下，具有不同区域性特点的复杂过程（季敏，2004）。对现代和古代多金属硫化物矿床的研究表明，多金属硫化物成矿作用应具备 5 个基本要素（田京辉，2001；侯增谦等，2002）：①成矿的热液流体，主要源自海水，也可能存在岩浆水的贡献；②岩浆热源（岩浆房/高位侵入体/岩脉），加热流体并使其在洋壳中发生对流循环；③断裂、裂隙系统，使洋壳具有高渗透性，从而促使大规模的水-岩反应发生；④有效的沉淀机制，使多金属硫化物发生沉淀堆积；⑤快速、及时的埋藏条件，使多金属硫化物免遭氧化和破坏。综上，深部岩浆活动、断裂构造、沉积物盖层、扩张速率、基底岩石性质等多种因素对洋中脊多金属硫化物的成矿起着控制作用（杨伟芳，2017）。因此，理论上洋中脊多金属硫化物的成矿预测必须采用综合信息预测方法，才能获得相对可靠的结果。

此外，洋中脊多金属硫化物作为一种地质体，其地质、地球物理、地球化学等各方面的属性均与无矿地段不同。由于地质体和矿产资源体的复杂性，相同的地质体可以有不同的地球物理、地球化学场；同样，地球物理、地球化学场也可以反映不同的地质体，致使每一种找矿方法只能在一定范围内适用。然而，目前已有的洋中脊多金属硫化物成矿预测的方法，如地形-应力场预测法、岩浆活动-构造预测法等，主要从单一信息的角度开展成矿预测，这就增大了预测结果的相对误差。综合信息找矿方法的基础是多源信息，从而避免了单一信息的片面性和多解性，提高了成矿预测的有效性（王世称等，1992，2010）。因此，综合应用地质、物探、化探等资料进行综合信息成矿预测是洋中脊多金属硫化物找矿勘查的重要手段，而且将发挥愈来愈重要的作用。

5.2.2.2 信息基础

洋中脊多金属硫化物的形成是各种地质因素的耦合及其在空间上的表征。因此，其地质、地球物理和地球化学特征均具有特殊性，对这些信息的综合运用是寻找洋中脊多金属硫化物的基础条件。地质信息主要包括地形地貌、构造、岩浆岩、蚀变、矿产资源露头等，不同的地质信息及其组合特征对洋中脊多金属硫化物存在与否提供了不同的指示作用。地球化学信息主要包括表层沉积物地球化学、岩石地球化学、水体地球化学等信息（祁士华，1998），其中，Cu、Zn、Fe、Mn 等单元素异常和元素共生组合异常的发育常常可以直接指示多金属硫化物的存在。洋中脊多金属硫化物成矿预测中采用的常规地球物理信息包括重力信息（密度差异）、磁力信息（磁性差异）、水体透射率信息（羽状流浊度）、温度、电场信息（电阻率、极化率差异）或电磁场信息、地震信息（弹性波速率）等。

5.2.2.3 方法及步骤

洋中脊多金属硫化物综合信息成矿预测的基础是其矿床地质、成矿作用及成矿规律的研究和确定，该方法的实施主要包括 3 个步骤（伍伟，2010）：①矿床地质研究；②综合信息成矿预测模型的建立；③综合信息成矿预测。其中，综合信息成矿预测模型的建立是成矿预测的基础。

1）矿床地质研究

（1）成矿地质背景研究：分析典型洋中脊多金属硫化物矿床形成的构造背景、洋中脊扩张速率、岩浆供给等特征，总结区域地质构造的发展演化。

（2）矿床控矿要素分析：分析总结地形、水深、构造、岩浆岩等对典型热液区的控制作用，提取主要控矿要素。

（3）成矿规律研究：分析总结洋中脊多金属硫化物的空间分布特征和空间定位规律，分析矿床的矿物共生组合、成矿时代、形成时代及其与洋壳年龄等的关系。

（4）成矿作用研究：研究总结矿床形成的温度、压力、氧逸度、硫逸度等物理化学条件，分析成矿物质来源及其富集成矿规律等，构建典型热液区的成矿模式。

2）综合信息成矿预测模型的建立

洋中脊多金属硫化物综合信息成矿预测的内涵包含两个层级，分别为洋中脊尺度和热液区尺度的成矿预测。洋中脊尺度综合信息成矿预测模型的建立主要通过研究典型热液区，总结和概括洋中脊多金属硫化物的区域成矿地质背景、成矿规律，归纳和总结有利成矿区的地质、地球物理、地球化学等特征及有效的找矿方法和手段。热液区尺度综合信息成矿预测模型着眼于热液区本身的地质特征，总结找矿过程中有特殊意义的地质、物化探和矿物学等特征及空间变化情况，总结发现热液区的基本标志及有效的方法和手段。

A. 洋中脊尺度综合信息成矿预测模型

根据洋中脊多金属硫化物地质背景和矿床成矿模式的分析结果，本书从区域地质控制因素、局部地质控制因素、围岩类型、渗透性、岩浆作用、水深条件角度建立了不同类型洋中脊的多金属硫化物成矿预测模型（表 5.1）。

表 5.1 洋中脊尺度综合信息成矿预测模型

多金属硫化物矿床类型	洋中脊类型	区域地质控制因素（构造、地形）	局部地质控制因素（构造、地形）	围岩类型	渗透性	岩浆作用	水深条件
镁铁质岩系统多金属硫化物矿床	快速扩张洋中脊	两个主要断裂带之间地堑的地形高地	火山阶段，热液喷口之间轴部地堑高地的火山口和塌岩湖控制	洋中脊玄武岩、辉长岩等	构造活动强烈，洋壳岩石严重破裂，增加了岩石渗透性，成矿流体呈弥散式排放	洋中脊轴部宽约 1 km 的轴部地堑深部的岩浆活动	>1500 m，成矿水深变化较大 1500~5000 m
	中-慢速扩张洋中脊	构造阶段受地堑断层的控制，热液喷口位于地堑壁或地堑中心	透镜状地堑火山口		块状、枕状火山熔岩渗透性差，流体沿主要断裂呈聚集式喷出，成矿物质集中卸载	岩浆活动为深部辉长岩侵入体，岩墙群，或远离热液区位于洋中脊轴部，或离轴火山	>1500 m，成矿水深 2000~5000 m 均有分布
		洋中脊岩浆段轴部中央地形高地					
		轴部裂谷壁的顶部和底部，可以远离轴部达 2.5 km	与洋中脊平行的地堑断层或与裂谷壁相交的断层				
		离轴海山，离轴最高可达 55 km	塌陷火山口及熔岩通道				
超镁铁质岩系统多金属硫化物矿床	中-慢速扩张洋中脊	洋中脊非岩浆脊段末端裂谷壁，脊段之间转换断层，非转换断层不连续端或其与洋中脊相交的高角超镁铁质岩穹窿构造的顶部	垂直于洋中脊走向低角度拆离断层及其相关的次级断裂，平行于洋中脊走向的断层及辉长岩侵入体的顶部	方辉橄榄岩，蛇纹石化橄榄岩及少量玄武岩和辉长岩等	岩石渗透率较高，成矿流体发生侧向运移，以较为广泛的弥散式卸载或交代成矿	岩浆活动为深部辉长岩，岩侵入体，异常见的是远离热液区位于洋中脊轴部	>1500 m，成矿水深 2000~5000 m 均有分布
有沉积物覆盖系统多金属硫化物矿床	中-慢速扩张洋中脊	洋中脊地形隆起	隆起地形深部洋壳（岩席+沉积物复合体），与侵入体有关的断裂构造及与洋中脊平行的正断层，陡崖和裂隙	以巨厚的泥岩、砂岩、粉砂岩等沉积岩为主（500 m 左右），深部发育镁铁质岩	砂岩渗透性强，流体沿层理发生侧向运移；泥岩渗透性差，流体在局部地段聚集，弥散式与聚集式卸载共同控制	被抬升的断块之下均存在岩床或岩席	>1500 m，成矿水深 2000~3000 m

B. 热液区尺度综合信息成矿预测模型

根据热液区的地形、局部构造、羽状流、地球物理、地球化学、生物、围岩蚀变及矿化露头等信息，建立成矿预测模型，如表 5.2 所示。

表 5.2 热液区尺度综合信息成矿预测模型

序号	矿化信息	特征描述
1	地形信息	洋中脊中央裂谷局部地形高地、裂谷壁顶部
2	局部构造信息	洋中脊轴部高地的火山口、塌陷火山口及熔岩通道，正断层或与裂谷壁相交的断层等
3	羽状流信息	温度-盐度、浊度、氧化还原电位、甲烷浓度、溶解态 Mn^{2+} 和 Fe^{2+}、He 同位素及 $^3He/^4He$ 比值等
4	地球物理信息	弱磁性、高极化、低电阻、高密度
5	地球化学信息	Cu-Zn-Fe-Mn 组合元素异常、较低的 MSI [Al/(Al+Fe+Mn)] 比值、较高的 Cu/Fe 比值等
6	生物信息	典型的热液区生物，如贻贝、铠甲虾、茗荷等
7	围岩蚀变信息	硅化、绿泥石化、绿帘石化、沸石化、伊丁石化、蛇纹石化、碳酸盐化等
8	矿化露头信息	多金属硫化物烟囱体、倒塌烟囱体、多金属沉积物等

3）综合信息成矿预测

根据所建立的综合信息成矿预测模型，归纳找矿标志，编制综合异常图等，并开展成矿预测，圈定找矿远景区。

5.2.3 基于 GIS 的定量成矿预测

成矿预测是一项贯穿矿产勘查全过程的工作。成矿预测作为一种地质系统，与其他技术、经济系统存在重要区别（赵鹏大，2007）。如果将勘查工作视为一个包含众多子系统的大系统，那么成矿预测就是一个动态的子系统。既要强调勘查大系统的完整性，又要重视勘查子系统的相对独立性及相互依赖性，既要重视勘查工作的循序渐进性，又要充分考虑到找矿工作不同阶段控矿要素、矿化信息、找矿方法上的差异性及特殊性。目前国内外已建立的有关流程式找矿方面较有影响的具体有赵鹏大院士的"5P"地段逐步逼近法（图 5.9）、熊鹏飞的勘查模式、苏联的"预测普查组合"和美国的"三部法"找矿模式等。

目前，陆地矿产资源的勘查评价方法已经相对成熟，根据矿产勘查的基本原则，将矿产勘查工作分为预查、普查、详查、勘探 4 个阶段（赵鹏大，2006）。预查是依据区域地质或物化探异常研究成果、初步的野外观测、极少量工程验证结果，与地质特征相似的已知矿床类比并预测，提出可供普查的矿化潜力较大的区域，即找矿远景区。普查是指对矿化潜力较大区、物化探异常区采用露头检查、地质填图、数量有限的取样及物化探方法，大致查明普查区内地质、构造概况；大致掌握矿体（层）的形态、产状、质量特征；大致了解矿床开采技术条件；对矿产的加工选冶性能进行类比研究，最终应提出是否有进一步详查的价值或者圈定出详查区的范围，即找矿靶区。详查是指对普查圈定的详查区通过大比例地质填图及各种勘查方法和手段，比普查阶段更密的系统取样，基本查明地质、构造、主要矿体形态、产状、大小和矿石质量，做出是否具有工业价值的评价，必要时圈出勘探范围。勘探是对已知具有工业价值的矿床或者圈出的勘探区加密工程采样，详查矿床地质特征和矿床开采技术条件，为矿床开采和矿山设计提供依据。详查和勘探可以视为具体的矿床勘探和评价。

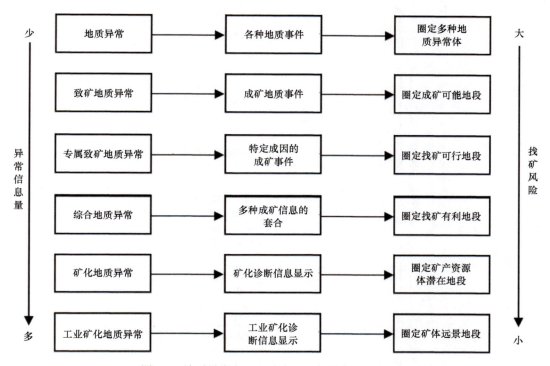

图 5.9　地质异常定位方法流程（赵鹏大等，2000）

洋中脊多金属硫化物资源勘查评价是矿产资源勘查评价的一个新的组成部分，因此，陆地上矿产资源勘查评价的基本概念同样适用。勘查工作应该是一项从面到点，逐步缩小搜索范围，逐步筛选对象，逐步确定矿区的过程。但是，由于洋中脊多金属硫化物矿床处于特殊的海洋环境中，对该类资源的调查和勘探难度增加，调查精度亦相对较低。与陆地同类型的火山成因块状多金属硫化物矿床的勘查相比，洋中脊多金属硫化物矿床的勘查难度相当大，开展其勘查与评价工作存在很多难点。经过四十多年的研究努力，依据海底表面的观测资料及大洋钻探数据，人们对洋中脊多金属硫化物的资源潜力有了基本认识，对已发现的多金属硫化物资源状况进行了初步分析（邵珂等，2015b）。

基于矿产资源预测与评价理论，参考陆地上多金属硫化物矿床资源预测与评价过程，结合洋中脊多金属硫化物研究的最新进展，本书将洋中脊多金属硫化物资源定量预测与评价分为三个阶段：大区域洋中脊多金属硫化物资源定量预测、远景区洋中脊多金属硫化物资源定量预测、洋中脊多金属硫化物找矿靶区优选与评价。不同阶段的定量预测研究范围及采用的数据精度均不相同，阶段间具有依托性和连续性。结合洋中脊多金属硫化物找矿模型的建模流程，将洋中脊多金属硫化物资源定量预测流程阶段总结，如图 5.10 所示。

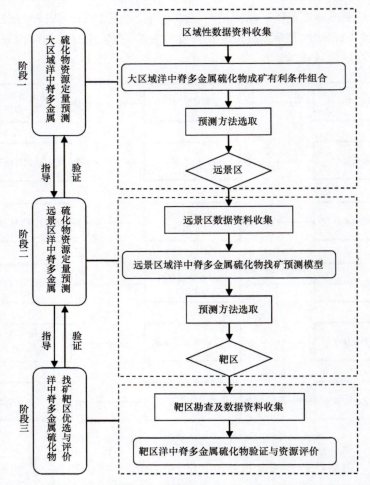

图 5.10 洋中脊多金属硫化物资源勘查评价阶段划分（邵珂等，2015a）

5.3 洋中脊多金属硫化物探测模型

在洋中脊多金属硫化物成矿预测模型的基础上，构建洋中脊多金属硫化物的探测模型。该模型包括预测模型、探测方法组合和探测程序三个方面。探测方法组合是针对多金属硫化物本身及其伴生产物的特征，如热液沉积物、羽状流、热液生物等，针对性地选取有效的探测方法组合。探测程序是指在探测多金属硫化物过程中，根据所采用的探测方法组合采取合适的探测程序。

5.3.1 洋中脊多金属硫化物的探测方法组合

针对复杂的洋中脊地貌与构造特点，根据所总结的洋中脊多金属硫化物的地质-地球物理-化学-生物综合探测信息，包括多金属硫化物的活动型热液羽状流的浊度、温度、H_2S 等水体化学探测信息，表层地质、蚀变和热液生物探测信息，非活动/埋藏型硫化物的瞬变电磁、近底磁场和自然电位等地球物理探测信息等，选取相应的探测方法组合，如表5.3所示。

表5.3 洋中脊多金属硫化物探测方法组合

序号	探测信息	探测方法组合
1	地形地貌信息	船载多波束地形探测，基于AUV、ROV、HOV等探测平台的高精度地形地貌探测等
2	局部构造信息	重力、地震和大地电磁探测，微震探测，基于AUV、ROV、HOV等探测平台的高精度地形地貌探测等
3	羽状流信息	CTD（温盐深仪）水体异常调查、热液综合异常探测等
4	地球物理信息	重力、近底磁力、瞬变电磁、自然电位探测等
5	地球化学信息	沉积物地球化学异常、岩石地球化学异常探测等
6	生物信息	近底照相、摄像、采样等
7	围岩蚀变信息	近底照相、摄像、采样等
8	矿化露头信息	近底照相、摄像、采样等
9	矿化体/矿体信息	近底电法、钻探，基于ROV、HOV等探测平台的探测等

注：CTD为温盐深仪，是用于探测海水温度、盐度、深度等信息的探测仪器

5.3.2 洋中脊多金属硫化物的探测程序

1）地质调查

开展地形地貌、构造、岩浆活动、热液活动等研究，对区内海底岩石和沉积物的类型、矿物组分、地球化学成分、形成年代和分布特征进行初步研究。开展区域地球物理、地球化学综合研究，分析成矿规律、成矿条件等，对调查区开展资源远景评价，编制成矿预测图。

2）异常调查

A. 洋中脊尺度多金属硫化物综合信息探测的步骤

（1）船载多波束系统海底地形、地球物理调查。该方法可以建立工作区域基本的地质及地形特征（如构造、断层发育情况），同步取得船载重力和浅层剖面探测，从而为区域成矿预测提供基础资料。

（2）船载CTD/AUV水体异常调查，同步采集声学多普勒流速剖面仪（acoustic Doppler current profiler，ADCP）资料。就水体调查而言，可以分为两种方法（陶春辉等，2014）。①点调查，即CTD站位调查。该方法用CTD采集水样，同时获取该站位的温度、盐度及浊度剖面，之后分析不同深度水体中的化学异常（甲烷、全部可溶解Mn/Fe比值及^{3}He等）；同步加挂浊度、甲烷、H_2S、Eh等水化学传感器，获得近底原位水化学异常资料。②线调查。该方法基于CTD/摄像拖体/AUV调查，在距离海底不同高度（距离海底50~400m）上沿着调查线（如洋中脊延伸方向）进行连续的温度、盐度及浊度数据采集。同步加挂浊度、甲烷、H_2S、Eh等水化学传感器，获得近底原位水化学异常资料。条件许可时加挂自然电位传感器，获得自然电位异常资料。

B. 热液区尺度多金属硫化物综合信息探测的步骤（陶春辉等，2014）

（1）远景区热液活动异常探测。在找矿远景区开展温度、浊度、甲烷、H_2S、Eh、

pH、底流和摄像等近底综合异常探测，获取平面及不同剖面的矿化信息。

（2）热液活动综合异常分析及热液中心确定。对海底热液活动异常进行综合对比分析：当温度、甲烷、浊度、H_2S、Eh 和 pH 中有两种以上指标的异常存在对应关系，或检测到蚀变/热液特征生物时，则确认该找矿远景区内存在海底热液活动；再通过对异常进行查证和加密调查，逐步缩小与热液活动的距离，直至锁定热液活动中心位置。

3）矿化区圈定

（1）多金属硫化物矿化点探测。在热液活动中心位置及其周边进行地质取样或水下机器人直接观测、取样，圈定多金属硫化物矿化点/体。

（2）多金属硫化物矿化体分布探测。在多金属硫化物矿化体及周边进行水下机器人直接观测及网格化地质取样和钻探，确定多金属硫化物的矿化体表层分布。

4）矿体/矿化体圈定

通过水下机器人直接观测及网格化地质取样，确定多金属硫化物的表层分布，通过近底电法、钻探等手段，圈定多金属硫化物的矿体/矿化体。

第 6 章　基于地形应力的 TAG 热液区多金属硫化物成矿预测

TAG 热液区是在大西洋中脊最早发现的大型热液区，该区位于慢速扩张大西洋中脊 26.08°N 附近，靠近洋中脊裂谷东壁的谷底（图 6.1）（陈钦柱等，2017）。ODP 158 航段的钻探结果表明，TAG 热液区的基底岩石主要由玄武质枕状熔岩组成，这些岩石通常遭受了不同程度的热液蚀变作用（Petersen et al.，2000；陈钦柱等，2017）。据估计，该区的热液活动历史有 20 000 年之久，并具有多期次热液活动的特征（Lalou et al.，1990；陈钦柱等，2017）。

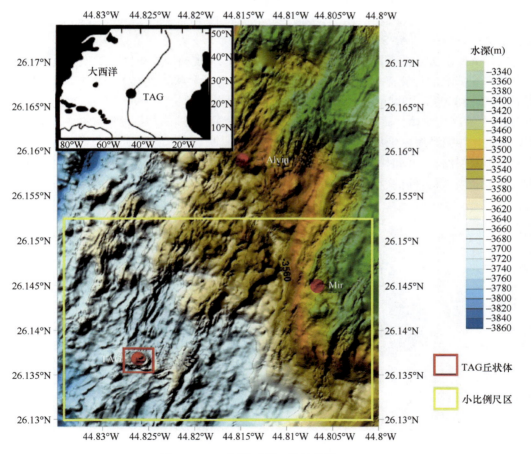

图 6.1　TAG 区地形图（陈钦柱等，2017）
其中两个方框的区域为地形应力模拟模型的范围

TAG 热液区的面积大约为 25km², 水深为 2300~4000m。目前在该区内已经发现三处热液活动带：包括两个非活动的热液丘状体残留区 Mir 区（26°08.7′N，44°48.4′W）和 Alvin 区（26°09.54′~26°10.62′N，44°48.50′~44°48.89′W）及仍处于活动期的 TAG 丘状体（26°08.21′N，44°49.57′W）（Rona et al., 1993；陈钦柱等，2017）。此外，根据大西洋中脊深钻岩石测试结果，推断在地层表面至 150m 范围内为玄武岩角砾与沉积物的混合物，150m 以下则主要是玄武岩基岩（Petersen et al., 2000；陈钦柱等，2017）。

6.1 应力模拟

6.1.1 模型建立

本次模拟采用的多波束地形数据主要是通过 GeoMap 应用获取的海底地形公开数据，其中包括 TAG 热液区丘状体的局部高精度地形图及在 TAG 热液区获取的高精度多波束数据。借助于 Surfer 软件强大的网格划分能力和 FLAC3D 5.0 软件的数据整合能力，实现了多波束数据与 ANSYS 实体模型的衔接。

因为 Alvin 残留热液区的分布比较分散，不利于体现热液集中区域的应力场特点，综合考虑计算机的计算能力和模型网格划分精度（陈钦柱等，2017），建立了两个实体模型，一个为 3500m×2340m 的 TAG 热液区小比例尺模型（图 6.2），另一个则为 265m×230m 的 TAG 热液区丘状体大比例尺模型（图 6.3）。两个模型的地形都是根据网格化的多波束数据确定，并把经纬度坐标转换成相应的距离坐标。根据大西洋中脊的岩层特性，两个模型均为双层结构，同时按照 DSDP 第 37 航段的岩芯测量结果，赋予两层地层相应的物性参数（表 6.1）（陈钦柱等，2017）。

图 6.2 TAG 热液区小比例尺模型

6.1.2 模拟结果

在计算的过程中，模型统一采用 solid185 单元类型，依靠 ANSYS 强大的网格划分

第 6 章 基于地形应力的 TAG 热液区多金属硫化物成矿预测

图 6.3 TAG 丘状体大比例尺模型（陈钦柱等，2017）

表 6.1 岩石物性参数（陈钦柱等，2017）

层数	密度（g/cm³）	杨氏模量（Pa）	泊松比	深度（m）
第一层	2795	7.7406×10^{10}	0.295	0~150
第二层	2957	1.0721×10^{10}	0.31	>150

能力，对模型进行自由网格划分，划分的结果见图 6.2 和图 6.3，其中 TAG 热液区模型共划分了 2 526 983 个单元和 453 029 个节点，TAG 丘状体模型共划分了 4 237 477 单元和 848 739 个节点。在静态应力条件下，采用 Pre-Condition（CG）求解器对节点结果进行计算（陈钦柱等，2017）。

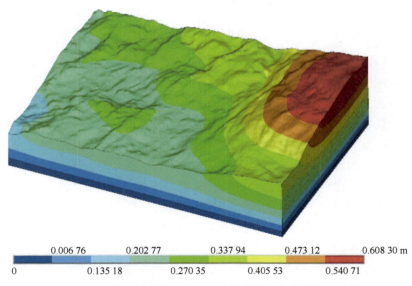

图 6.4 TAG 热液区模型 z 方向位移结果图（陈钦柱等，2017）

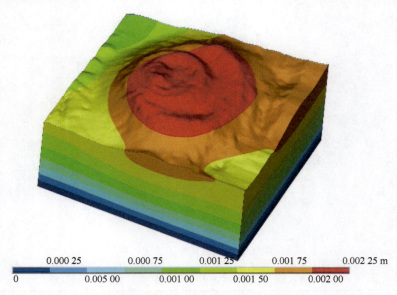

图 6.5　TAG 丘状体模型 z 方向位移结果（陈钦柱等，2017）

通过对比节点 z 方向的位移结果和模型区域的地形（图 6.4，图 6.5），可以看出在地势较高的部位节点 z 方向位移值较大，在地势低洼的部位节点 z 方向位移值较小，这一结果符合重力变形基本理论。且在模型的底面，z 方向位移为零，该结果与最初施加的边界条件约束相吻合。该模型 z 方向位移结果的数量级和前人重力模拟位移结果的相对数量级相似，因此本次模拟结果是可信的（Martel and Muller，2000；陈钦柱等，2017）。

6.2　热液喷口预测

根据应力模拟结果，提取两个模型海底面的最大水平主应力信息，分析最大水平主应力与热液喷口断裂的关系。在 TAG 热液区模型结果图中（图 6.6），最小应力值为 0.1MPa，最大应力值为 1.48MPa，符合岩体重力应力模拟的数量级。从图 6.6 中可以看出主应力的高值主要出现在地形变化较大的地方，应力高值相对集中在所选区域的中部和中东部位，其中，中部应力高值呈明显的南北向分布。从图 6.6 中还能看到应力高值区域附近的相对应力低值主要分布在山脊一侧，这一现象与 Schöpa 等（2011）的发现一致（陈钦柱等，2017）。另外，TAG 丘状体正好处在应力低值区，且在一个小范围内被应力高值包围，这也与地热溢出点多处于最大水平应力低值区相符（Schöpa et al.，2011；陈钦柱等，2017）。由于 Mir 区是非活动的残留热液区，其地形经过后期的改造已经不具有典型的凸起式火山地形特征，而是处于地形变化较大的山坡上（Rona et al.，1993；陈钦柱等，2017），其应力值处于应力高值与低值的交界处，且靠近低值区。总的来说，TAG 热液区的应力模拟结果再一次论证了喷口易出现在最大水平应力低值区的观点，也就是说，裂隙趋向于阻力小的方向发育。这一经验性结论，可以为未来在较大范围内圈定多金属硫化物分布的可能区域提供一定依据（陈钦柱等，2017）。

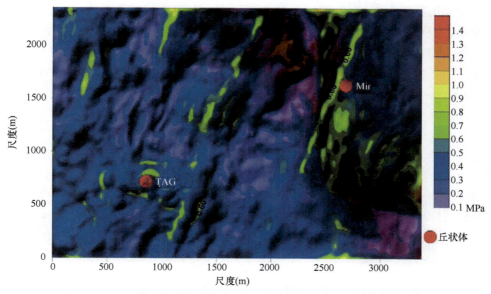

图 6.6　TAG 热液区模型最大水平应力结果等值线图（陈钦柱，2017）

为进一步了解热液喷口与地应力的关系，还提取了计算结果中的切应力场分布图（图 6.7）。从图 6.7 中可以看出切应力正值与切应力负值均匀分布，其中最大切应力低值区域主要分布在 TAG 丘状体附近，说明该区域应力集中，地质活动可能相对频繁。同时，切应力正值的最大值位于模型右边界中下部，由于该位置处于模型边缘，无法判断是由边界效应产生的切应力高值，还是岩体自重引起的切应力高值。查看 Mir 和 TAG 丘状体所在位置的切应力值可以发现，这两处丘状体正好位于切应力零值附近，也就是处于切应力绝对值低值区域，说明热液活动趋向合应力低值的区域发育。

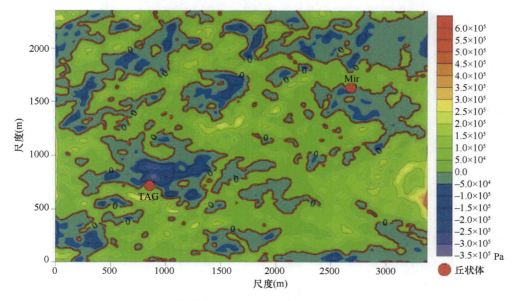

图 6.7　TAG 热液区模型切应力结果等值线图（陈钦柱，2017）

对于大比例尺的 TAG 丘状体区域的模拟结果（图 6.8），利用 Schöpa 提出的热值高值区与最大水平应力低值相对应的规律来预测丘状体的热液易喷发区（Schöpa et al., 2011；陈钦柱等，2017）。根据钻探资料标出烟囱体及钻孔的位置，其中，TAG-1、TAG-2、TAG-5 三个区域富含大量的硬石膏（Martel and Muller, 2000；陈钦柱等，2017）。从结合了 3D 地形效果的应力结果图中可以看出，TAG 丘状体地形具有四层结构，相应地出现四层最大水平应力低值区，把相应的低值区定为热液喷发可能区域（陈钦柱等，2017）。首先，在 TAG 丘状体顶端出现小范围的低值区，此处的低值与在地形最高点热液容易喷发的事实相一致，同时已有资料显示该区域内有黑烟囱体分布，表明现今该区域还有热液喷出。其次，按地形从高到低往下的第二层与第三层地势较平缓区域也分别出现多处低值区，且出现的低值区呈环带状分布并与山脊位置一致，前人钻探资料显示在圈定的应力低值区域内发现大量的硬石膏等矿物，表明相应区域曾经可能经历较强的热液活动。最后，由于地势变化小，最底层出现最大主应力低值，这一结果与理论相符（陈钦柱等，2017）。

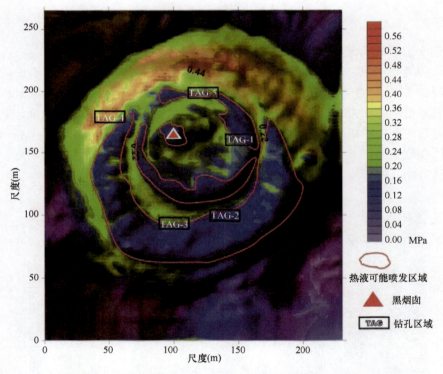

图 6.8 TAG 丘状体最大水平主应力模拟结果图（陈钦柱等，2017）

6.3 结　　论

通过结合 Petukhov 等（2015）对洋中脊热液区区域应力场的研究方法和 Schöpa 等（2011）总结出的陆地火山口地热高值多处于水平最大主应力低值区域的规律对 TAG 热液区进行了应力场研究。TAG 热液区模拟结果表明，现今仍处于活动状态的火山状 TAG

丘状体对应于最大水平主应力局部低值区，且在丘状体周围区域出现小范围的应力高值区。而已经停止热液活动且并不具有典型的火山地形的 Mir 区，在应力结果图中依然对应最大水平应力低值区，和 TAG 丘状体区域相比只是没有相应的应力高值包围区（陈钦柱等，2017）。此外，根据局部的 TAG 丘状体区域应力模拟结果，推测了 5 处热液喷口可能区域，为今后进一步缩小热液喷口范围提供参考依据（陈钦柱等，2017）。

第7章 基于GIS的北大西洋中脊多金属硫化物成矿预测

北大西洋中脊是目前国际上洋中脊多金属硫化物研究程度相对较高的地区，积累了大量的资料。尤其是该区的 TAG 热液区，自 1985 年发现以来，已经进行了大量的调查和勘探，基本厘清了多金属硫化物的矿化特征并获取了其分布情况（Alt and Teagle，1998）。因此，本书选择北大西洋中脊热液区为基于 GIS 的成矿预测方法适用性研究区，以 TAG、Logatchev、Snake Pit、Rainbow、Lucky Strike 等热液区为突破口，参照陆地上多金属硫化物矿床的资源评价方法，开展大区域洋中脊多金属硫化物资源预测研究工作。

7.1 北大西洋中脊热液区概况

大西洋中脊纵贯大西洋中部，呈反"T"字形，洋中脊平均宽度为 1000～1300km，占整个大洋宽度的 1/3（唐勇等，2012；张海桃，2015）。大西洋中脊属于慢速扩张洋中脊，最北端达 87°N，最南端达 54°S，长度占全球洋中脊总长度的 40%。大西洋中脊在 54°S 附近转向大西洋-印度洋中脊，并穿越 Crozet 海台，向东延伸至西南印度洋中脊，向西同 Scotia 洋中脊相连。以赤道为界，可将大西洋中脊分为北大西洋中脊和南大西洋中脊。

北大西洋中脊目前已经发现有大量热液活动。热液区主要位于洋中脊的轴部裂谷、轴部海山、翼部、转换断层、离轴海山及洋中脊与断层交汇处等环境中，基底岩石主要是基性玄武岩和超基性岩（蛇纹石化橄榄岩等）（Fouquet et al.，2010；方捷等，2015）。本章选取 TAG、Logatchev、Snake Pit、Rainbow、Lucky Strike 等 16 个典型热液区作为研究的多金属硫化物矿床数据图层（图 7.1，表 7.1）。

Lucky Strike 热液区位于洋中脊轴部新生火山脊的中央地形高地上。热液喷口区位于三个火山锥之间，为一片三角带熔岩湖，直径约为 200m，水深为 1700～1800m。热液区内分布有熔岩柱和坍塌的熔岩，熔岩湖周围分布有许多热液喷口及多金属硫化物丘状体。该区多金属硫化物经历了多期次热液活动，空间上的分布受熔岩湖控制（Langmuir et al.，1997）。

Rainbow 热液区位于 Rainbow 洋中脊的西侧，坐标为（36°13′N，33°54′W），水深为 2200～2350m，分布于南北宽 60m、东西长约 300m 的范围内。基底岩石为超基性岩石，广泛分布网脉状断裂，表明该区热液循环比较发育（Fouquet，1997a）。目前的调查结果表明，该区至少存在十余个高温热液喷口群，成矿流体温度高达 360℃，为富含甲烷和氢气的酸性流体（Douville et al.，2002）。该区东部多金属硫化物丘状体的高度及热液活动强度均明显增加，主要由几个大的堆积体和数百个散布在周围的小烟囱体组成（Fouquet，1997a）。

第 7 章 基于 GIS 的北大西洋中脊多金属硫化物成矿预测

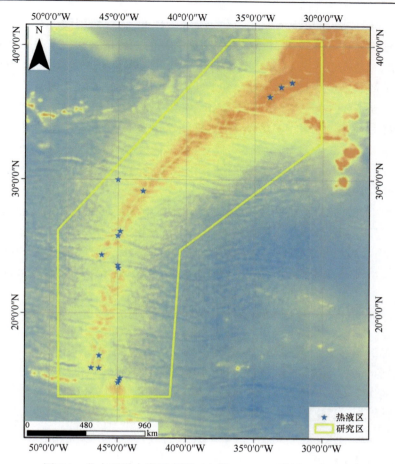

图 7.1 北大西洋中脊示意图（方捷，2013；邵珂，2016）

表 7.1 研究区已知热液区的地理位置分布（Fouquet et al.，2010）

序号	名称	经度（°W）	纬度（°N）
1	Lucky Strike	32.27	37.28
2	大西洋海岭 FAMOUS 区	33.07	36.95
3	Broken Spur	43.17	29.17
4	TAG	44.82	26.13
5	大西洋中脊峰顶 1	44.98	25.80
6	大西洋中脊峰顶 2	46.20	24.35
7	Kane 断裂带的东交汇处	45.00	23.58
8	Snake Pit	44.95	23.37
9	大西洋中脊峰顶 4	46.37	16.78
10	中大西洋中脊侧翼	46.38	15.85
11	中大西洋中脊侧翼	46.95	15.88
12	大西洋中脊东部与 15°20′N 断裂带的交汇处	44.80	15.08
13	大西洋中脊峰顶 5	44.90	14.92
14	Rainbow	33.90	36.22
15	Logatchev	44.97	14.75
16	Lost city	45.00	30.00

Broken Spur 热液区位于 Atlantis 转换断层和 Kane 转换断层间一个局部封闭的盆地轴向顶部高地地堑内。地堑深 30m，两壁为无破裂的枕状熔岩，位于一个线状火山口中（Murton et al.，1995）。热液区分布有烟囱体，喷口流体温度高达 365℃，形成的多金属硫化物堆积体高达 20m（Duckworth et al.，1995）。

Snake Pit 热液区位于大西洋中脊 Kane 断裂带以南 25km 处裂谷轴部地堑的新生火山脊上，坐标为（23°22′N，44°57′W），水深约 3480m。该热液区有呈东-西向分布的 5 个热液活动点，形成 3 个多金属硫化物丘状体。热液区中热液沉积物分布于长约 300m、宽约 200m 的范围内，主要由中粒-粗粒的铁铜多金属硫化物组成，占沉积物的 90% 以上（Fouquet et al.，1993b）。

Logatchev 热液区位于 15°20′N 转换断层南部约 60km 处裂谷壁陡坡上，水深 3000m，坐标为（14°45′N，44°58′W），其基底为橄榄岩、辉岩和蛇纹岩组成的超基性岩断裂块（Petersen et al.，2009）。该热液区的形成受控于拆离断层，主要由多个多金属硫化物丘状体及几个活动热液点组成，热液产物富 Cu、Zn、Co、As 和 Au（Petersen et al.，2009）。

7.2　多金属硫化物矿化信息综合分析

区域信息的综合分析是指对研究区内搜集到的各种数据资料，如水深、地形资料、重力异常数据、磁力异常数据、洋底扩张速率、洋壳年龄、沉积物厚度、地震监测资料等进行进一步分析处理和信息挖掘，得到与多金属硫化物矿化有关的直接或者间接信息，以及与成矿相关的区域构造等相关信息，以进一步开展成矿的信息分析和预测工作（方捷等，2015）。

7.2.1　水深、地形分析

水深资料来自美国地质调查局的航空雷达地形测量工程（shuttle radar topography mission，SRTM），最高分辨率为 30″×30″，数据范围包括全球各大洋。北大西洋中脊水深总体高于洋中脊两侧，自洋中脊向两侧水深逐渐增加（图 7.2），洋中脊北部脊段受热点的影响水深变浅。洋中脊轴部裂谷发育，转换断层明显。对水深数据进一步处理后获得区内的坡度分布等特征（图 7.3）。总体而言，北大西洋中脊的坡度值为 15°～45°，洋中脊轴部坡度大于洋中脊两侧，并向东西两侧逐渐变缓减小，反映了研究区地形自洋中脊向东西两侧由高变低的特点。总体而言，大西洋中脊热液区主要分布于水深为 2720～3360m 的区域，地形坡度普遍大于 8°。

7.2.2　地球物理数据分析

7.2.2.1　重力数据分析

重力资料来自美国国家地球物理数据中心（National Geophysical Data Center，NGDC），分辨率为 1′×1′，精度优于 2mGal，图 7.4 中黄色框内研究区的布格重力异常

第 7 章　基于 GIS 的北大西洋中脊多金属硫化物成矿预测

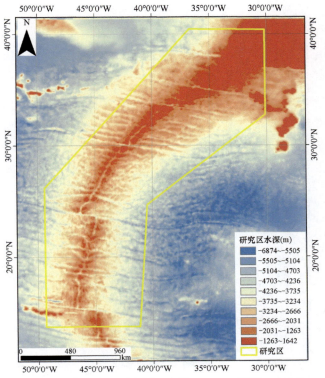

图 7.2　研究区水深示意图（方捷，2013；邵珂，2016）

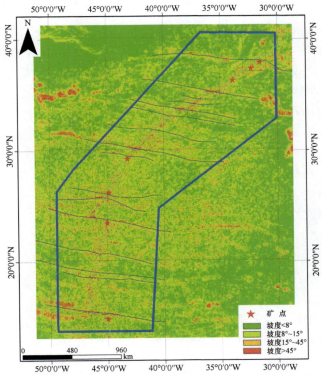

图 7.3　研究区地形坡度特征示意图（方捷，2013；邵珂，2016）

119

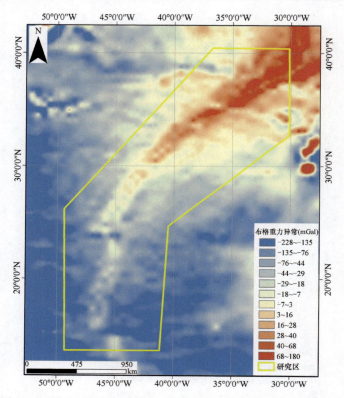

图 7.4　研究区布格重力异常分布图（方捷，2013；邵珂，2016）

在洋中脊处自南向北呈高异常条带，异常值的最小值为–228mGal，最大值为180mGal。为进一步解释，对布格重力数据进行垂向求导、不同水平方向（水平方向0°、45°、90°、135°）求导和不同高度向上延拓（上延1km、2km、3km、5km）等处理。

1）布格重力数据垂向求导

对研究区的海面布格重力数据进行垂向一阶导数（图7.5）和二阶导数（图7.6）处理。垂向一阶导数的高值区域主要分布在研究区中部，自南向北呈条带状展布，与北大西洋中脊的展布方向一致。根据洋中脊布格重力异常垂向一阶导数的高值特征可以推测洋中脊地下深部存在高密度体，主要由深部高密度岩浆上涌造成。垂向二阶导数的高值异常主要反映区域内浅层的构造走向特征。

2）布格重力数据向上延拓及水平方向求导

向上延拓是指通过观测平面或剖面上的重力异常值计算高于它的平面或剖面上的异常值，有利于相对突出深部异常特征。布格重力异常各水平方向上的一阶导数可以较好地增强与该方向垂直的线性构造展布特征。对研究区海面布格重力数据进行不同高度向上延拓处理（1km、2km、3km、5km），获得反映不同深度的布格重力异常特征（图7.7）。随着向上延拓高度的增加，异常特征变得更加光滑，整体反映为北东向的梯度分布，在东北部异常幅值较大，在西南部异常幅值较小。可以看出，莫霍面的深度从西南方向到北东方向逐渐变浅，东北部区域受地幔岩浆上涌影响较大。在此基础上，对原始海面布格重力异常和向上延拓1km的布格重力异常分别进行水平方向0°、45°、90°、135°

第 7 章　基于 GIS 的北大西洋中脊多金属硫化物成矿预测

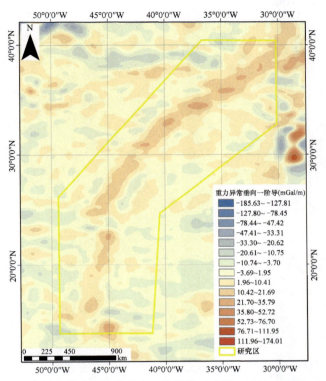

图 7.5　研究区布格重力异常垂向一阶导数（方捷，2013；邵珂，2016）

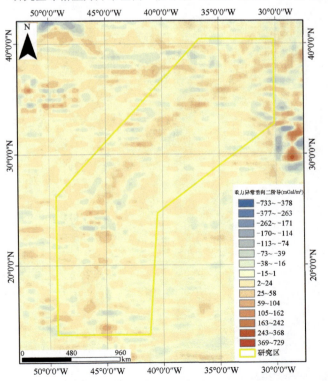

图 7.6　研究区布格重力异常垂向二阶导数（方捷，2013；邵珂，2016）

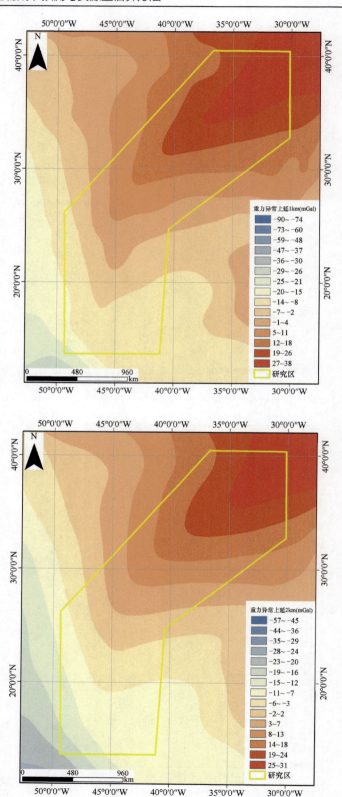

第 7 章 基于 GIS 的北大西洋中脊多金属硫化物成矿预测

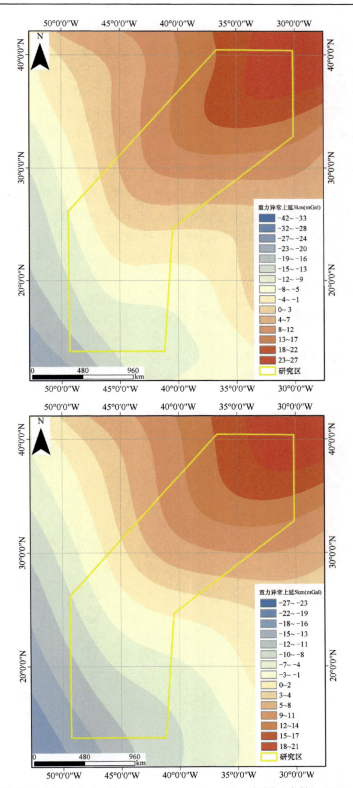

图 7.7 研究区布格重力异常向上延拓 1km、2km、3km、5km 组图（方捷，2013；邵珂，2016）

求导（图 7.8，图 7.9）。根据海面布格重力异常在 4 个水平方向上的一阶导数异常特征对研究区内水平方向上的断裂构造和岩体特征有了整体认识，可以明显看出研究区的北东向-南北向线性特征及与之垂直的线性特征，分别对应于洋中脊构造及与之垂直的转换断层，但缺少对各个构造在深度空间上的展布认识。对布格重力向上延拓 1km 可有效压制浅层构造影响，突出深部大构造特征。向上延拓 1km 高度后布格重力异常的水平方向（0°、45°、90°、135°）一阶导数可以反映出研究区主要深大断裂的展布特征，对比原平面的水平方向一阶导数可以甄别推断研究区的深大线性构造和浅源线性构造（图 7.9）。

3）剩余重力异常处理

研究区剩余重力异常呈条带状正负相间分布，异常走向呈北东向展布（图 7.10）。沿着洋中脊位置处的区域为剩余重力异常高值区，洋中脊两侧相伴分布剩余重力异常低值区。洋中脊的剩余重力异常高值区主要反映洋中脊扩张引起的海底高地或者海山，可能为玄武岩基底，剩余重力异常低值区可能是基底坳陷、沉积物等的反映。

7.2.2.2 磁力数据分析

地磁总场资料来自美国国家地球物理数据中心，综合利用卫星、海洋、航空和地面磁测而成，分辨率为 2′×2′。对数据进行跳点筛选、网格化处理和化极处理得到研究区磁力异常分布图（图 7.11）。研究区磁力异常整体沿洋中脊呈团带状分布，以北东向为主，正负异常中心相间出现。异常值的最小值为–175nT，最大值为 403nT。为进一步解释，对地磁总场数据进行垂向求导、向上延拓 1km 和不同水平方向（水平方向 0°、45°、90°、135°）求导等处理。

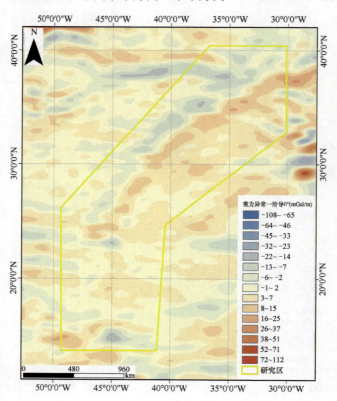

第 7 章 基于 GIS 的北大西洋中脊多金属硫化物成矿预测

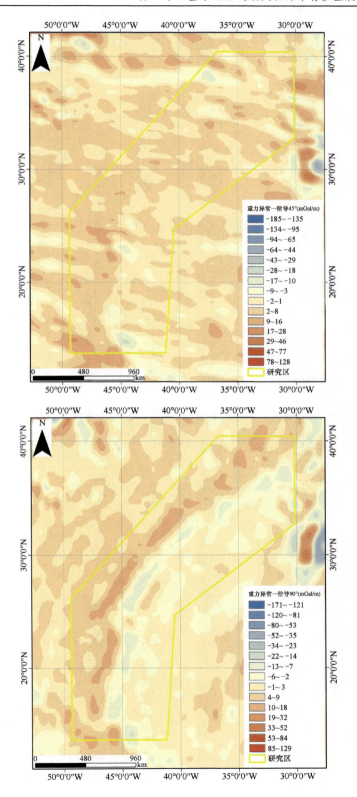

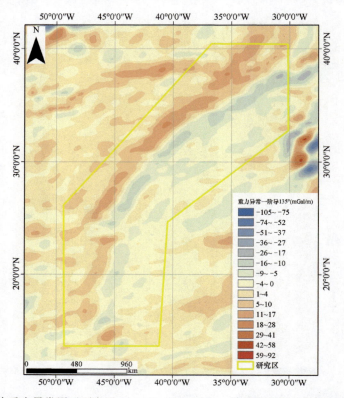

图 7.8 研究区布格重力异常原平面水平 0°、45°、90°、135°一阶导数组图(方捷,2013;邵珂,2016)

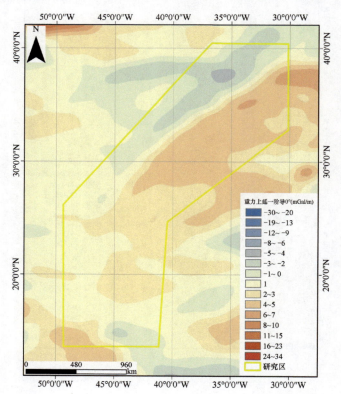

第 7 章 基于 GIS 的北大西洋中脊多金属硫化物成矿预测

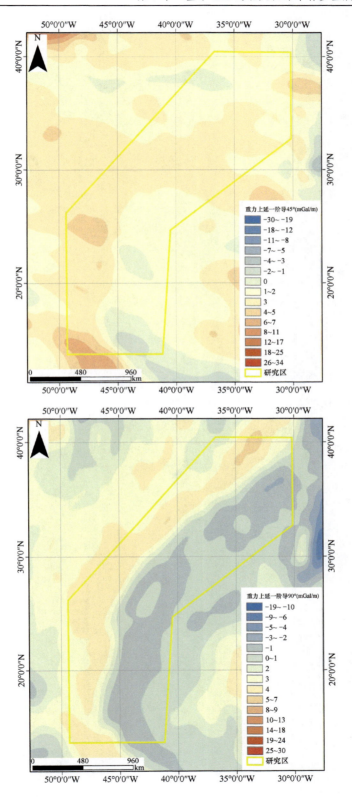

127

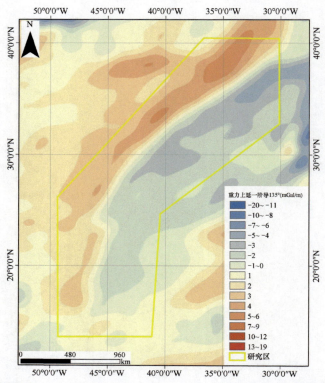

图 7.9　研究区布格重力异常上延 1km 水平方向 0°、45°、90°、135°一阶导数组图（方捷，2013；邵珂，2016）

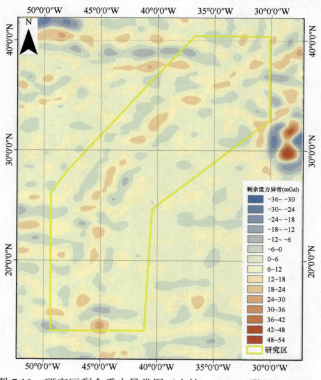

图 7.10　研究区剩余重力异常图（方捷，2013；邵珂，2016）

第 7 章　基于 GIS 的北大西洋中脊多金属硫化物成矿预测

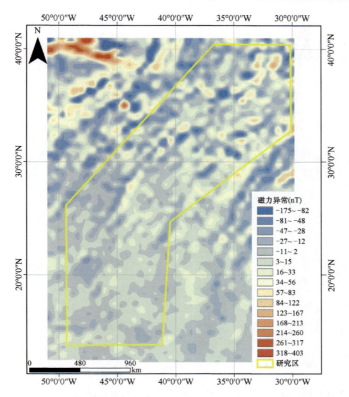

图 7.11　研究区磁力异常分布图（方捷，2013；邵珂，2016）

1）垂向求导

对研究区磁力异常进行垂向一阶导数（图 7.12）和二阶导数（图 7.13）处理。可以看出，研究区磁力异常的垂向一阶导数和垂向二阶导数主要为北东向，与洋中脊大致延伸方向一致，异常分布可以反映区域地质构造和洋底玄武岩分布特征。北东向的线性异常特征主要反映扩张洋中脊的磁条带信息。

2）磁力异常向上延拓及水平方向求导

对研究区磁力异常数据进行向上延拓 1km 处理，并对海面磁力异常和向上延拓后的磁力异常进行不同水平方向（0°、45°、90°、135°）一阶导数求导。海平面 4 个水平方向上的磁力异常一阶导数（图 7.14）反映了与各个方向垂直的构造信息，能够较好地描绘其在水平方向上的展布特征。可以利用磁力异常水平方向导数来推断地质体。磁力异常延拓 1km 后的水平方向（0°、45°、90°、135°）一阶导数有效压制了浅部地质体的干扰影响，从而突出深部地质体和构造的展布特征（图 7.15），对比原平面的水平方向导数可以甄别推断研究区的深部地质体和浅部地质体的分布，深部构造主要沿南北向和北东向分布。

7.2.2.3　重磁力异常解译

1）重磁力异常综合推断线性构造

理论上，重力、磁力异常水平一阶导数的极值轴反映了不同地质体或者密度体之间的分界线，因此可以利用水平一阶导数来推断线性构造的存在（汪玉琼，2004）。重力、

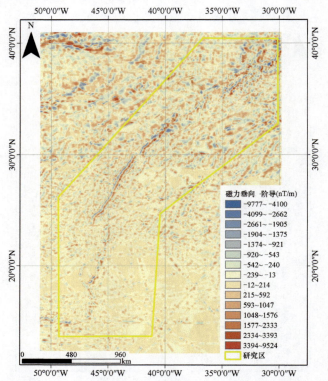

图 7.12　研究区磁力异常垂向一阶导数图（方捷，2013；邵珂，2016）

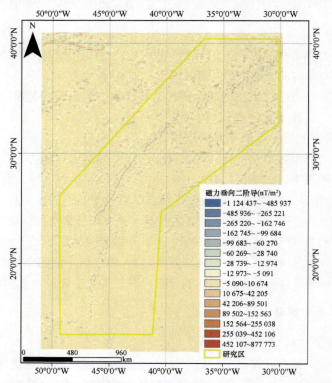

图 7.13　研究区磁力异常垂向二阶导数图（方捷，2013；邵珂，2016）

第7章 基于GIS的北大西洋中脊多金属硫化物成矿预测

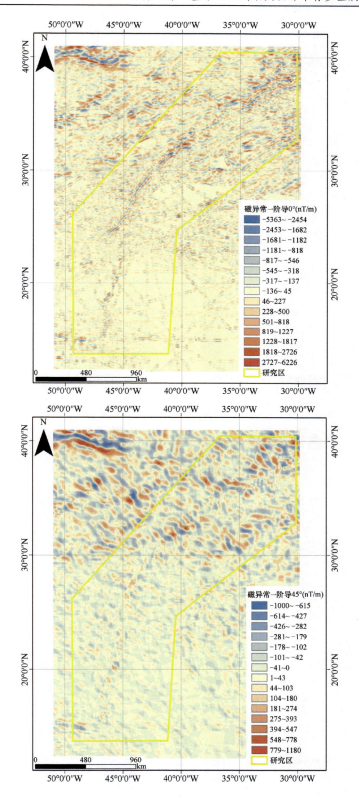

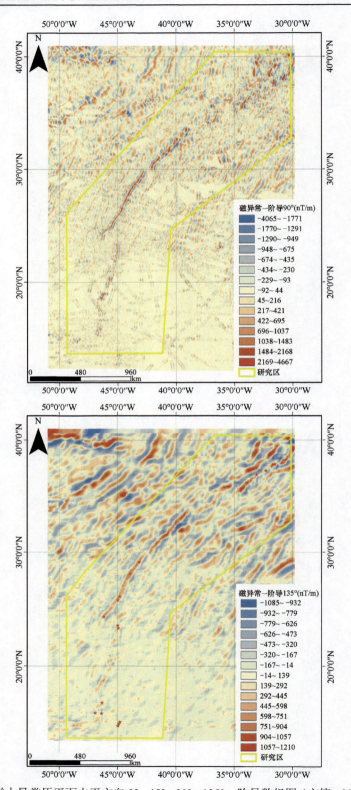

图 7.14 研究区磁力异常原平面水平方向 0°、45°、90°、135° 一阶导数组图（方捷，2013；邵珂，2016）

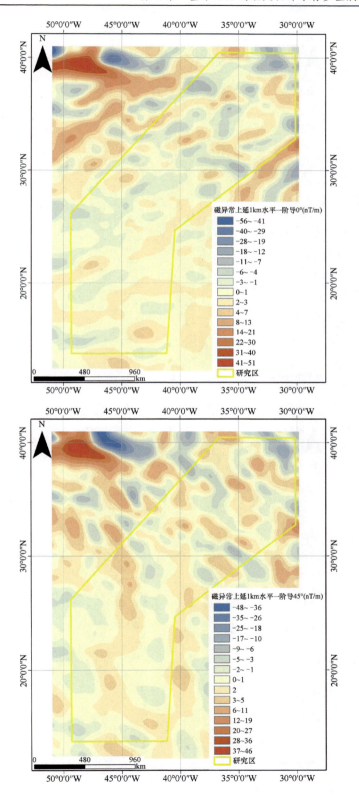

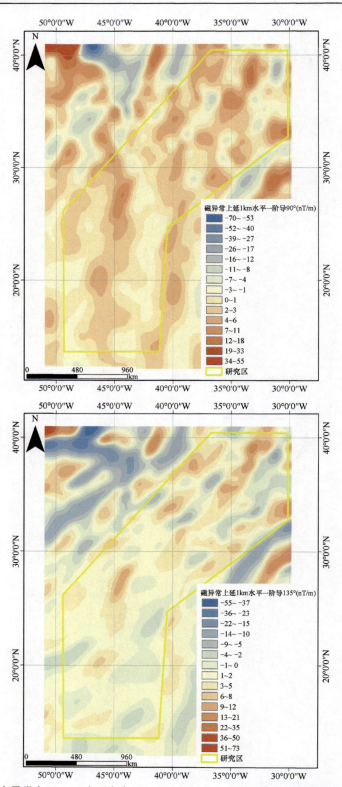

图 7.15 研究区磁力异常上延 1km 水平方向 0°、45°、90°、135°一阶导数组图(方捷,2013;邵珂,2016)

磁力异常推断线性构造的过程主要分为两步：水平一阶导数极值的提取和筛选；极值与线性构造的绘制推断。提取水平一阶导数极值的方法如下。

（1）沿一定方向分布的相同性质的数个极值轴按照场的特征分析研究轴向连接关系。在水平一阶导数等值线图 7.16a 中，北部的负极值线与数个串珠状分布的正极值线相伴出现，这种串珠状分布的极值轴实际上应该同属于一条极值线，在提取极值时应连接起来。

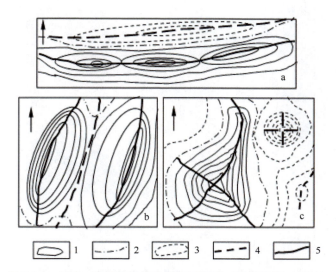

图 7.16　水平一阶导数极值线提取示意图（王世称等，1990）

1. 水平一阶导数正极值线；2. 水平一阶导数零极值线；3. 水平一阶导数负极值线；4. 水平一阶导数极小值线；
5. 水平一阶导数极大值线

极大值（或极小值）有退化现象发生时，按照水平一阶导数极大值轴线和极小值轴线相配对的原则，应该人为地添加极大值或极小值（殷卓，2010）。如图 7.16b 所示，同时出现两条极大值线时，就需要在两条极大值线之间加上一条极小值线。同理，若同时出现两条极小值线，则需要在它们之间相应地补充一条极大值线。

（2）一些特殊形态的水平一阶导数极值线，还需要对比延拓图、平剖面图、化极图和区域地质图等图件进行合理的地质解释，再进行提取。如图 7.16c 所示，在水平一阶导数等值线图中，出现了多条近似圆形的闭合等值线的套合区域，在该区的核心部位有一个负极值点。这样的极值点有时具有特殊的地质意义，可能是一个古火山口或强硅化脉，也可能是其他比较特殊的地质体。遇见这样的极值点，必须检查相应的地质图、平剖面图、化极图和延拓图等有关图件，再对其地质意义作合理推断。如图 7.16c 所示，在一个等值线闭合区域内，等值线的长轴和短轴似乎都存在，这种情况可以根据等值线的曲率变化来判断构造方向。

在计算水平一阶导数的过程中，由于放大高频噪声信号，会产生许多"假导数"。这些"假导数"并不反映地质体或密度体的边界线，没有任何地质意义。在重磁推断解译过程中，可通过导数信息的"有机关联"，减少这类"假导数"的数量，以实现水平一阶导数极值线的筛选。筛选"假导数"的过程总共需要做 5 次"关联"，即正负关联、方向关联、一导二导关联、上下关联和平剖图关联。在 5 次关联过程中，有些无法定论的现象，还要随时检查相应的地质图、延拓图和化极图等其他图件，再进行筛选。

根据研究区重力和磁力的水平方向导数、垂向一阶导数、垂向二阶导数及向上延拓后的导数，推断解译了研究区的线性构造（图 7.17）。

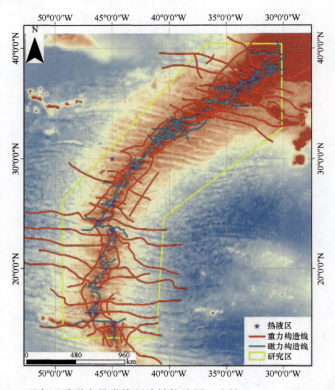

图 7.17　研究区重磁力异常推断线性构造图（方捷，2013；邵珂，2016）

2）重磁力异常综合推断异常体

根据不同岩石的磁化率特征，一般认为火山岩引起的磁力异常强度高；基性、超基性岩体引起的正异常或者负异常强度高，呈带状分布；酸性岩体引起的磁力异常一般，呈团块状、群带状分布。磁力异常梯度带滤波增强、视磁化率填图及垂向一阶导数和浅部信息是圈定地质体的重要依据。岩体一般分布在断裂带或者断裂的交汇部位，基性、超基性岩体引起的正异常或者负异常强度高、变化大。通过重磁异常垂向二阶导数零值线可以圈定地质体。

研究区地形和重力具有相关性，一般来说地形高的地区，物质总量大对应的重力异常就高。所以，在理想状况下，地形和重力具有正相关性。洋中脊多金属硫化物相对于基底玄武岩的密度更高，因此在多金属硫化物富集区重力异常相应地在地形产生异常的基础上有所增高，这也是重力异常圈定成矿异常的原理。这里探索一下利用重力异常和地形的比值来分析成矿异常。理想条件下重力与地形比值应该保持在一个变化范围内，若比值突变或者异常则说明实测重力异常和地形引起的重力异常不匹配，可能有别的干扰因素存在。这仅作为一个探索性研究思路。

图 7.18 为根据重磁异常二阶导数、重力与地形比值等方法来圈定研究区的异常体。圈定的异常体主要分布在洋中脊处,且两种方法的圈定区域大量重合。部分圈定区域与已知热液区位置对应,证明了两种矿体圈定方法的有效性,可为后期热液区勘查提供依据,提高作业效率。

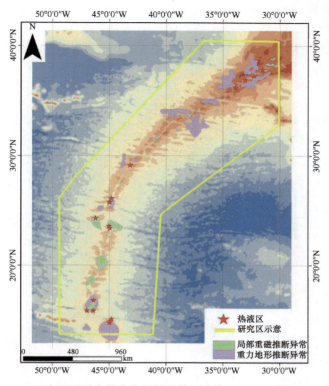

图 7.18 研究区重磁力异常推断异常体(方捷,2013;邵珂,2016)

7.2.3 洋底扩张速率分析

对洋底扩张速率与热液活动和多金属硫化物矿床分布之间的相关性研究比较早,研究发现不同扩张速率洋中脊的构造环境具有明显不同的深部岩浆活动、断裂构造等特征,热液活动也存在明显的差异(方捷等,2015)。

洋底扩张速率与洋中脊岩浆供应量具有较强的线性关系,洋底扩张速率增加,洋中脊岩浆供应量也大,岩浆活动强,而在扩张速率相对较低的洋中脊构造环境中,岩浆的供应量则相对较小,岩浆活动相对较弱(Dick et al.,2003;方捷等,2015)。快速扩张洋中脊发生岩浆活动的频率高于慢速扩张洋中脊,慢速扩张洋中脊的热液系统较快速扩张洋中脊环境下更稳定(Hannington et al.,2005;邵珂等,2015a)。

洋中脊的扩张作用会引起裂隙和正断层的产生。在厚的硬的慢速扩张洋中脊地区,有利于轴部剪切破坏,产生大量沿轴部附近发育的正断层,并形成 1~3km 深的地堑,深部存在大型的拆离断层(方捷等,2015)。而在快速扩张洋中脊地区,由于岩石圈相对较薄,难以形成大量正断层,沿倾斜断层面的正断层在离扩张中心 2km 范围内很少出现，主要形成一些小的断层和裂隙构造（Devey et al.，2010；方捷等，2015）。另外洋中脊构造环境断层作用深度随着扩张速率的增加而减少，慢速扩张洋中脊构造环境发育的大型拆离断层作用深度可达岩浆房顶部，而快速扩张洋中脊构造环境断层作用主要集中在洋壳浅部（方捷等，2015）。

洋底扩张速率数据来自 NGDC，数据精度最高为 $0.07°×0.07°$，数据范围包括各大洋。对数据进行筛选处理后生成研究区洋底扩张速率结果（图 7.19）。洋底扩张速率为 $1.1\sim4.9\mathrm{cm/a}$，属于慢速扩张洋中脊。不同脊段扩张速率不一样，越远离洋中脊区域扩张速率越快。

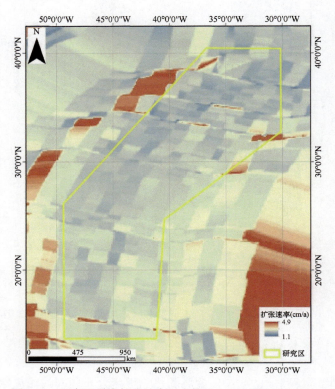

图 7.19　研究区洋底扩张速率（方捷，2013；邵珂，2016）

7.2.4　天然地震数据分析

海底地震、火山活动与洋壳活动息息相关，在一定程度上指示了洋壳的活跃性，指示区域上可能有断裂构造、岩浆活动。断裂构造和岩浆活动是控制洋中脊热液活动的关键要素（方捷等，2015）。海底地震、火山活动往往伴随着旧烟囱的倒塌、新烟囱的形成，从而可以间接指示洋中脊热液活动的存在。

本节所采用的海底火山地震中心点监测资料来自美国国家海洋大气局，数据为自 1900 年以来大于 6 级、自 1973 年以来大于 4.5 级的监测数据。对数据进行筛选处理后生成研究区地震点分布图（图 7.20）。研究区地震点大多沿洋中脊轴部分布，少数分布于洋中脊两侧靠近洋中脊轴部的位置。多数热液区位于地震点密集处，表明地震信息是指示海底热液活动的重要信息，因而可以将二者进行叠合统计分析，获取洋中脊多金属硫化物成矿预测的地震点密度有利区间。

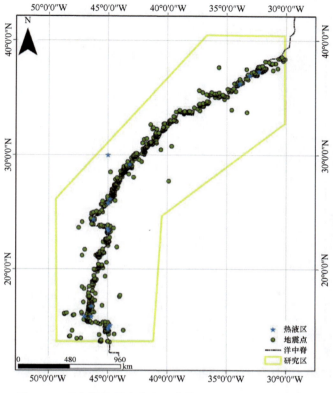

图 7.20　研究区地震点分布（方捷，2013；邵珂，2016）

7.3　多金属硫化物矿化信息提取

洋中脊多金属硫化物矿床是海底热液对流循环的产物，与张裂作用密切相关。该类矿床产于海相火山岩、火山沉积岩系中，矿石中金属硫化物特别富集，其成矿作用必须具备成矿热液流体、岩浆热源、断裂系统、有效的沉淀机制和快速及时的埋藏条件 5 个要素（方捷等，2015）。本节对北大西洋中脊 16 个热液区的水深、地形、地质及地球物理特征进行了分析，提取相应的矿化信息，以进一步构建成矿预测模型、开展成矿预测。

7.3.1　水深、地形信息提取

将收集的研究区水深数据与热液区进行叠合分析（图 7.21），发现研究区的热液区集中分布在 2200～3700m 的水深中，与全球大洋已知热液区或者热液点的统计水深 2000～4000m 比较接近（邵珂等，2015b）。上述特征表明，该水深区间可能是研究区热液区形成的有利水深条件，因此可以提取 2200～3700m 的水深作为矿化信息。

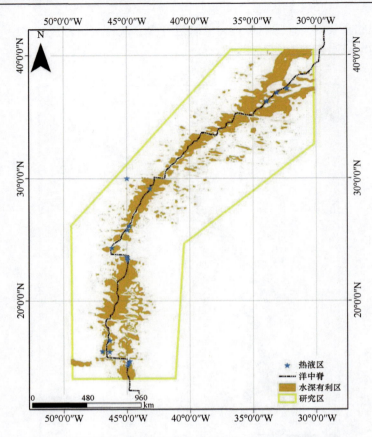

图 7.21　水深有利区与热液区叠合图（方捷，2013；邵珂，2016）

考虑到地形对成矿流体运移和矿物沉淀的影响，可以将坡度作为一个预测要素进行假设验证。成矿流体从喷口或裂隙喷出后，由于物理化学条件的变化可能在原地及其附近发生沉淀成矿，也有可能保持其化学成分不变以密度流的形式向低洼处流动形成卤水池，如隆起带及边缘或者海底盆地等低洼带（方捷等，2015）。考虑到深海采矿设备对环境要求高，一般来说地形的坡度过大对采矿不利，因此应该将地形坡度高的区域做限定剔除。坡度因素在进行重点找矿区或者矿区尺度的预测时将需要着重考虑，在对数据资料有限、精度不高的远景区尺度预测时仅做一个探索。通过将热液区与坡度进行叠合分析（图 7.22），发现 85%的热液区坡度为（8°，25°]，因此可以考虑将这一区间作为研究区多金属硫化物成矿的有利区间。

7.3.2　地质信息提取

洋中脊多金属硫化物的成矿主要与断裂构造密切相关。构造找矿信息的提取主要包括两个方面：①直接提取控制成矿作用的构造；②从构造线中提取地质异常变量，包括构造等密度、构造优益度、构造中心对称度、构造交点数等。这些地质异常变量可以从不同的角度反映线性构造的特征，从而反映一定地质体的空间分布特征。通过将异常变量与已知热液区叠合分析，从中提取与成矿有关的区间，以作为预测的证据因子。

第 7 章　基于 GIS 的北大西洋中脊多金属硫化物成矿预测

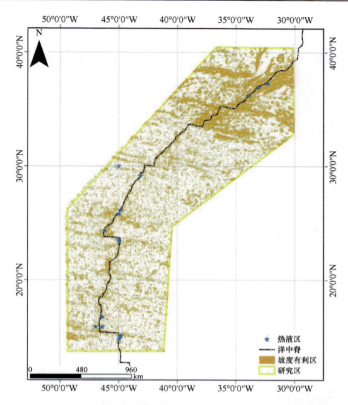

图 7.22　坡度有利区与热液区叠合图（方捷，2013；邵珂，2016）

7.3.2.1　断裂缓冲区

区域性断裂构造控制着岩浆的侵入，对成矿起着至关重要的作用，探讨区域性断裂构造的展布特征能够更好地指明区域找矿方向（邵珂等，2015a）。洋中脊多金属硫化物矿床与海底火山、火山通道、断裂构造等密切相关。这些断裂系统是海水下渗对流、热液与基底玄武岩发生物质交换、交代、萃取等作用及热液运移、喷出的良好通道，其中，基底深大断裂是成矿流体运移的通道，而次级断裂是导矿及喷出沉淀的良好通道（景春雷等，2013；邵珂等，2015a）。洋中脊多金属硫化物矿床成矿的最佳区域是距离大断裂一定距离的带状区域，因而可以通过对断裂进行缓冲分析，统计已知热液区在断裂构造不同距离范围内出现的频率，来分析其对成矿的影响域（图 7.23）。

研究区的热液区有 86% 落在断裂构造 300m 的缓冲距离内，有 92% 落在 500m 的缓冲距离内，100% 的热液区落在 1000m 缓冲距离内。随着缓冲距离的增大，包含的热液区数逐渐增多，在 1000m 的缓冲区内，包含了研究区全部的已知热液区。但从预测角度来说，并不是热液区数包含越多，条件越有利，因为缓冲距离增大，研究区的覆盖面积也随之增大。虽然在 1000m 缓冲区内已经覆盖研究区全部的已知热液区，但缓冲区的面积也已覆盖了研究区的绝大多数区域，失去了有利区间提取的意义。所以需要考虑选择一个合适的阈值，既能够尽可能地包含最多的热液区，又能够使缓冲区范围不至于过大。综上，本节将 500m 缓冲距离作为研究区多金属硫化物成矿的有利区间。

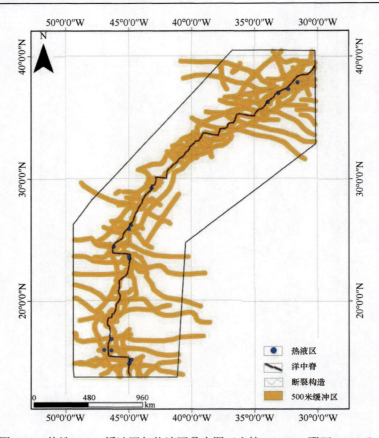

图 7.23　构造 500m 缓冲区与热液区叠合图（方捷，2013；邵珂，2016）

7.3.2.2　构造等密度

构造等密度是通过计算单位面积上构造线的密度来反映一定范围内断裂的发育程度，构造等密度值越高，区域构造发育越好（史蕊等，2013）。成矿过程中，成矿流体在压力的作用下从高压区向低压区运移，所以矿化有利的部位通常分布在应力集中的地方，即构造活动比较强烈、多次活动的区域（Fouquet et al.，2010）。洋底的线性构造越发育，可能越有利于该区多金属硫化物矿床的成矿作用。因此，构造等密度可以在一定程度上反映热液成矿作用的可能性（邵珂等，2015a）。

本节分析了研究区的构造等密度特征（图 7.24），并将其与热液区进行叠合分析（图 7.25）。结果显示，研究区的热液区主要分布在构造等密度为（0.60，1.48］的区域。由于研究区域已知热液区的数量较少，因此热液区分布在构造等密度［0.00，0.60］的占比为 0%，而分布在（0.60，0.84］和（0.84，1.02］的占比为 31.25%，分布在（1.02，1.24］和（1.24，1.48］的占比为 18.75%。因此，将（0.60，1.48］作为研究区多金属硫化物成矿的构造等密度有利区间。

7.3.2.3　构造交点数

区域上多组线性构造交汇的部位往往是成矿最有利的空间部位，沿多组线性构造交

第 7 章　基于 GIS 的北大西洋中脊多金属硫化物成矿预测

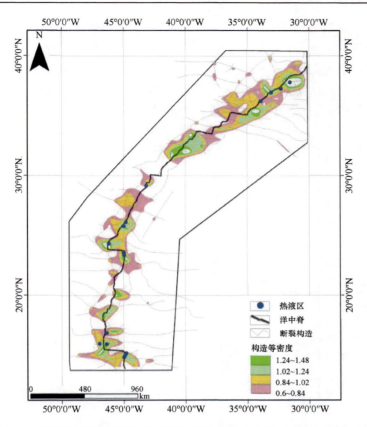

图 7.24　构造等密度有利区间与热液区构造叠合图（方捷，2013；邵珂，2016）

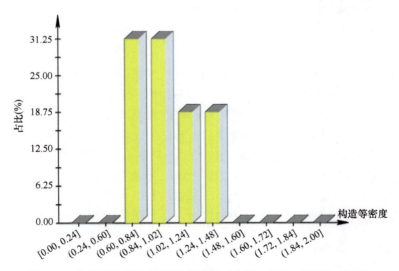

图 7.25　构造等密度与热液区统计图（方捷，2013；邵珂，2016）

汇部位常常是岩体侵位、岩浆上涌、火山喷发及岩浆后期热液或者火山-次火山热液活动的良好通道（Fouquet et al.，2010；邵珂等，2015a）。因此，与岩浆活动和火山作用相关的岩浆矿床、火山矿床及与岩浆和热液作用相关的热液矿床常常赋存在多组线性构

143

造的交汇部位及其附近（邵珂等，2015a）。统计研究区热液区的分布与构造交点数的关系，结果表明研究区与成矿有关的有利构造交点数区间为 0.24～0.60（图 7.26）。然而，该分析也表明，研究区的热液区均位于构造交点数次高区，即多组构造交汇部位并不利于多金属硫化物的形成，而构造交汇次高区或者构造线附近的地方是多金属硫化物形成的有利位置。此外，上述分析也表明，绝大多数热液区所处的单元格均没有构造交点数，构造交点数统计区间为低值可能与样本太少或者现阶段预测单元格太小及断裂构造解译不完全等因素造成的误差有关。因此，在本节中，构造交点数暂时不作为预测的证据因子。

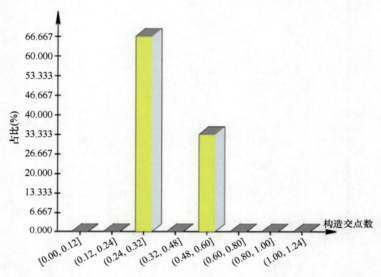

图 7.26　构造交点数与热液区统计图（方捷，2013；邵珂，2016）

7.3.2.4　构造优益度

断裂构造优益度是线性构造方位及两两之间夹角的控矿程度加权构造密度的度量，是研究以构造为主要控矿因素的内生矿产的有效指标（董庆吉等，2010；邵珂等，2015a）。对于与断裂构造有关的热液矿床，有利的容矿构造部位常常是多组断裂交汇处或断裂密集部位，矿床的分布常接近构造优益度中心，其高值区往往是有利成矿部位，代表了主干构造方向成矿的优越性（隋志龙等，2002）。分析研究区断裂构造优益度，并将热液区与断裂构造优益度进行叠合统计分析（图 7.27），结果表明，研究区内 87.5%的热液区都位于构造优益度（1.84，5.98］（图 7.28）。将此区间与洋中脊进行对比，可以发现其走向与方位基本一致，且都位于洋中脊附近，表明构造优益度分析的可行性。

7.3.2.5　构造中心对称度

构造中心对称度代表了构造的对称特征，主要揭示古火山机构和小型等轴状隐伏岩体等具有放射状断裂体系的环形构造。造成构造对称性分布的地质现象主要有地壳运动、基底岩浆上涌侵位等，因此构造中心对称度对上述地质作用有较好的描述作用（邵珂等，2015a）。该参数可能可以用来描述洋中脊基底岩浆房是否存在。因此，提取研究

第 7 章　基于 GIS 的北大西洋中脊多金属硫化物成矿预测

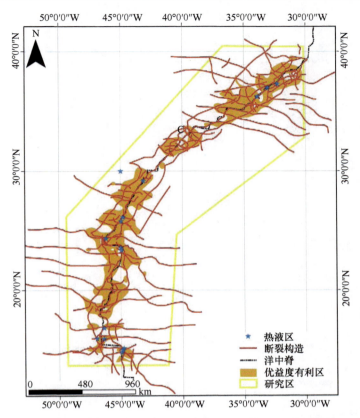

图 7.27　构造优益度有利区间与热液区叠合图（方捷，2013；邵珂，2016）

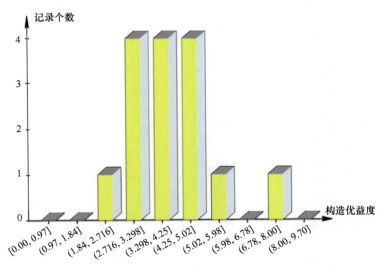

图 7.28　构造优益度与热液区统计图（方捷，2013；邵珂，2016）

区的构造中心对称度信息（图 7.29），并将其与热液区进行叠合分析（图 7.30），发现构造中心对称度（0.277，0.61］的区间赋存热液区的比例较大，因此选取该区间作为有利区间。

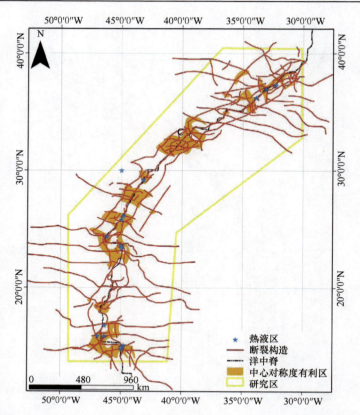

图 7.29　中心对称度有利区与热液区叠合（方捷，2013；邵珂，2016）

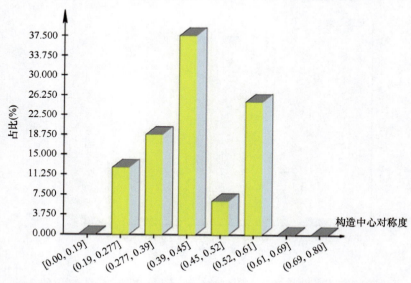

图 7.30　构造中心对称度与热液区统计图（方捷，2013；邵珂，2016）

7.3.2.6　地震

洋中脊的地震事件常与构造活动或岩浆作用有关，代表了其构造活跃程度，不少洋中脊热液系统就位于海底火山群上。对研究区的地震点数据进行点密度处理，然后与热液区进行叠合分析（图7.31），结果表明地震点密度区间（5,8]内赋存了所有的热液区。因此，可以将该密度区间作为成矿有利预测因子。

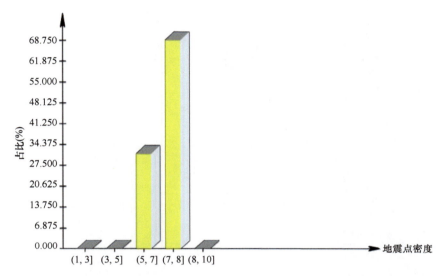

图7.31　地震点密度与热液区叠合统计图（方捷，2013；邵珂，2016）

7.3.3　地球物理信息提取

地球物理勘查是寻找洋中脊多金属硫化物矿床的重要手段之一。热液循环系统对围岩的蚀变改造，使得其与未蚀变围岩的密度、电性和磁性等出现显著的差异，同时多金属硫化物本身也与围岩存在显著的物理性质区别，为在洋中脊多金属硫化物矿床勘查中采用地球物理、地球化学甚至生物化学等多种方法提供了理论基础。本节对研究区的重力、磁力数据进行综合分析，以期获得多金属硫化物成矿的有利信息。

7.3.3.1　重力异常有利信息提取

布格重力异常由区域重力异常和剩余重力异常组成（王江霞等，2015）。布格重力异常资料是物探中重力勘探的基础资料，重力场在宏观上反映地质构造现象。剩余重力异常是指从布格重力异常中去掉区域重力异常后的剩余部分，它主要反映局部地质构造成矿体剩余质量的影响。将研究区布格重力异常图与热液区进行叠合分析，发现热液区落在 8.4~25.5mGal、42.5~50.8mGal，同理，将重力异常平均场与热液区进行叠合分析，发现热液区落在−4~10mGal、17~21mGal、39~57mGal；将垂向二阶导数与热液区叠合分析，发现矿点多落在−248~180mGal/m^2；将垂向一阶导数与热液区叠合分析发现热液区多落在−25~−11mGal/m、−5~3mGal/m、15~31mGal/m。将各有利区间进行叠合分析最终形成布格重力异常成矿有利区间分布图（图7.32）。对研究区剩余重力异常进行成矿有利区间提取分析，发现矿点落在−1~0.7mGal，最终形成剩余重力异常成矿有利区间分布图（图7.33）。

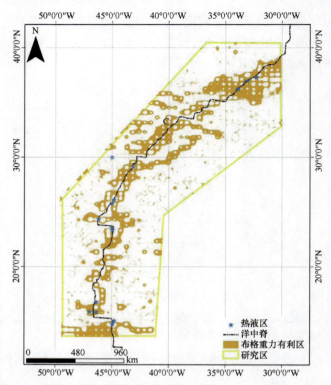

图 7.32　布格重力异常成矿有利区间（方捷，2013；邵珂，2016）

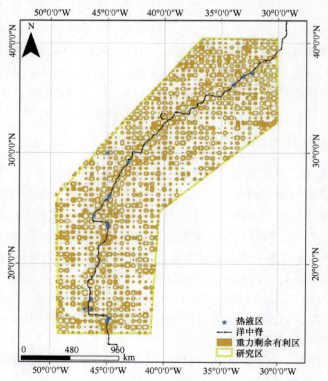

图 7.33　剩余重力异常成矿有利区间（方捷，2013；邵珂，2016）

7.3.3.2 磁力异常有利信息提取

磁力异常是对地下物质不同磁性的不同体现,借此原理可以用来分析研究地下岩体或者矿体的磁性情况。磁力异常有利信息提取与重力提取方法类似。将磁力异常与热液区进行叠合分析,发现磁力异常的有利含矿范围为−3.6~14.2nT,一阶导数范围为−410~48nT/m、二阶导数范围为−17 315~84 769nT/m^2,将 3 个含矿范围进行叠合,得到磁力异常成矿有利区间(图 7.34)。

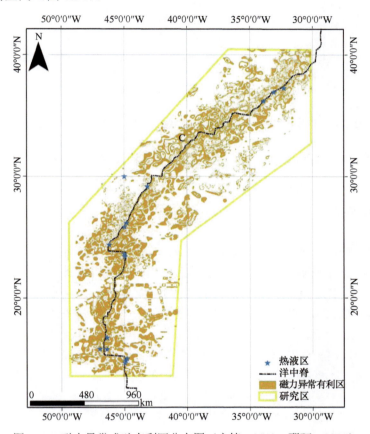

图 7.34　磁力异常成矿有利区分布图(方捷,2013;邵珂,2016)

7.3.3.3 重磁信息综合分析

洋中脊多金属硫化物矿床一般具有高重力低磁力的特征,即磁力数据与重力数据存在着相关性,因此,这里尝试对磁力与重力数据进行比值分析,以期得到能够反映多金属硫化物矿床的成矿信息。进行磁力重力比值处理后,其结果是高值更高,低值更低,也更加突出了异常。通过将比值处理与热液区叠合发现比值区间为(0.20,0.80]时包含了 66%的热液区(图 7.35),因此可将磁重比值作为有利的成矿预测因子。

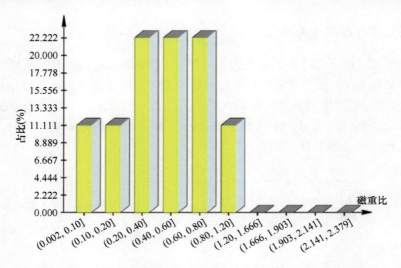

图 7.35　磁重比值与热液区叠合统计图（方捷，2013；邵珂，2016）

7.4　多金属硫化物矿床成矿预测

7.4.1　证据权重法

证据权重法是由加拿大数学地质学家 Agterberg 提出的一种基于二值图像计算的地学统计方法（Agterberg et al.，1993）。该方法采用统计分析模式，通过对一些与矿产相关的地学信息的叠合分析开展矿产远景预测（Bonham-Carter，1989；Carranza，2004）。其中每一种地学信息都作为一个证据因子，根据每一个证据因子计算的权重来确定其对成矿预测的贡献度（薛良伟，2004）。

证据权的计算包括先验概率计算、权值计算和后验概率计算。先验概率计算是根据已知矿点的分布，计算各个证据因子单位区域内的成矿概率，也就是计算证据因子存在区域中矿点像元、非矿点像元所占的百分比（薛良伟，2004）。各证据因子之间相对于矿点分布满足独立条件（徐善法等，2006；史蕊等，2013）。证据权的最终结果以权值的形式或者后验概率图的形式表达，优点在于其解释相对直观，并能够独立的确定，易于产生重现性（薛良伟，2004；邓勇等，2007）。其具体实现过程如下（Agterberg et al.，1993；张磊等，2009）。

（1）划分成矿单元。假设研究区被划分为面积相等的 T 个单元，其中 D 个单元为有矿单元，$\bar{D}$ 个单元为无矿单元，B 为某证据因子存在的单元数，$\bar{B}$ 为某证据因子不存在的单元数。

（2）计算先验概率。根据已知矿点的分布，随机选取研究区内一个单元格中矿点的概率，其数学表达式为 $P(D)=D/T$，先验有利度为 $O(D)=D/(T-D)$。

（3）确定证据因子权重值：

$$W^+ = \ln\left\{\frac{P(B/D)}{P(B/\bar{D})}\right\}$$

$$W^- = \ln\left\{\frac{P(\bar{B}/D)}{P(\bar{B}/\bar{D})}\right\}$$

$$C = W^+ - W^-$$

式中，W^+、W^- 分别代表证据因子存在与不存在时的权重值，而对原始数据空白缺失的区域权重值则为 0；C 为某证据因子与成矿的相关度。

（4）进行证据因子独立性检验，验证其是否相对于矿点分布满足条件独立。

（5）计算后验概率。对于满足矿点独立条件的 n 个证据因子，其所在的任一 k 单元为矿点的可能性，即后验有利度 $O(k)$，其对数为

$$\ln[O(k)] = \sum_{j=1}^{n} W_j^k + \ln O(D) \qquad (j=1,2,3,\cdots,n)$$

$$W_j^k = \begin{cases} W^+ & \text{证据因子存在} \\ W^- & \text{证据因子不存在} \\ 0 & \text{数据缺失} \end{cases}$$

则后验有利度为

$$O(k) = \exp\left\{\ln O(D) + \sum_{j=1}^{n} W_j^k\right\}$$

根据公式，用 P 表示后验概率，代表各个单元内找矿的有利度，根据后验概率来进行找矿远景区预测，那么研究区任一 k 单元为矿点的后验概率为

$$P(k) = O(k)/[1+O(k)]$$

（6）根据后验概率值即可生成综合成矿远景图。采用证据权重法对研究区进行多源信息综合预测，能够揭示研究区的热液成矿规律，阐明热液区的分布与各地质要素之间的空间关系，并且对研究区多金属硫化物矿产资源进行定量评价，圈定预测远景区（方捷等，2015），为下一步勘查工作的部署提供一定的依据。

7.4.2 多金属硫化物矿床成矿预测模型

以二维预测技术为支撑，进行矿产资源的预测与评价，确定矿床位置，为进一步部署建议提供科学依据。根据实体模型进行研究区成矿条件分析，寻找成矿条件的有利组合，圈定找矿有利靶区，定量分析资源潜力，进而对研究区矿产资源实现定位及定概率的预测与评价（陈建平等，2014）。

通过对北大西洋中脊找矿模型的分析及各种矿化信息的提取，建立了多金属硫化物矿床的成矿预测模型（表7.2）。

表 7.2　北大西洋中脊多金属硫化物矿床成矿预测模型（方捷，2013；邵珂，2016）

预测因子	特征值
水深	有利水深 2 200～3 700m
坡度	有利坡度 8°～25°
断裂缓冲区	断裂 500m 缓冲
构造优益度	优益度 1.84～5.98
构造等密度	等密度 0.6～1.48
构造中心对称度	中心对称度 0.27～0.61
布格重力异常	布格重力异常 8.4～25.5mGal、42.5～50.8mGal
	布格重力异常平均场−4～10mGal、17～21mGal、39～57mGal
	垂向一阶导数−25～−11mGal/m、−5～3mGal/m、15～31mGal/m
	垂向二阶导数−248～180mGal/m^2
剩余重力异常	剩余重力异常−1～0.7mGal
磁力	磁力异常−3.6～14.2nT
	垂向一阶导数−410～481nT/m
	垂向二阶导数−17 315～84 769nT/m^2
磁重比值	磁重比值 0.2～0.8
火山地震密度	火山地震密度 5～8

7.4.3　多金属硫化物矿床成矿预测

在运用证据权重法进行权值计算之前，首先需要对研究区进行统计单元的划分，单元划分对最终预测结果的影响很大（王世称和陈永清，1994b）。在矿产资源综合信息预测与评价中，单元不仅是统计的基本单位，而且也是各种信息进行有机关联的基本单位。单元应满足统计要求，具有等级性，适用统一的划分条件。将研究区以规则网格划分成若干个单元，以网格作为抽样单元，这种方法将地质问题与空间坐标建立了联系，是一种广泛用于矿产资源评价及大批地质数据处理工作中的样品确定方法（陈建平等，2013）。

本文按照 40km×40km 对整个研究区进行网格单元划分，然后计算每个预测因子的权重值，见表 7.3。

表 7.3　北大西洋中脊多金属硫化物预测因子权重值（方捷，2013；邵珂，2016）

预测因子类型	预测因子	正权重值（W^+）	负权重值（W^-）	综合权重值
水深	水深 2200～3700m	0.664 989	−1.054 135	1.719 124
构造	断裂 500m 缓冲区	0.589 466	−1	1.589 466
	优益度异常区	0.368 03	−0.215 654	0.583 684
	中心对称度异常区	1.713 827	−0.545 121	2.258 948
	等密度异常区	1.429 943	−0.438 562	1.868 505
地球物理	布格重力异常区	2.065 01	−1.502 461	3.567 471
	磁力异常区	1.856 928	−0.622 873	2.479 801
	磁重比异常区	0.038 9	−0.221 428	0.260 328
其他	地震点密度	0.723 442	−0.554 596	1.278 038

预测因子与海底多金属硫化物产出状态之间的关联性强弱，可以通过正负权重的差值大小来度量（李宾，2011），即 $C=W^+-W^-$。C 值小表示该找矿标志的找矿指示性差，C 值大表示该找矿标志的找矿指示性好，若 C 值为 0 表示该找矿标志对有矿与无矿无指示意义。$C<0$ 表示该找矿标志的出现不利于成矿，$C>0$ 表示该找矿标志的出现有利于成矿（李宾，2011）。

从表 7.3 中可以看出水深的综合权重值为 1.719 124，说明水深与多金属硫化物矿床的相关性高；地震点密度、断裂缓冲区、构造中心对称度及构造等密度的综合权重值都在 1.2 以上，与已知热液区关系密切，证明断裂系统是热液活动的控矿要素之一；布格重力异常、磁力异常的综合权重值在 2.0 以上，证明重力、磁力都能良好地反映多金属硫化物矿床，是重要的矿化信息（方捷等，2015）。

在计算后验概率前先进行各预测因子的独立性检验，发现地形坡度和剩余重力异常的不独立性较多，因此不将这两个因素作为证据因子进行后验概率计算。通过计算得到各个预测单元的后验概率值，按照后验概率相对大小分级赋色，得到研究区洋中脊多金属硫化物矿床的后验概率等值线图（图 7.36）。

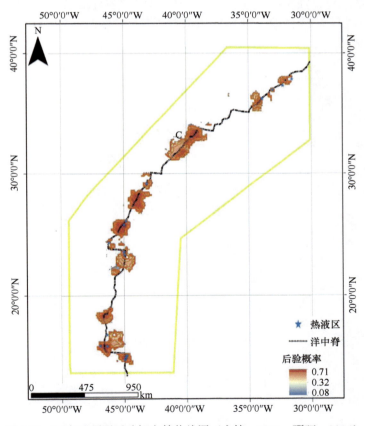

图 7.36　研究区预测后验概率等值线图（方捷，2013；邵珂，2016）

从图 7.36 可以看出已知的 TAG、Snake Pit、Logatchev、Rainbow 等热液区都在预测高值区及其附近，说明预测结果具有较高可信度。

7.4.4 成矿有利区圈定及评价

通过后验概率值与矿点的叠合率大小和所取后验概率下限值以上的范围大小来综合考虑，确定预测阈值（方捷等，2015）。当后验概率值大于 0.62 时，有 56%的已知热液区落在该预测区域内；当后验概率值大于 0.43 时，有 68%的已知热液区落在该预测区域内；当后验概率值取 0.25 的下限值时，仍然是 68%的热液区落在预测区域内。因此，这里将 0.43 作为本次网格单元法后验概率的阈值，并根据预测结果圈定多金属硫化物的成矿有利区。

依据后验概率及成矿有利区分布，划分远景调查区 10 处（图 7.37，表 7.4）。其中，A 区有 Lucky Strike 热液区，可以在其周围开展进一步工作，确定有无其他热液区；B 区东部有 Rainbow 热液区，中西部可能有较好的远景；C 区没有已知热液区，后验概率显示较好远景；D 区有 Broken Spur 热液区；E 区没有已知热液区，显示具有较好的远景；F 区为著名的 TAG 热液区所在地；G 区为 Snake Pit 热液区，后验概率显示此区概率值低于其他区，可以优先调查验证其他区域；H 区有较好远景，没有已知热液区；I 区有两处热液区，可以进一步调查确定区域是否有其他热液区；J 区有 Logatchev 热液区及其他几个热液区。

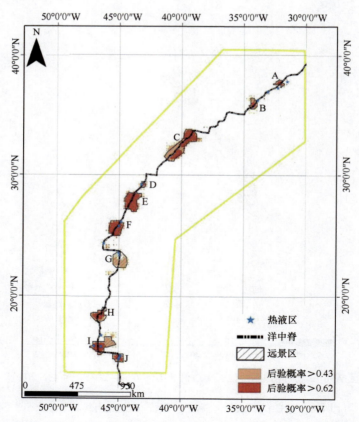

图 7.37　研究区多金属硫化物资源远景调查区圈定图（方捷，2013；邵珂，2016）

表 7.4 北大西洋中脊多金属硫化物成矿有利区位置表（方捷，2013；邵珂，2016）

预测区	中心 X 坐标（°W）	中心 Y 坐标（°N）	面积（km^2）
A	32.15	38.24	2 867
B	34.20	36.54	4 433
C	40.68	32.35	28 358
D	43.12	29.12	2 000
E	43.98	27.88	16 910
F	45.32	26.05	14 134
G	45.28	23.26	15 133
H	47.42	18.61	11 186
I	46.05	16.15	18 225
J	45.32	15.12	6 518

第 8 章 洋中脊多金属硫化物资源量估算方法

矿产资源评价是指在已有地质认识的基础上，利用地质理论和现阶段的技术方法（如地球物理方法、地球化学方法和数学模拟方法），对成矿远景区或已发现的矿产资源在当前经济条件和技术手段下的资源开发潜力做出评价（赵鹏大，2006）。此外，还要对它在当前和未来人类社会中可能存在的经济价值和环境影响做出评估。

8.1 洋中脊多金属硫化物资源/储量的分类

矿产资源/储量分类是定量评价矿产资源的基本准则，它既是矿产资源/储量估算、资源预测和国家资源统计、交易与管理的统一标准，又是国家制定经济和资源政策及建设计划、设计、生产的依据。国际上矿产资源/储量分类体系主要有三大类：一是以苏联为代表的计划经济背景下的分类体系，二是以欧洲、美国、澳大利亚为代表的市场经济背景下的分类体系，三是联合国主持的分类体系（赵腊平，2014）。目前第二类在国际上受到广泛采纳和接受，主要以矿产储量国际报告标准委员会（Committee for Mineral Reserves International Reporting Standards，CRIRSCO）于 2013 年颁布的新的《国际报告模板》（International Reporting Template，IRT）为蓝本，该标准的矿产资源/储量分类见图 8.1。澳大利亚的矿产资源/储量分类系统由澳大利亚矿石储量联合委员会（Australasian

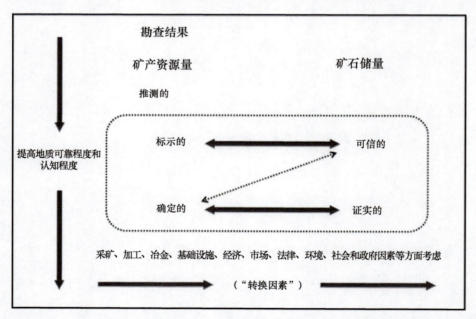

图 8.1 勘查结果、矿产资源量和矿石储量之间的一般性关系（澳大利亚采矿与冶金协会等，2012）

Joint Ore Reserves Committee，JORC）制定，其于 1989 年发布第一个 JORC 规范，最新版本为 2012 年修订。由于 JORC 规范直接被编入证券交易的股票上市规则中，因此其对上市公司和从业者具有一定的约束力（阳正熙等，2015）。JORC 规范在固体矿产资源/储量划分标准上一直处于国际领先地位，现行的 CRIRSCO 模板也是在 JORC 规范 2012 年修订版的基础上做的修订，两者的资源/储量分类框架相同。最新版 CRIRSCO 模板与 2009 年颁布的《联合国化石能源和矿产资源分类框架》（UNFC-2009）中的类别和类型的转换见表 8.1。

表 8.1　CRIRSCO 模板与 UNFC-2009 分类框架中的类别和类型的转换（阳正熙等，2015）

CRIRSCO 模板		UNFC-2009 "最小"类别			UNFC-2009 项目类型
矿石储量	证实储量	E1	F1	G1	可商业开发项目
	概略储量			G2	
矿产资源量	确定的资源量	E2	F2	G1	潜在可商业开发项目
	推定的资源量			G2	
	推断的资源量			G3	
	勘查结果	E3	F3	G4	勘查项目

注：E1 表示生产和销售都已经证实是经济可行的项目；E2 表示在可预见的未来预期生产和销售在经济上是可行的项目；E3 表示在可预见的未来预期生产和销售在经济上是不可行的或者处于初期勘查阶段还不能确定经济可行性的项目；F1 表示已经证实可以开采的矿山基建项目；F2 表示采矿可行性还有待进一步评价的基建项目；F3 表示由于缺少技术资料不能评价其采矿可行性的基建项目；G1 表示已知矿床有关的估值可信度高的矿量；G2 表示已知矿床有关的估值可信度中等的矿量；G3 表示已知矿床有关的估值可信度低的矿量；G4 表示与潜在矿床有关、主要根据间接证据估计的矿量

　　目前我国所采用的标准为中华人民共和国国家质量监督检验检疫总局颁布的《固体矿产地质勘查规范总则》（GB/T 13908—2002）。按照资源勘查的地质可靠程度将矿产资源划分为潜在矿产资源和查明矿产资源两大类。潜在矿产资源对应预测的资源量，查明的矿产资源包括推断的、控制的、探明的资源量，分别对应于预查、普查、详查和勘探 4 个阶段。可行性评价分为概略研究、预可行性研究和可行性研究 3 个阶段。根据经济意义将固体矿产资源/储量分为经济的（数量和质量是依据符合市场价格的生产指标计算的）、边际经济的（接近盈亏边界）、次边际经济的（当前是不经济的，但随技术进步、矿产品价格提高、生产成本降低，可变为经济的）、内蕴经济的（无法区分是经济的、边际经济的还是次边际经济的）、经济意义未定的（仅指预查后预测的资源量，属于潜在矿产资源）。依据矿产资源的地质可靠程度、可行性评价结果和经济意义，我国将矿产资源分为 3 大类 16 种类型（表 8.2）。

　　目前，我国对洋中脊多金属硫化物资源分类还没有国家标准。2013 年，中国大洋矿产资源研究开发协会发布了《关于印发〈国际海底矿产勘查阶段〉划分及要求指导意见（试行）的通知》，建议在国际海底矿产勘查中将勘探过程分为矿产资源潜力评价（mineral resources potential assessment）、远景调查（reconnaissance）、探矿（prospecting）、一般勘探（general exploration）、详细勘探（detailed exploration）等 5 个阶段（可以概括我国的预查、普查、详查和勘探 4 个阶段），还建议在国际海底矿产勘查中将资源储量划分为 5 种类型。①推断的资源量（inferred resources）：用稀疏采样工程勘探；②控制的资

表 8.2 固体矿产资源/储量分类（GB/T 13908—2002）

经济意义	地质可靠程度			
	查明矿产资源			潜在矿产资源
	探明的	控制的	推断的	预测的
经济的	可采储量（111） 基础储量（111b） 预可采储量（121） 基础储量（12lb）	预可采储量（122） 基础储量（122b）		
边际经济的	基础储量（2M11） 基础储量（2M21）	基础储量（2M22）		
次边际经济的	资源量（2S11） 资源量（2S21）	资源量（2S22）		
内蕴经济的	资源量（331）	资源量（332）	资源量（333）	资源量（334）？

注：表中所用编码（111～334），第 1 位数表示经济意义，即 1＝经济的、2M＝边际经济的、2S＝次边际经济的、3＝内蕴经济的、？＝经济意义未定的；第 2 位数表示可行性评价阶段，即 1＝可行性研究、2＝预可行性研究、3＝概略研究；第 3 位数表示地质可靠程度，即 1＝探明的、2＝控制的、3＝推断的、4＝预测的；b＝未扣除设计及采矿损失的可采储量

源量（indicated resources）：用较密采样工程探获的资源量，为全部原地矿量，主要在一般勘探阶段估算获得的资源量；③探明的资源量（measured resources）：用密集采样工程探获的资源量，为全部原地矿量，在详细勘探阶段估算；④预可采储量（probable reserves）：是控制的资源量经预可行性研究后转换而成的储量，是在当前技术、经济、市场、环境保护条件下可回收的矿量；⑤可采储量（proved reserves）：是探明的资源量经可行性研究后转换而成的储量，是在当前技术、经济、市场、环境保护条件下可回收的矿量。上述类型的资源量可与 JORC 规范相对应（表 8.3）。探矿结束后，矿区只有推断的资源量；一般勘探结束后，矿区可能存在控制的和推断的资源量；详细勘探结束后，矿区可能存在探明的、控制的和推断的资源量；预可行性研究结束后，矿区可能存在预可采储量和某些类型的资源量；可行性研究结束后，矿区可能存在预可采储量、可采储量和某些类型的资源量。

表 8.3 我国现行洋中脊多金属硫化物资源分类与 JORC 规范固体矿产资源/储量分类对比表

我国现行分类标准	JORC 标准
推断的资源量（333）	推断的资源量
控制的资源量（332）	标示的资源量
探明的资源量（331）	测定的资源量
预可采储量（121、122）	可信储量
可采储量（111）	证实储量

8.2 常用的资源/储量估算方法

资源/储量估算方法的基本原理就是把自然界客观存在的形态复杂的矿体按不同矿

石类型、工业品级、资源/储量类别、矿山技术条件、水文地质条件、矿山开采次序、地质变量的空间结构变化、勘查工程布置等分割成不同块段，并将各块段简化为与之大体相等、矿石品位均一的简单几何体，运用合适的数学方法，求得所需的各种参数，最后估算出矿产（矿石或金属）资源/储量。矿产资源/储量的估算方法应根据矿种及用途、矿床地质特征、矿体规模和形态、勘查工程布置情况、勘查阶段等因素选择。

潜在矿产资源是指根据地质依据和物化探异常预测未经查证的那部分矿产资源，通常对应矿产资源勘查阶段中的预查阶段。在矿化潜力较大地区，依据区域地质特征和已有的海上地球物理、地球化学调查资料，对其区域成矿规律、成矿条件、分布规律、矿化信息等进行深入分析，划分成矿区带，当有足够的数据能与地质特征相似的已知矿床进行类比时，则可估算该区域潜在的资源量。常见的潜在矿产资源量的估算方法有区域价值估计法、体积估计法、丰度法、德尔菲法、矿床模型法、综合方法、外推法、类比法、"三步式"资源量估算法等。常见的查明矿产资源量的估算方法有几何法（包括算术平均法、地质块段法、断面法、等高线法、线储量法、三角形法、邻近区域法和多边形法）、统计分析法（包括距离加权法、克立格法）及 SD 法等。

目前国际上的多金属硫化物资源量估算方法主要包括勘查程度较低的大西洋中脊 TAG 热液区的地质块段法（Hannington et al.，1998）、勘查程度较高的 Solwara 1 区采用的多边形法、克立格法与距离倒数加权法等（Lipton et al.，2008）。中国大洋矿产资源研究开发协会发布的《关于印发〈国际海底矿产勘查阶段〉划分及要求指导意见（试行）》规定：多边形法可用于多金属硫化物资源的探矿阶段、一般勘探阶段和详细勘探阶段的资源量估算，克立格法用于多金属硫化物资源的一般勘探阶段和详细勘探阶段的资源量估算。这两种方法目前均由全国矿产储量委员会认可的通用软件来实现，如 Micromine 软件或 Surpac 软件。

资源/储量估算的一般过程是：①确定矿床边界/工业指标；②圈定矿体边界或划分资源/储量计算块段；③根据选择的计算方法，求得相应的资源量计算参数，如矿体（或矿段）面积（S）、平均厚度（M）、矿石平均体重、平均品位等；④估算矿体或矿块的体积（V）和矿石资源/储量（Q）或金属量（P）；⑤统计计算各矿体或块段的资源/储量之和，即得矿床的总资源/储量。

8.2.1 地质块段法

地质块段法是指根据不同的划分指标将矿体划分成大小不等的块段后，在每个块段内应用算术平均法求取资源/储量，而矿体的资源/储量正好是各个块段的资源/储量之和（图 8.2）（阳正熙等，2015）。我国目前最常用的方法是地质块段法，其具体做法是将矿体投影到一个平面并按一定的顺序把矿体分割成相互衔接的多边形区域，每个区域视为板状体进行体积和有用组分的计算（曹建洲等，2015）。根据不同的投影方式，可将地质块段法分为垂直投影地质块段法和水平投影地质块段法，其中，当矿体倾角>45°时，选择垂直投影的方式；当矿体倾角≤45°时，选择水平投影的方式（王卫东和李艳平，2014；曹建洲等，2015）。对于传统地质块段法而言，其适用于任何大小、形状和产状的矿体,特别是层状、似层状、透镜状,矿体产状变化不大,工程分布均匀的矿体。该方法的优点在于弥补了算术平均法不能划分块段的缺点,同时不做复杂的分析,计算较为简单,便于实际应用(阳正熙等,2015)。但是,传统地质块段法存在人为因素干扰,特别是在块段划分上受主观因素的影响,其次是勘探工程密度不大且分布不均匀、有用组分变化较大的情况下都会引起较大误差(王卫东和李艳平,2014)。随着该方法在实际中的应用和新理论的发展,国内地质人员针对不同的地质背景对该方法做了进一步补充。例如,曲鑫和王盛(2010)针对传统地质块段法的缺点提出了地质统计学方法与地质块段法结合的方式,提高了平型关铁矿资源/储量的计算精度;曹建洲等(2015)利用块段的平均铅厚与块段水平投影面积计算块段的体积,代替了利用块段的水平倾角将水平投影面积换算成真面积的方法,计算的块段体积更为可靠,误差更小。随着近些年我国对海洋资源的重视和开发,武光海等(2000)运用地质块段法对东太平洋某海山的富钴结壳资源进行了资源量估算并得到了有效的应用。

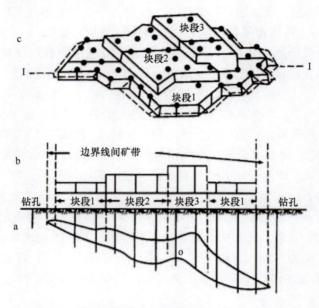

图 8.2　地质块段法储量估算模型(李娜,2005)

开采块段法实际上是地质块段法的特殊情况,即应用坑道工程将矿体切割成不同的适合矿山开采方式的方形或矩形块段,并利用算术平均法对矿体各参数进行计算,最终求得资源/储量的方法(图 8.2)(阳正熙等,2015)。该方法用于在开采矿山或坑道工程系统中以坑探为主要勘查手段且拥有大量矿石资料的矿床中,尤其是计算开采中的三级矿量(开拓、采准、回采),主要适用于脉状、层状、似层状及产出比较稳定的矿体(张华良,1987;阳正熙等,2015)。该方法的主要优点为作图和计算简单,可按不同要求划分块段进行估算,能够如实反映不同质量和研究程度的资源/储量在空间的分布状况,其估算结果能够应用于采矿设计和生产计划制定,缺点是只适用于以坑道工程为主的勘查手段(阳正熙等,2015)。

8.2.2 多边形法

多边形法也称邻近区域法，其实质是将形状不规则的矿体，人为地简化为体积便于计算的多边形棱柱体。在资源量计算平面图上，以所圈定的矿体范围内每个勘探工程为中心，按其与各相邻工程的 1/2 距离为顶点，将矿体划分为一系列紧密连接的多边形区域（李雪治，2006）。再根据每个多边形地区中心的工程资料分别计算其矿产资源量（章伟艳等，2010；阳正熙等，2015）。只有在工程分布不均匀、工程揭露的矿体厚度及品位相差悬殊、矿体形状极不规则的情况下，为考虑各工程所影响的权系数才采用此种资源量估算方法。多边形顶点的选择，有时也采用内插法以便使计算结果更准确（章伟艳等，2010）。这种方法适用于地质勘探程度不高、工程分布有限、研究程度不足的情况，只能用于远景规划的资源量估算等，也可用于资源量的概略计算（国土资源部矿产资源储量司，2000），其具体过程如下（李裕伟，2013）。

1）块段划分

多边形资源量估算法是在投影图上进行的。如果矿体产状平缓，在勘查过程中主要使用垂直探矿工程，此时可将工程投影到一张平面图上；如果矿体产状较陡，在勘查过程中则以水平探矿工程为主，这时则将工程投影到一张垂向纵投影图上（李裕伟，2013）。在投影图上根据勘查阶段把矿区面积划分成一系列多边形块段（图 8.3），这些多边形的每个内点比任何其他点更靠近给定的勘查工程。即以每个勘探工程为中心，按其与各相邻工程的 1/2 距离为顶点，将矿体划分为一系列紧密连接的多边形块段（李雪治，2006）。

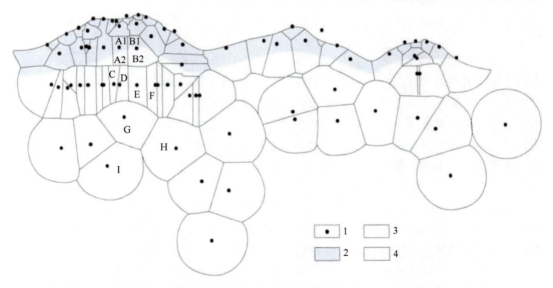

图 8.3　矿体多边形法资源量估算垂直纵投影图块段划分示意图（李裕伟，2013）
1. 勘查工程；2. 氧化矿；3. 原生矿；4. 矿化但不够工业指标块段

2）估计量算法

$$V_i = S_i \times M_i$$

式中，V_i 为 i 块段多金属硫化物体积（m³）；M_i 为 i 块段多金属硫化物平均厚度（m）；S_i 为 i 块段多金属硫化物的面积（m²）。

$$Q_i = V_i \times \rho$$

式中，Q_i 为 i 块段多金属硫化物资源量(t)；ρ 为 i 块段多金属硫化物类型的干密度(t/m³)。

$$P_i = Q_i \times C_i / 100$$

式中，P_i 为 i 块段某类金属量（t）；C_i 为 i 块段多金属硫化物某金属平均品位（wt.%）。

3）资源量算法

多金属硫化物资源量为

$$Q = \sum_{i=1}^{m} Q_i$$

多金属资源量为

$$P = \sum_{i=1}^{m} P_i$$

式中，Q 为矿区多金属硫化物资源量（t）；P 为矿区多金属资源量（t）；m 为矿区内多边形块段数。

8.2.3 克立格法

克立格法是以区域化变量理论为基础，以变异函数为基本工具来研究那些展布于空间并呈现出一定的随机性和结构性的自然现象（包括地质现象）的科学，是一种估值系统。该系统给在"待估域"内或其附近的样品数据加权（侯景儒和黄竞先，1990；李雪治，2006）。

克立格法是由南非矿山地质工程师 Krige 于 20 世纪 40 年代提出的一种计算方法，也是法国学者马特隆于 20 世纪 60 年代创立的地质统计学的核心方法（李雪治，2006）。克立格法以变差函数为基本工具，在充分考虑信息样品的形状、大小及其与待估算块段相互间的空间分布位置等几何特征及品位的空间结构之后，为了达到线性、无偏和最小估计方差，对每一样品值分别赋予一定的权系数，最后进行加权平均来估计块段的平均品位（李雪治，2006；阳正熙等，2015），即

$$Z_V^* = \sum_{i=1}^{n} \lambda_i Z_i$$

式中，λ_i 是克立格系数，是各样品在估计 Z_v^* 时的影响大小，估计方法的好坏就取决于如何计算或选择系数 λ_i，使得利用一组信息 Z_i（i=1, 2, …, n）估算的块段 V 的估计值 Z_v^* 与其真实值 Z_v 的方差最小，即 $\delta_E^2 = E(Z_v - Z_v^*)^2$ 为最小。该法弥补了传统内插法的不足，理论上能够提高资源量的估算精度。克立格法在给出单元块估计值的同时，还可提供单元块估计的方差，这一点是其他方法所不能做到的。

克立格法的主要过程是求解克立格方程组以获得克立格权系数，为此要解决两个问题（侯景儒和黄竞先，1990；李雪治，2006）：一个是列出并求解克立格方程组，求出

克立格权系数λ_i；二是求克立格估计方差。目前已经发展出多种多样的克立格方法，可以根据不同的目的和条件，选择不同的方法，以便获得较好的效果（李雪治，2006）。例如，当区域化变量服从对数正态分布时，可以采用对数正态克立格法进行估计；当所研究的数据不服从正态分布时，特别是多峰态分布时，就须用指示克立格法进行不同概率区间的克立格法估值。在各种克立格法中，普通克立格法是最常用和简单的方法，其适用条件是变量满足二阶平稳（或本征）假设。其计算过程如下（李雪治，2006；阳正熙等，2015）。

1）块段划分

根据勘查阶段及勘查工程分布特征划分块段，保证地质体最大限度地分配到所有块段。

2）块段邻区的确定

通过理论变异函数的变程和屏蔽效应来确定。

3）估计量算法

$$X_k = \sum \lambda_i X_i$$

$$X = \frac{1}{n}\sum X_k$$

式中，X_k为块段某要素估计量（如品位）；λ_i为克立格系数，通过变异函数求解克立格方程组获得；X_i为块段及邻区已知某要素值；X为某要素总体估计量；n为矿区块段数。

4）资源量算法

$$V_i = S_i \times M_i$$

式中，V_i为i块段多金属硫化物体积（m³）；M_i为i块段多金属硫化物平均厚度（m）；S_i为i块段多金属硫化物面积（m²）。

$$Q_i = V_i \times \rho$$

式中，Q_i为i块段多金属硫化物资源量（t）；ρ为i块段多金属硫化物类型的干密度（t/m³）。

$$P_i = Q_i \times C_i / 100$$

式中，P_i为i块段某类金属量（t）；C_i为i块段多金属硫化物某金属平均品位（wt.%）。

8.2.4 距离倒数加权法

距离倒数加权（inverse distance weighted，IDW）法也称为反距离权重法，该方法属于加权平均法的一种，是一种常用且简单的空间插值方法（阳正熙等，2015；Bustillo Revuelta，2017）。距离倒数加权法的原理是地理学第一定律，即已知取样点对待估点的影响随距离的增加而减小，根据待估点同已知点距离的倒数进行加权计算出加权平均值作为待估点的估值（阳正熙等，2015）。该方法基于距离的空间分布关系进行品位、厚度计算，其距离的权重通常为1~3，分别为距离平方反比（inverse distance square，IDS）法和距离立方反比（inverse distance cube，IDC）法，当权重等于1时，适于线性距离衰减插值，当权重大于1时，采用非线性距离衰减插值，因此当样品距离块段中心较近时往往取较大的权重（阳正熙等，2015；Bustillo Revuelta，2017）。距离倒数加权法的优点是算法简单、易于实现,当矿体呈现各向异性时,在 2D 平面内往往可以采用椭圆的搜索方式,当为 3D 立体图时,可采用椭球体的形式进行搜索,除此之外,还可将块段分为四或八象限作为搜索邻域,通过对每个象限内的最近样品点进行反距离加权能够有效避免丛聚效应(阳正熙等,2015;Bustillo Revuelta,2017)。在规则网格内,对于同一块段可能因块段划分方式的不同产生两种互相矛盾的结果,这和该方法的固有不一致性有关,因此可以通过对块段搜索半径的几分之几进行搜索(Sinclair and Blackwell,2002)。通过对距离倒数加权法的研究发现,该方法往往在权重选择上需要不断尝试以便达到结果最优化的目的,因而会存在主观因素影响,包括样本数据不服从正态分布时可能出现的问题及无法评估估值可靠性(Sinclair and Blackwell,2002;阳正熙等,2015;Bustillo Revuelta,2017)。

8.3 多金属硫化物资源评价参数指标确定

8.3.1 边界品位

洋中脊多金属硫化物堆积体富含 Cu、Zn 等金属元素,还可能伴生有 Au、Ag、Co 等元素,具有有用金属元素富集程度高和堆积速度较快的特点。例如,洋中脊多金属硫化物的 Cu 含量为 1.1~22.0wt.%,平均值为 6.58wt.%;Zn 含量为 0.4~30.9wt.%,平均值 9.18wt.%;Au 含量为 0.05~8.95ppm,平均值为 1.69ppm;Ag 含量为 7~630ppm,平均值为 106ppm(表 2.4)。根据《铜、铅、锌、银、镍、钼矿地质勘查规范》(DZ/T 0214—2002),铅锌矿中的 Zn 边界品位为 0.5~1.0wt.%。洋中脊多金属硫化物的 Cu、Zn、Au 和 Ag 含量均高于陆地原生矿的边界指标,表明有价值的金属主要为 Cu、Zn、Au 和 Ag。选用何种参数作为矿体圈定的边界指标需要根据多金属硫化物矿床所处区域的实际情况分析。

鹦鹉螺矿业公司为了更好地评估多金属硫化物资源的价值,提出利用 Cu 当量品位(Cu_{Eq})进行西南太平洋的 Solwara 1 矿区多金属硫化物资源评价,其计算方法如下。

$$Cu_{Eq}=0.915Cu+0.254Au+0.00598Ag;$$

$$Cu_{Eq}=Cu\times Cu_{Recn}+Au\times Au_{Recn}\times Au_{Price}/Cu_{Price}+Ag\times Ag_{Recn}\times Ag_{Price}/Cu_{Price};$$

式中,Cu 为 Cu(wt.%);Cu_{Recn} 为 Cu 回收率(91.5%);Cu_{Price} 为 Cu 价格($/t);Au 为 Au($10^{-6}$);$Au_{Recn}$ 为 Au 回收率(45%);Au_{Price} 为 Au 价格($/t);Ag 为 Ag($10^{-6}$);$Ag_{Recn}$ 为 Ag 回收率(50%);Ag_{Price} 为 Ag 价格($/t)。

采用总成本定义法确定多金属硫化物资源的 Cu 当量边界品位($Cu_{Eqcut-off}$)(http://www.nautilusminerals.com/),即 $Cu_{Eqcut-off}$=(TC+MC)/Cu 价格,其中,TC 为处理成本($/t),MC 为采矿成本($/t)。最终根据价值法,估算出 Solwara1 矿区多金属硫化物矿产资源的边界品位是 Cu_{Eq} 为 2.6%或 $Cu_{Eqcut-off}$ 为 4%。上述公式在计算 Cu 当量品位时,主要利用公开出版的伦敦金属交易所的价格。当多金属硫化物中伴生有其他可综合利用的成矿元素时,可采用国际金属交易所的价格重新计算和确定该矿床的 Cu 当量品位和边界品位。

此外，由于 Solwara 1 矿区位于巴布亚新几内亚专属经济区水深 1500~1650m 的弧后盆地，离岸较近，而洋中脊多金属硫化物矿床的产出水深一般比 Solwara1 矿区深，离岸距离远，这些均会影响采矿成本。理论上，洋中脊多金属硫化物矿床的边界品位应高于 Solwara 1 矿区。实际上，矿产品价格通常随国际市场行情的波动、采矿技术及冶炼技术的发展而变化，因此生产时往往考虑市场行情的变化而做出相应的调整。当具备商业性开采条件时，还必须综合考虑多金属硫化物资源的开采、回收、运输和选冶等环节所涉及的相关经济因素、技术条件及市场价格变化等因素的影响，最终确定多金属硫化物矿床的边界品位指标。

8.3.2 矿体规模

近年来随着国际上对海洋矿产资源调查的重视和发展，洋中脊多金属硫化物矿床的数量呈现不断增长的趋势。除此之外，相较于陆地多金属硫化物矿床，洋中脊多金属硫化物矿床还具有矿石金属品位高、埋藏较浅的优势。但是该类矿床的规模一般较小，开采技术要求较高，因此只有在该类矿床比陆地上同类型金属矿床的规模、品位或开采方面占有优势时才有一定的经济意义。当然，由于海上资源开采具有露天、可移动开采的特点，节约了大量的矿山建设成本，因此多个小规模的富金属矿床可以联合开展采矿作业，从而使得在一定的经济技术条件下开采该类矿床也可能具有一定的经济意义（Hannington et al.，2011）。

矿体规模指标，即最小可开采矿体的资源量。按照目前有效的连续采矿方法估计，以采矿效率 200t/h 计算，假定至少满足一个月开采量，所需要的原地资源量为 $1.44×10^5$t，通常一个矿区至少需要满足一个季度的生产，即一个矿区的资源量至少要有 $4.32×10^5$t。本书对 43 个洋中脊型多金属硫化物资源量与面积相关性计算的结果[$P=28.214S+51 332$，$R^2=0.926$，$n=43$，P 是资源量，S 是面积（$S>2000m^2$）]表明，$4.32×10^5$t 多金属硫化物资源量的分布面积约为 13 500m^2。"Cyprus" 型块状多金属硫化物矿床一般生长在洋中脊环境，其经济上可采矿石量为 $5×10^4$~$1.6×10^7$t。若参考 "Cyprus" 型块状多金属硫化物矿床的最小规模 $5×10^4$t，那么利用公式按一季度资源量进行估算，在 $S>2000m^2$、$4.32×10^5$t、面积 13 500m^2 的情况下，$5×10^4$t 多金属硫化物资源量分布的面积约为 1560m^2。

8.3.3 环境参数

洋中脊多金属硫化物的开采还需要考虑海底地形、海况、海底自然灾害等环境参数。在洋中脊，通常单个大型块状多金属硫化物堆积体存在的可能性很小，在大多数情况下都是以小型的热液喷口、孤立的烟囱体和丘状体出现。例如，Explorer 洋中脊南段长约 8km 的脊段内，分布着 60 多个多金属硫化物堆积体，这些多金属硫化物堆积体大多数分布在两个约为 250m×200m 的较小区域内（Tunnicliffe et al.，1986）。若根据上文提到的满足 $5×10^4$t 多金属硫化物资源量分布的面积约为 1560m^2，那么矿体平均边长约为

40m。按 Solwara 1 矿区块状多金属硫化物的平均干密度为 3.4t/m³、半块状多金属硫化物干密度为 3.1t/m³（Lipton et al.，2018）估计，满足开采所需的多金属硫化物矿体的平均厚度至少约为 10m，矿床开采需要海底地形分辨率至少为 1m 或更高。此外，矿区需要合适的海况条件，如温度适宜、大风罕见、少受气旋活动影响，以及适宜的工程地质条件，如基底适宜大型采矿机进行海底作业，同时也要远离海底火山活动、地震活动多发地带。

8.4 多金属硫化物资源量估算方法

对于洋中脊多金属硫化物资源的调查，特别是对研究程度较低的区域开展多金属硫化物潜在资源评价，可以采用陆地上针对类似矿床类型勘探中对未发现的潜在矿床所使用的资源评价方法。通常使用基于 GIS 平台技术的证据权法、罗吉斯蒂回归法、模糊逻辑空间分析法及美国地质调查局的"三部法"矿产资源评价方法等。如"三部法"矿产资源评价方法通过对找矿远景区开展地质分析，利用矿床密度法对未发现矿床数进行评估，使用详细勘查示例估计未发现矿床的潜在规模。本节参照陆地上相似的评价方法，开展了西南印度洋中脊合同区多金属硫化物潜在资源量估算。

8.4.1 矿床分布密度

过去几年，世界各国在超慢速扩张洋中脊开展了多个航次的羽状流调查。German 和 Parson（1998）使用连续拖曳方法对西南印度洋中脊 58°～66°E 的两个洋脊段（全扩张速率 14～16mm/a）进行了海底热液喷口调查，发现其中长约 420km 洋脊段内有 50km 的洋脊段分布有羽状流（图 8.4），并发现了至少 6 处热液羽状流浊度异常。羽状流出现率 p_h=0.12，热液区发育频率 F_s（每 100km 洋中脊长度上的热液区数量）为 1.33（图 8.5，表 8.4）。同时，Baker 和 German（2004）对西南印度洋西部 10°～23°E（全扩张速率 8～14mm/a）进行了大量的热液喷口调查。在 2000～2001 年和 2003 年航次采集到的 86 条剖面中，有 5～11 条剖面检测到热液羽状流的存在，p_h=0.06～0.13 和 F_s=0.21～0.84。2008～2009 年，我国通过"大洋一号"调查在 49°～52°E 区发现了 7 处羽状流浊度异常（Tao et al.，2009a，2009b）。

通过对洋中脊剖面的羽状流和热液区分布的详细分析，发现热液活动的分布特征相似，热液区发育频率 F_s 主要依赖于扩张速率的大小和岩浆供给量的多少（Baker et al.，2004）。每 100km 洋中脊长度上的热液区数量（F_s）与岩浆储库（V_m）的分布具有较强的相关性，并可通过最小二乘法拟合：

$$F_s=1.01+0.0023V_m\ (R^2=0.97)$$

式中，F_s 表示热液区发育频率，每 100km 洋中脊长度上的热液区数量；V_m 表示岩浆储库，$V_m=T_c u_s$，全扩张速率（u_s）>20mm/a 的地壳相对厚度 T_c 通常取（6.3±0.9）km，全扩张速率（u_s）≤20mm/a 的地壳相对厚度 T_c 通常取 4.0km；受热点作用影响的洋中脊地壳相对厚度为 10km（White et al.，2001）。

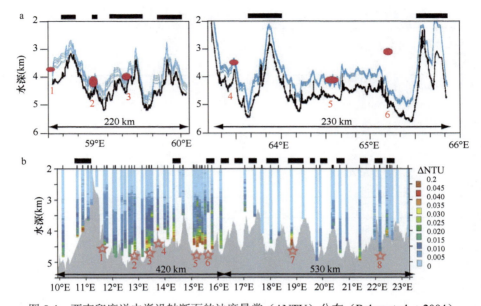

图 8.4 西南印度洋中脊沿轴断面的浊度异常（ΔNTU）分布（Baker et al.，2004）

a. 西南印度洋中脊 58.5°~66°E，其中浅蓝色实线为便携自容式海水热液柱自动探测仪（miniature autonomous plume recorder，MAPR）探测位置，根据 ΔNTU 被分割成六段（红色标记）；黑实线为地形线；黑色条柱表示火山中心的可能位置；b. 西南印度洋中脊 10°~23°E ΔNTU 数据图，星号标记的是可能的热液区

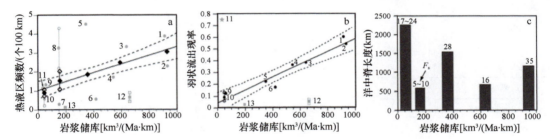

图 8.5 洋中脊热液区发育的频率、羽状流和岩浆储库分布特征（Baker and German，2004）

a. 每 100km 洋中脊长度上的热液区数量（F_s）与岩浆储库（V_m）分布散点图（数字指图 8.4 中识别的洋中脊断面）；断面 8、10、11、12 中，空心符号分别代表高低估计值，实心符号代表平均值，正方形表示受热点影响的洋中脊，黑色菱形代表分组后的数据（不包括 12 或 13），使用最小二乘法拟合 $F_s=1.01+0.0023V_m$（$R^2=0.97$），根据给定的 V_m 计算，F_s 的 95% 的置信区间由虚线表示；b. 羽状流出现率（p_h）与 V_m 分布散点图，符号说明同图 a，最小二乘法拟合 $p_h=0.043+0.00055V_m$（$R^2=0.93$），不包括 11~13 剖面；c. 图 a 中每个组合的洋中脊总长度和热点数（White et al.，2001）

根据上述关系，西南印度洋中脊 49°~51°E 洋脊段的半扩张速率<10mm/a，因此假设以地壳相对厚度 4km、全扩张速率 16mm/a 计算，则 $V_m=64km^3/(Ma\cdot km)$，从而有 $F_s=1.16$（即每 100km 洋中脊长度的热液区为 1.16 个），那么该区 200km 的洋中脊长度上可能发育的多金属硫化物矿床（热液区）数量为 2 或 3 个，与目前在该洋脊段探测到的热液区数量相差不大（龙旂、断桥、玉皇热液区）。因此，该模型可以初步用于西南印度洋中脊潜在多金属硫化物矿床密度的估计。西南印度洋中脊 46°~53°E 洋脊段长约 750km，根据上述频率可以推算该洋脊段可能发育的热液区数量约为 8.7 个；而 53°~56°E 洋脊段长约 420km，可以推算其可能发育的热液区数量约为 4.87 个。因此，通过矿床密度估计法初步估计西南印度洋中脊 46°~56°E 洋脊段可能发育的热液区数量为 12~14 个。

表 8.4 洋脊段热液活动发生率、羽状流和岩浆储库表（Baker and German，2004）

位置	编号	长度(km)	活动热液区数（个）[a]	F_s（个/100km）[b]	p_h横断面[c]	p_h剖面(%)[d]	平均全扩张速率(mm/a)[e]	洋壳厚度(km)[f]	岩浆储库[km³/(Ma·km)]	文献[g]
快速扩张洋中脊										
EPP 14°～19°S	1	540	21	3.89	0.60		145	6.3	914	1
EPP 27°～32°S	2	610	14	2.30	0.54		148	6.3	932	2
EPP 9°～13°N	3	300	10	3.33	0.38		101.4	6.3	639	3
EPP 15°～18°N	4	350	6	1.71	0.36		86	6.3	542	4
Juan de Fuca+Explorer	5	480	22	4.53	0.21		55	6.3	347	5
SEIR normal	6	1050	6	0.57		0.17	66	6.3	416	6
慢速扩张洋中脊										
MAR 27°～30°N	7	330	1	0.30			24.0	6.3	151	7
MAR 36°～38°N（min）		230	5	2.17			23.9	6.3	151	8
MAR 36°～38°N（max）		230	10	4.35			23.9	6.3	151	8
MAR 36°～38°N（avg）	8	230	7.5	3.26			23.9	6.3	151	8
SWIR 58°～66°N	9	450	6	1.33	0.12		14.0	4	56	9
MAR 10°～24°N（min）		950	2	0.21		0.058	11.2	4	45	10
MAR 10°～24°N（max）		950	8	0.84		0.13	11.2	4	45	10
MAR 10°～24°N（avg）	10	950	5	0.53		0.087	11.2	4	45	10
Gakkel（min）		850	9	1.06	0.75		8.5	4	34	11
Gakkel（max）		850	10	1.18	0.75		8.5	4	34	11
Gakkel（avg）	11	850	9.5	1.12	0.75		8.5	4	34	11
受热点影响的洋中脊										
ReykJanes	12	750	1	0.13	0.012		19.1	10	191	12
SEIR hotspot（min）		445	2	0.45		0.034	66.0	10	660	6
SEIR hotspot（max）		445	4	0.90		0.069	66.0	10	660	6
SEIR hotspot（avg）	13	445	3	0.67		0.052	66.0	10	660	6

a. 数据来源于http://www.interridge.org；b. F_s热液区发育的频率，每100km洋中脊长度上的热液区数量；c. p_h热液羽状流出现率，大量热液羽状流覆盖的洋中脊冠状长度的比例，根据羽状流数据等值线计算（Baker and Hammond，1992）；d. p_h计算来自于羽状流剖面探测的百分比；e.（Demets et al.，1990）；f. 平均地壳厚度，正常洋中脊为6.3km，超慢速扩张洋中脊为4km，受热点影响的洋中脊为10km（White et al.，1992，2001）；g. 1-（Baker and Urabe，1996）；2-（Baker et al.，2002）；3-（Baker et al.，1994）；4-（Baker et al.，2001）；5-（Baker and Hammond，1992；Baker，未公开的数据）；6-（Scheirer et al.，1998）；7-（Murton et al.，1994）；8-（Langmuir et al.，1993；Fouquet et al.，1995；Barriga et al.，1998）；9-（German et al.，1998a）；10-（German et al.，1998a）；11-（Edmonds et al.，2003）；12-（German et al.，1994）；其他参考资料见http://www.interridge.org

2005年开展的环球航次对西南印度洋中脊46.0°～52.0°E洋脊段调查后发现，该段洋脊存在增厚地壳且岩浆活动相当强烈（Lin and Zhang，2006）。此外，我国于2010年首次在西南印度洋中脊布设了一定数量的OBS，通过其获得的数据也可以证实以上观点（Zhao et al.，2011；Zhang et al.，2013）。前人研究表明，西南印度洋中脊46.0°～52.0°E洋脊段的洋壳厚度最厚可超过9.0km，以致其平均水深比9°～16°E和57°～70°E

洋脊段浅约 3km（Dick et al.，2003；Cannat et al.，2006），明显偏离全球洋中脊扩张速率与地壳厚度关系的模型。Sauter 等（2009）通过对洋壳年龄等时线（C5n.o）获得的水深、重力等地球物理资料的分析，认为该区域可能在 8～11Ma 前开始受到了 Crozet 热点的影响（曹红，2015）。根据岩浆量预测模型（Baker and German，2004），若受到热点作用影响，地壳相对厚度 T_c 取 10km 参与计算，全扩张速率按 16mm/a 计算，则 V_m=160 km³/(Ma·km)，从而有 F_s=1.38（即每 100km 洋中脊长度的热液区为 1.38 个）。根据上述修正过的数值，可以推测西南印度洋中脊总长度约 750km 的 46°～53°E 洋脊段可能发育的热液区数量为 10.35 个，该值与通过证据权法（五个证据层）获得的结果（11 个热液区）基本一致。此外，西南印度洋中脊 53°～56°E 洋脊段总长约 420km，通过上述参数可以估计其可能的热液区数量为 5.80 个。因此，通过矿床密度法可以估算西南印度洋中脊在 46°～56°E 洋脊段可能存在的热液区数量达 15～16 个。

地球化学和地球物理研究表明，当洋中脊的扩张速率降低到 20mm/a 时，其下部地幔产生的融熔体的数量会突然下降（White et al.，2001）。同时岩浆作用变得不连续，地幔橄榄岩直接进入海底的广大区域内，形成完全不同于快速扩张洋中脊的洋中脊类型（Dick et al.，2003）。如果热液循环的空间密度直接与岩浆房有关，那么在超慢速扩张洋中脊的热液活动发育频率应该比仅仅依靠扩张速率计算的值小。若根据扩张速率计算热液活动发育频率的公式 F_s=0.47+0.023u_s（R^2=0.97）（Baker and German，2004），同时取西南印度洋中脊全扩张速率为 16mm/a 时，西南印度洋中脊的热液活动发生率为 F_s=(0.47+0.023×16)个/100km=0.838 个/100km，从而 46°～56°E 洋脊段约 1170km 长度范围内可能发育的热液区数量为 9.80 个。由此可见，仅仅依靠扩张速率计算获得的热液区数量比既考虑扩张速率又考虑岩浆储库关系预测的热液区数量少。

8.4.2 矿床吨位模型

尽管目前对洋中脊多金属硫化物矿床规模的估计相当困难，但是，根据其与陆地上古代多金属硫化物矿床成矿作用的类似性，在一定程度上可以通过类比法探索其产出规模。目前，相关的模型有两个（图 8.6）：一是以"Cyprus"型多金属硫化物矿床为代表，该类矿床长期以来一直被认为形成于洋中脊环境；二是以日本的"Kuroko"型矿床为代表，该类矿床属于发育在火山岛弧的多金属硫化物矿床（Hannington et al.，1998）。

"Cyprus"型矿床的成矿规模资料主要来自于已经过钻探证实的数据。通过对"Cyprus"型矿床的成矿规模分析发现，该类矿床中的中等规模吨位是 2Mt（图 8.6）。然而，由于上述估计中采用的矿床吨位数据大多是成矿规模满足商业开发的矿床，而大量规模太小或品位太低不能商业开采的多金属硫化物矿床并未计算在内，因此该矿床模型与实际数据存在一定的偏移。"Cyprus"型矿床中超过 90%的未开发矿床的吨位<100×10³t，很可能还有更多更小的多金属硫化物矿床没有被作为远景区考虑。这种情况很可能与洋中脊上发现的许多小的孤立多金属硫化物烟囱体或丘状体类似。如果将"Cyprus"型没有经济意义的或未被开发的远景区矿床也包括在内，其吨位的中位数很可能向更低吨位方向移动（如<500×10³t），或许仅有 10×10³t。

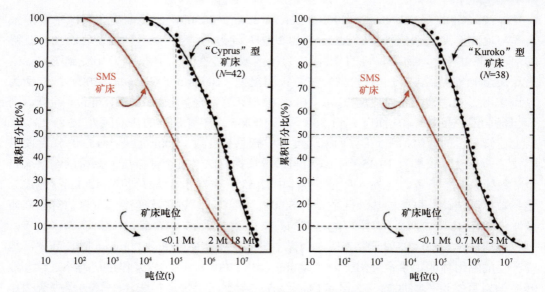

图 8.6 "Cyprus"型矿床、"Kuroko"型矿床、SMS 矿床吨位模型（Hannington et al., 2010）

与"Cyprus"型矿床相比，"Kuroko"型矿床具有更高的品位，但是其吨位的中位数仍然比 SMS 矿床高一个数量级。假定不同地质时期的海底多金属硫化物具有相同的成矿作用，而且目前所获得的数据记录了所有地质时期内形成的矿床，那么可以应用古今类比法进行洋中脊多金属硫化物矿床规模的预测。在日本 Hokuroku 盆地 44 个已开采的矿床中，矿体的平均分布面积约为 200m×200m，典型的成矿带的范围小于 100km^2，包括 10 个矿体（Ohtagaki et al., 1969）。Sangster（1980）分析了加拿大前寒武纪的块状多金属硫化物，发现在 84km^2 范围内平均分布有 12 个矿床，区域内单个最大矿床的金属量占总金属量的 60%~70%，次级规模的矿床金属量只占总金属量的 10%~20%。因而认为其矿床空间分布特征与"Kuroko"型矿床相似。类似的，100km^2 洋中脊内或许会发育多达 12 个多金属硫化物矿床，但是其绝大部分的金属量可能集中在少数或者一个多金属硫化物矿床中，相邻的同等规模的多金属硫化物矿床或许位于 100km 以外。

分析表明，洋中脊多金属硫化物矿床与陆地上的古代多金属硫化物矿床的矿体分布特征相似（Hannington et al., 1998）。因此，本节搜集整理了 61 个产出于包括洋中脊、弧后盆地和火山弧等不同类型构造环境的多金属硫化物矿床相关数据资料（表 8.5，图 8.7），以期建立适用于洋中脊多金属硫化物资源的吨位模型，为洋中脊多金属硫化物资源潜力评价提供参考。结果表明，上述矿床中，有 31%的矿床吨位小于 $3×10^3$t（表 8.5）。相对而言，慢速扩张大西洋中脊上分布的多金属硫化物矿床吨位较大，而快速扩张太平洋中脊上分布的多金属硫化物矿床吨位相对较小，印度洋中脊由于调查程度较低，缺少多金属硫化物矿床吨位数据。但是，在弧后海盆或活动火山岛弧环境中均没有发现与洋中脊中规模同等或更大的矿床，当然有可能是因为调查程度相对较低且在该类环境发现的矿床数量相对较少，所以统计特征不明显。

表 8.5 洋中脊多金属硫化物矿床特征及资源量（Hannington et al., 2010）

位置	扩张速率（cm/a）	构造环境	面积（m^2）	规模（t）
Middle Valley（Bent Hill，ODP Mound）	5.4	沉积裂谷	>50 000	10 000 000†
Escanaba Trough	2.4	沉积裂谷	1 000	10 000~30 000
Guaymas Basin	3.8	沉积裂谷	15 000	100 000~300 000
Sunrise Deposit，Izu-Bonin Arc		火山弧	150 000	>3 000 000
Suiyo Seamount，Izu-Bonin Arc		火山弧	3 000	30 000~100 000
Brothers，Kermadec Arc		火山弧	5 000	100 000~300 000
Palinuro Seamount，Tyrrhenian Sea		火山弧	3 000	30 000~100 000
Alice Springs，Mariana Trough	2.6	弧后盆地	1 000	10 000~30 000
13°N，Southern Mariana Trough	3.5	弧后盆地	300	3 000~10 000
Sonne99 Corner Mound，North Fiji Basin	7	弧后盆地	5 000	100 000~300 000
Pere Lachaise，North Fiji Basin	7	弧后盆地	5 000	100 000~300 000
Pacmanus，Eastern Manus（Solwara 4）	1.4	弧后盆地	15 000	100 000~300 000
Solwara 6，Eastern Manus Basin	1.4	弧后盆地	15 000	100 000~300 000
Solwara 7，Eastern Manus Basin	1.4	弧后盆地	15 000	100 000~300 000
Solwara 1，Eastern Manus Basin	1.4	弧后盆地	90 000	2 170 000†
Solwara 5，Eastern Manus Basin	1.4	弧后盆地	30 000	300 000~1 000 000
Izena Cauldron，Okinawa Trough	2	弧后盆地	5 000	100 000~300 000
Rainbow Field，Mid-Atlantic Ridge	2.1	超基性的	30 000	300 000~1 000 000
Logatchev-1，Mid-Atlantic Ridge	2.6	超基性的	>5 000	100 000~300 000
Logatchev-2，Mid-Atlantic Ridge	2.6	超基性的	1 000	10 000~30 000
Ashadze-1，Mid-Atlantic Ridge	2.6	超基性的	>50 000	1 000 000~3000000
Ashadze-2，Mid-Atlantic Ridge	2.6	超基性的	>50 000	1 000 000~3 000 000
Broken Spur，Mid-Atlantic Ridge	2.3	洋中脊玄武岩	5 000	100 000~300 000
TAG Mound，Mid-Atlantic Ridge	2.4	洋中脊玄武岩	30 000	2 700 000†
Mir Zone，Mid-Atlantic Ridge	2.4	洋中脊玄武岩	>50 000	1 000 000~3 000 000
Alvin Zone，Mid-Atlantic Ridge	2.4	洋中脊玄武岩	100 000	2 000 000
Snake Pit Field，Mid-Atlantic Ridge	2.4	洋中脊玄武岩	15 000	100 000~300 000
Zenith-Victory，Mid-Atlantic Ridge	2.6	洋中脊玄武岩	—	10 000 000
Krasnov，Mid-Atlantic Ridge	2.6	洋中脊玄武岩	150 000	>3 000 000
13°30'N Semenov，Mid-Atlantic Ridge	2.6	洋中脊玄武岩	>300 000	9 000 000
5°S，Turtle Pits，Mid-Atlantic Ridge	3.6	洋中脊玄武岩	5 000	100 000~300 000
JX/MESO Zone，Central Indian Ridge	4.5	洋中脊玄武岩	>50 000	1 000 000~3 000 000
Kairei Field，Central Indian Ridge	4.8	洋中脊玄武岩	3 000	30 000~100 000
Edmond Field，Central Indian Ridge	4.6	洋中脊玄武岩	3 000	30 000~100 000
Galapagos Rift，86°W	6.3	洋中脊玄武岩	30 000	300 000~1 000 000
Southern Explorer Ridge	5.7	洋中脊玄武岩	5 000	100 000~300 000
High-Rise，Endeavour Ridge	5.7	洋中脊玄武岩	3 000	30 000~100 000
Main Field，Endeavour Ridge	5.7	洋中脊玄武岩	5 000	100 000~300 000
Clam Bed，Endeavour Ridge	5.7	洋中脊玄武岩	<100	<3 000
Mothra，Endeavour Ridge	5.7	洋中脊玄武岩	5 000	100 000~300 000

续表

位置	扩张速率（cm/a）	构造环境	面积（m²）	规模（t）
CoAxial Site，Juan de Fuca Ridge	5.6	洋中脊玄武岩	<100	<3 000
North Cleft，Juan de Fuca Ridge	5.6	洋中脊玄武岩	<100	<3 000
South Cleft，Juan de Fuca Ridge	5.6	洋中脊玄武岩	<100	<3 000
21°N，Northern EPR	9.2	洋中脊玄武岩	<100	<3 000
12°50′N，Northern EPR	10.5	洋中脊玄武岩	5 000	100 000～300 000
11°32′N，EPR Seamount	10.7	洋中脊玄武岩	<100	<3 000
11°30′N，Northern EPR	10.7	洋中脊玄武岩	<100	<3 000
11°N，Northern EPR	10.9	洋中脊玄武岩	<100	<3 000
9°～10°N，Northern EPR	11.1	洋中脊玄武岩	<100	<3 000
7°24′S，Southern EPR	13.7	洋中脊玄武岩	<100	<3 000
16°43′S，Southern EPR	14.6	洋中脊玄武岩	<100	<3 000
17°26′S，Southern EPR	14.6	洋中脊玄武岩	<100	<3 000
18°26′S，Southern EPR	14.7	洋中脊玄武岩	<100	<3 000
21°33′S，Southern EPR	14.9	洋中脊玄武岩	<100	<3 000
21°50′S，Southern EPR	14.9	洋中脊玄武岩	<100	<3 000
37°40′S，Pacific-Antarctic Ridge	9.4	洋中脊玄武岩	<100	<3 000
Green Seamount	9.2	洋中脊玄武岩海山	300	3 000～10 000
14°N，Northern EPR	10.3	洋中脊玄武岩海山	<100	<3 000
13°N，Northern EPR	10.5	洋中脊玄武岩海山	30 000	300 000～1 000 000
Mt. Jourdanne，Southwest Indian Ridge	1.4	洋中脊玄武岩/超基性岩	<100	<3 000
Axial Seamount，Juan de Fuca Ridge	5.6	洋中脊玄武岩海山	<100	<3 000
Lucky Strike，Azores	2.2	洋中脊玄武岩海山	3 000	30 000～100 000

注：†表示矿体规模是来自于钻孔或岩芯剖面估算；—表示尚没有可靠的面积数

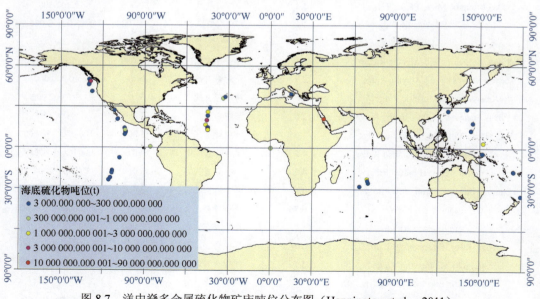

图 8.7　洋中脊多金属硫化物矿床吨位分布图（Hannington et al., 2011）

目前洋中脊多金属硫化物矿床规模数据比较丰富的当属产出于玄武岩（MORB）环境的多金属硫化物矿床，共计有 39 个，分布于扩张速率为 1.4～14.9cm/a 的洋中脊，具有广泛的代表性。因此，本节主要针对产出于洋中脊玄武岩环境的多金属硫化物矿床，构建其吨位模型。图 8.8 是洋中脊玄武岩型多金属硫化物矿床的面积与吨位累积频率分布图，从图 8.8 中可以看出，多金属硫化物矿床的 10%、50%、90%的分位数对应的吨位分别是 $2700×10^3$t、$65×10^3$t、$3×10^3$t，所对应的面积分别为 50 000m²、3 000m²、100m²。由于上述统计所采用的数据均来源于典型的大型洋中脊多金属硫化物矿床，这些矿床因规模较大而调查程度较高，使得其在数据库中出现的频率较高，因此上述吨位模型可能对洋中脊多金属硫化物的规模存在一定程度的高估。此外，随着洋中脊调查程度的增加，洋中脊多金属硫化物矿床的规模或许会向另一个范围移动，但是总的矿床规模分布特征应该是一致的。例如，一个或多个大型矿床（＞10Mt）的发现会增加约 10%的多金属硫化物资源量比例，而中等规模矿床数量的增加对矿床吨位模型的总体分布特征不会有太大的影响。

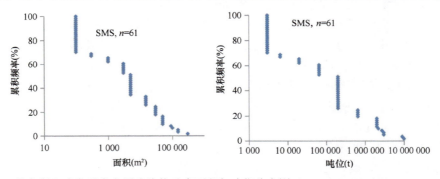

图 8.8 洋中脊玄武岩型多金属硫化物矿床面积与吨位分布图（Hannington et al.，2010，2011）

此外，洋中脊多金属硫化物不仅仅产出于玄武岩中，还可以产出于超基性岩中（超基性岩型）。目前在大西洋中脊发现了至少 5 个与超基性岩相关的多金属硫化物矿床。本节分别统计了洋中脊玄武岩型和超基性岩型多金属硫化物矿床的面积和吨位（图 8.9，图 8.10）。从图中可以看出，玄武岩型多金属硫化物矿床 10%、50%、90%分位数对应的吨位分别是 $2400×10^3$t、$65×10^3$t、$3×10^3$t，对应的面积分别是 50 000m²、3 000m²、100m²。洋中脊玄武岩型和超基性岩型多金属硫化物矿床的面积与吨位累积频率分布曲线与洋中脊玄武岩型的面积和吨位累积频率分布曲线相似，其 10%、50%、90%分位数相差不大。

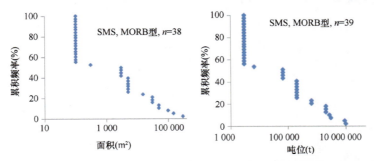

图 8.9 洋中脊玄武岩型（MORB）多金属硫化物矿床的面积和资源量吨位分布图
（Hannington et al.，2010，2011）

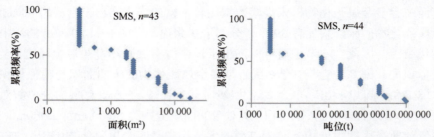

图 8.10 洋中脊玄武岩型和超基性岩型多金属硫化物矿床的面积和资源量吨位分布图
（Hannington et al.，2010，2011）

8.4.3 潜在资源量估算

估计未发现矿床的大小主要依靠已知矿床类型的品位-吨位统计数据。一旦对矿床个数做出了估计，并假定其分布与已知矿床相似，就可以对未发现块状多金属硫化物潜在资源量进行估计。其方式是，结合区域的大小和矿床密度与品位-吨位模型，估计未发现矿床的数量和未发现金属总量（Singer and Menzie，2008）。根据 8.4.1 分析结果，利用矿床密度估计法估计的西南印度洋中脊 46°～56°E 洋脊段多金属硫化物的数量为 15～16 个，与基于 GIS 平台空间分析结果相当。结合洋中脊玄武岩型及洋中脊型（玄武岩型和超基性岩型）已有多金属硫化物矿床的矿石吨位分布情况，估算合同区多金属硫化物的资源量为 12.22～13.34Mt（表 8.6），结合文献的矿石价值概算，估算其矿石价值为$72×10^8$～$80×10^8$。考虑到 46.0°～52.0°E 洋脊段受热点作用影响，通过矿床密度估计法估计合同区多金属硫化物大小矿点约 15 个，结合洋中脊玄武岩型及洋中脊型（玄武岩型+超基性岩型）已有多金属硫化物矿床的矿石吨位分布情况估算，合同区多金属硫化物资源量为 14.1～15.4Mt（表 8.7）。

表 8.6 潜在资源量估算（预测 13 个多金属硫化物矿床）

方法	分位数（%）	0～10	10～20	20～30	30～40	40～50	50～60	60～70	70～80	80～90	90～100
方法一	洋中脊单个矿床资源量（Mt）	0.003	0.003	0.003	0.003	0.0194	0.0988	0.2	0.425	2.175	7.3333
	各型矿床分布概率（%）						10				
	矿床(点)个数(据总数 13)						1.3				
	各型矿石吨位数（Mt）	0.0039	0.0039	0.0039	0.0039	0.0252	0.1284	0.2600	0.5525	2.8275	9.5333
	总的矿石吨位数（Mt）						13.34				
方法二	洋中脊单个矿床资源量（Mt）	0.003	0.003	0.003	0.003	0.0391	0.146	0.2	0.83	2	6.175
	各型矿床分布概率（%）						10				
	矿床(点)个数(据总数 13)						1.3				
	各型矿石吨位数（Mt）	0.0039	0.0039	0.0039	0.0039	0.0508	0.1898	0.2600	1.0790	2.6000	8.0275
	总的矿石吨位数（Mt）						12.22				

注：方法一为洋中脊玄武岩型吨位+密度法；方法二为洋中脊型（玄武岩型+超基性岩型）吨位+密度法

第 8 章 洋中脊多金属硫化物资源量估算方法

表 8.7 潜在资源量估算（预测 15 个多金属硫化物矿床）

方法	分位数（%）	0~10	10~20	20~30	30~40	40~50	50~60	60~70	70~80	80~90	90~100
方法一	洋中脊单个矿床资源量（Mt）	0.003	0.003	0.003	0.003	0.019 4	0.098 8	0.2	0.425	2.175	7.333 3
	各型矿床分布概率（%）					10					
	矿床(点)个数(据总数 15)					1.5					
	各型矿石吨位数（Mt）	0.004 5	0.004 5	0.004 5	0.004 5	0.029 1	0.148 2	0.3	0.637 5	3.2625	10.999 95
	总的矿石吨位数（Mt）					15.4					
方法二	洋中脊单个矿床资源量（Mt）	0.003	0.003	0.003	0.003	0.039 1	0.146	0.2	0.83	2	6.175
	各型矿床分布概率（%）					10					
	矿床(点)个数(据总数 15)					1.5					
	各型矿石吨位数（Mt）	0.004 5	0.004 5	0.004 5	0.004 5	0.058 65	0.219	0.3	1.245	3	9.262 5
	总的矿石吨位数（Mt）					14.1					

注：方法一为洋中脊玄武岩型吨位+密度法；方法二为洋中脊型（玄武岩型+超基性岩型）吨位+密度法

8.5 典型矿化区潜在资源量估算方法

8.5.1 近底磁力异常与成矿年代综合法

多金属硫化物矿床形成于特定的地质历史时期或海底火山喷发的间歇期。多金属硫化物的年龄和下伏火山岩信息表明，形成大型矿床需要数万年的时间。理论上相似的成矿环境和成矿作用的矿床规模与其成矿周期成正比（Lalou et al., 1990; Cherkashov et al., 2017）。因此，可以通过与成矿环境和成矿作用相似的已知矿床类比（如区域成矿环境、热液活动发生率、成矿物质来源、矿石类型与品位特征），开展典型矿化区的潜在资源量估算。

大西洋中脊的 TAG 热液区多金属硫化物矿床勘探程度相对较高，因此可以参照 TAG 热液区的资源量来估算研究区的资源量。资料表明，该区具有低剩余磁性强度值（图 8.11），其低磁力异常区（<10A/m）的面积约为 35 000m^2，且与 TAG 活动热液硫化物丘体的位置基本重叠（Tivey et al., 1993）。ODP 钻孔显示该区多金属硫化物分布区的面积约为 30 000m^2（Herzig et al., 1998b），表明通过磁力异常反演与钻孔显示获得的多金属硫化物分布面积大致相当。此外，经钻探证实，该区多金属硫化物的分布面积约为 30 000m^2，资源量为 2.7Mt（Hannington et al., 1998），那么可以计算获得该区平均每年单位面积上的多金属硫化物堆积量为 2.7Mt/(30 000 m^2×50 000 a)=0.0018t/(m^2·a)。因此，可以通过低磁力异常带大致估计多金属硫化物分布区的面积，从而估算多金属硫化物的潜在资源量。

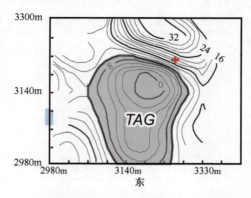

图 8.11　TAG 热液区磁力异常分布图（Tivey et al.，1993）

8.5.2　近底磁力异常与矿床吨位-面积相关性模型综合法

假定所有的洋中脊多金属硫化物矿床具有相似的厚度，且整体形态类似，那么可以根据多金属硫化物的分布面积估计每个矿床的吨位。对 61 个不同构造环境的多金属硫化物矿床的面积-资源量关系的分析表明，二者之间存在着一定的相关性（图 8.12），可以通过公式 $P=28.628S+126.696$ 拟合，其中 P 是资源量，S 是面积。除一个点落在 95% 的置信度区域外，其他均位于 95% 置信度区域内。根据上述关系式，可以预测研究区的资源量。

此外，不同构造环境的海底扩张速率、岩浆供应率差别较大。通过对洋中脊多金属硫化物的基底类型进一步分析，获得 39 个洋中脊玄武岩基底上的多金属硫化物分布面积与资源量关系（图 8.12），二者的相关性可以通过公式 $P=28.424S+116\ 687$ 拟合，且拟合度 R^2 达 0.897，远高于 61 个不同构造环境多金属硫化物的分布面积与资源量的相关性。而 43 个洋中脊玄武岩型和超基性岩型多金属硫化物资源量与面积的相关性分析结果表明，二者具有线性相关关系 $P=28.214S+51\ 332$，$R^2=0.926$。同样，将拟估算热液区的多金属硫化物分布面积代入上式，从而计算其多金属硫化物的潜在资源量。

8.5.3　地球化学场与矿床吨位-面积相关性模型综合法

前文已述，鹦鹉螺矿业公司提出利用 Cu 当量品位（Cu_{Eq}）进行西南太平洋的 Solwara 1 矿区多金属硫化物资源评价，其计算公式为 $Cu_{Eq}=0.915Cu+0.254Au+0.005\ 98Ag$，并估算出该区多金属硫化物矿体的边界品位是 Cu_{Eq} 为 2.6% 或 $Cu_{Eqcut\text{-}off}$ 为 4%。然而，该方法在进行 Cu 等量品位分析时并未考虑金属 Zn 的价值。截至 2014 年 11 月 28 日，伦敦金属交易所 3 个月的平均价格 Cu 为 6497.11$/t，Zn 为 2250.88$/t，Zn：Cu=1：2.8865。通常陆地原生硫化矿中 Zn 的选矿基准回收率是 93%。本节采用伦敦金属交易所 3 个月的 Zn：Cu 平均价格比重新进行 Cu 等量品位（Cu_{Eq}）和 Zn 的当量边界品位（$Zn_{Eqcut\text{-}off}$）确定。

$$Cu_{Eq}=Cu\times Cu_{Recn}+Au\times Au_{Recn}\times Au_{Price}/Cu_{Price}+Ag\times Ag_{Recn}\times Ag_{Price}/Cu_{Price}+Zn\times Zn_{Recn}\times Zn_{Price}/Cu$$

$$Cu_{Eq}=0.915Cu+0.254Au+0.005\ 98Ag+0.3222Zn$$

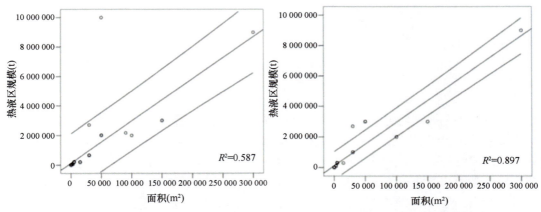

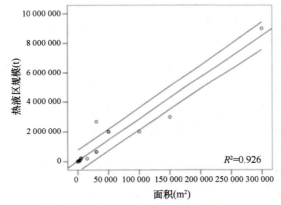

$P=28.214S+51\,332$, $R^2=0.926$ [洋中脊型 (MORB+ultramafic), $n=43$]

图 8.12 不同构造环境多金属硫化物矿床的面积和资源量关系图
P 表示资源量；S 表示面积

$Zn_{Eqcut\text{-}off}=2.8865\times Cu\times Cu_{Recn}/Zn_{Recn}=2.8865\times 4\times 0.915/0.93\approx 11.36$

结合上述公式，根据拟估算热液区多金属硫化物的 Cu、Zn、Au 品位特征，可以获得其 Cu、Zn 和 Cu_{Eq} 边界品位指标，从而圈定多金属硫化物分布范围。结合前文所述的多金属硫化物资源量分布与面积的三种类型相关性，可以估算多金属硫化物的潜在资源量。

8.5.4 地球化学场与成矿年代综合法

根据 8.5.2 节所述的近底磁力异常与成矿年代综合法，假定拟估算热液区与 TAG 热液区有着相似的热液活动频度，那么根据地球化学场方法圈定的多金属硫化物的分布面积，可以估算多金属硫化物的潜在资源量。

结　语

洋中脊多金属硫化物资源具有较大的成矿远景和开发潜力，将成为未来可开采海底矿产资源的重要组成部分。由于洋中脊多金属硫化物处于深海这一特殊环境，现场调查和实地勘探难度很大，传统的陆地上勘查技术方法均有较大局限。洋中脊多金属硫化物成矿预测理论和方法与陆地矿床虽有一定的相似性，但作为矿产资源的新领域其更具有自身的特点。经过40多年的调查研究，人们不仅在洋中脊发现了大量的活动/非活动热液区，而且对洋中脊多金属硫化物的成矿环境、成矿过程及成矿潜力有了基本认识，积累了大量与洋中脊多金属硫化物成矿相关的多种类型的资料。这些为探索不同类型洋中脊多金属硫化物的成矿作用和成矿理论奠定了基础，同时也为总结硫化物的勘查和评价方法提供了条件。

本书基于矿床学、矿产资源预测与评价理论，参考陆地上硫矿产资源预测与评价方法，结合洋中脊多金属硫化物理论研究与勘查工作的最新进展，系统总结了洋中脊多金属硫化物矿床的成矿作用、构建了不同类型的硫化物矿床模型、总结了控矿要素和找矿标志，开展了基于地形应力的成矿预测、综合信息成矿预测及基于GIS的成矿预测方法等研究。

（1）系统总结了洋中脊多金属硫化物的成矿地质环境、矿化特征，构建了不同类型洋中脊多金属硫化物矿床的成矿模式与矿床模型，并归纳了超慢速扩张西南印度洋中脊多金属硫化物矿床的成矿作用类型。

（2）对洋中脊多金属硫化物主要控矿要素进行了系统分析，并归纳了各类矿化信息。

（3）总结了成矿预测理论与方法，将成矿预测方法应用于洋中脊多金属硫化物找矿，提出了综合信息成矿预测法、基于地形应力的成矿预测法及基于GIS的定量成矿预测法，建立了洋中脊多金属硫化物预测与评价流程。

（4）以北大西洋中脊为例，开展了多金属硫化物成矿预测方法的适用性研究。以GIS找矿预测方法为基础，收集水深、重力异常、磁力异常、断裂构造分布、洋底基岩年龄、沉积物厚度、地震点及洋中脊扩张速率等参数，建立了适用于成矿预测的洋中脊多金属硫化物找矿模型，并开展了成矿预测，圈定了有利的成矿远景区。

（5）以大西洋中脊的TAG热液区为例，进行了基于地形应力模拟的多金属硫化物成矿预测。发现TAG热液区中的多金属硫化物堆积体对应于最大水平主应力局部低值区，且在丘状体周围区域出现小范围的应力高值区，并根据应力模拟结果，推测了可能发育热液活动的区域。

（6）通过国内外对比，总结了洋中脊多金属硫化物资源量的分类现状，以及地质块段法、多边形法、克立格法和距离倒数加权法等资源量估算方法的应用；探索性地提出了洋中脊多金属硫化物资源量估算过程中采用的边界品位、矿体规模和环境参数等评价指标；探索了矿床密度估计、品位-吨位模型、近底磁力异常与成矿年代综合法、近底磁力异常与矿床吨位-面积相关性模型综合法、地球化学场与矿床吨位-面积相关性模型综合法及地球化学场与成矿年代综合法等潜在资源量估算方法。

总体而言，洋中脊多金属硫化物勘查作为一个全新的矿产勘查领域，相关的理论基础和方法还不成熟，勘查技术手段也相对匮乏。本书基于目前已有的研究成果，初步总结了洋中脊多金属硫化物的成矿模型及开展成矿预测和潜在资源量估算的一些方法与途径，还存在很大的局限性。全球洋中脊的进一步调查研究，综合分析和对比陆地火山岩型硫化物矿床、大洋多金属结核和富钴结壳的资源评价方法，构建调查程度低、找矿信息有限情况下的多金属硫化物资源评价方法体系，将是未来的重要发展方向。

参 考 文 献

澳大利亚采矿与冶金协会, 澳大利亚地质科学家协会, 澳大利亚矿产理事会组成的矿石储量联合委员会. 2012. 澳大拉西亚勘查结果、矿产资源量与矿石储量报告规范(JORC 规范).
曹红. 2015. 西南和中印度洋洋脊热液硫化物的成矿作用研究. 中国海洋大学博士学位论文: 136.
曹建洲, 赵远由, 谢环宇. 2015. 地质块段法在固体矿产资源储量估算的应用探讨. 矿产勘查, 6(4): 466-470.
曹亮. 2015. 现代洋中脊多金属硫化物矿床产状模型及其在西南印度洋合同区的应用. 中国地质大学(北京)硕士学位论文: 61.
曹新志, 高秋斌, 徐伯骏. 2001. 矿区深部矿体定位预测的有效途径研究——以山东招远界河金矿为例. 地质找矿论丛, 16(4): 243-246.
陈东越. 2015. 华北克拉通南缘成矿过程分析与铜矿定量预测. 中国地质大学(北京)博士学位论文: 174.
陈弘, 朱本铎, 崔兆国. 2004. 不同构造环境海底热液矿床地质和地球化学特点研究. 海洋地质, (4): 8-16.
陈弘, 朱本铎, 崔兆国. 2006. 海底热液矿床地质和地球化学特点研究. 热带海洋学报, 25(2): 79-84.
陈建平, 陈勇, 王全明. 2008. 基于 GIS 的多元信息成矿预测研究——以赤峰地区为例. 地学前缘, 15(4): 18-26.
陈建平, 陈珍平, 史蕊, 等. 2011a. 基于 GIS 技术的陕西潼关县金矿资源预测与评价. 地质学刊, 35(3): 268-274.
陈建平, 董庆吉, 郝金华, 等. 2011b. 基于 GIS 的证据权重法青海"三江"北段斑岩型钼铜矿产资源成矿预测. 岩石矿物学杂志, 30(3): 519-529.
陈建平, 侯昌波, 王功文, 等. 2005a. 矿产资源定量评价中文本数据挖掘研究. 物探化探计算技术, 27(3): 263-266.
陈建平, 吕鹏, 吴文, 等. 2007. 基于三维可视化技术的隐伏矿体预测. 地学前缘, 14(5): 56-64.
陈建平, 尚北川, 吕鹏, 等. 2009. 云南个旧矿区某隐伏矿床大比例尺三维预测. 地质科学, 44(1): 324-337.
陈建平, 王春女, 尚北川, 等. 2012. 基于数字矿床模型的福建永梅地区隐伏矿三维成矿预测. 国土资源科技管理, 29(6): 14-20.
陈建平, 王功文, 侯昌波, 等. 2005b. 基于 GIS 技术的西南三江北段矿产资源定量预测与评价. 矿床地质, 24(1): 15-24.
陈建平, 王绪龙, 邓春萍, 等. 2015. 准噶尔盆地南缘油气生成与分布规律——烃源岩地球化学特征与生烃史. 石油学报, 36(7): 767-780.
陈建平, 严琼, 李伟, 等. 2013. 地质单元法区域成矿预测. 吉林大学学报(地球科学版), 43(4): 1083-1091.
陈建平, 于萍萍, 史蕊, 等. 2014. 区域隐伏矿体三维定量预测评价方法研究. 地学前缘, 21(5): 211-220.
陈灵, 初凤友, 朱继浩, 等. 2013. 西南印度洋中脊地质构造对地幔部分熔融的影响: 深海橄榄岩尖晶石成分证据. 吉林大学学报(地球科学版), 43(1): 102-109.
陈钦柱. 2017. 海底应力场与热液活动关系研究——以 TAG 热液区为例. 国家海洋局第二海洋研究所硕士学位论文.
陈钦柱, 陶春辉, 廖时理, 等. 2017. 利用应力场预测热液区域——以 TAG 区为例. 海洋学报, 39(1): 46-51.

陈升. 2016. 洋中脊热液羽状流找矿标志研究. 吉林大学博士学位论文: 141.
陈帅. 2012. 中印度洋脊 Edmond 热液区热液产物的矿物学和地球化学研究. 中国科学院研究生院(海洋研究所)博士学位论文.
陈学美. 2013. 关于成矿预测信息. 西部探矿工程, 25(9): 163-164.
陈毓川. 1999. 中国主要成矿区带矿产资源远景评价. 北京: 地质出版社: 536.
成秋明, 赵鹏大, 陈建国, 等. 2009. 奇异性理论在个旧锡铜矿产资源预测中的应用: 成矿弱信息提取和复合信息分解. 地球科学, 34(2): 232-242.
程裕淇, 陈毓川, 赵一鸣. 1979. 初论矿床的成矿系列问题. 中国地质科学院院报, 1: 32-58.
池顺都, 赵鹏大, 刘粤湘. 2001. 研究矿床时间谱系的 GIS 途径. 地球科学-中国地质大学学报, 26(2): 180-184.
邓聚龙. 1986. 灰色预测与决策. 武汉: 华中理工大学出版社: 325.
邓希光. 2007. 大洋中脊热液硫化物矿床分布及矿物组成. 南海地质研究, (1): 54-64.
邓希光, 杨岳衡, 杨永, 等. 2012. 西南印度洋中脊合同区硫化物的地幔物质来源: 来自 Sr-Nd-Pb 同位素证据. 矿床地质, (s1): 535-536.
邓勇, 邱瑞山, 罗鑫. 2007. 基于证据权重法的成矿预测——以广东省钨锡矿的成矿预测为例. 地质通报, 26(9): 1228-1234.
丁星妤. 2012. 云南巍山县扎村金矿床成矿规律与成矿预测研究. 中南大学博士学位论文: 120.
董庆吉, 肖克炎, 陈建平, 等. 2010. 西南"三江"成矿带北段区域成矿断裂信息定量化分析. 地质通报, 29(10): 1479-1485.
杜华坤. 2005. 勘查海底热液硫化物的海洋伪随机激电法研究. 中南大学硕士学位论文: 54.
范蕾. 2015. 大西洋中脊 26°S 热液区多金属硫化物成矿特征. 成都理工大学硕士学位论文: 82.
方捷. 2013. 海底多金属硫化物预测评价方法研究. 中国地质大学(北京)硕士学位论文: 101.
方捷, 孙静雯, 徐宏庆, 等. 2015. 北大西洋中脊海底多金属硫化物资源预测. 地球科学进展, 30(1): 60-68.
高爱国. 1996. 海底热液活动研究综述. 海洋地质与第四纪地质, 16(1): 103-110.
公衍芬. 2008. 胡安·德富卡海脊玄武岩地球化学及其热液硫化物成矿作用. 中国海洋大学硕士学位论文.
郭晓东, 张峰, 徐涛. 2006. 隐伏矿床勘查方法探讨//2006 年华南青年地学学术研讨会暨广西地质学会第六届"希望之星"学术研讨会论文集: 261-267.
国家海洋局第二海洋研究所(陶春辉, 邓显明, 周建平). 2014. 一种海底多金属硫化物综合信息快速找矿方法: CN201310476262.0.
国土资源部矿产资源储量司. 2000. 矿产资源储量计算方法汇编. 北京: 地质出版社.
何智敏. 2010. 海底热液区取芯钻探钻杆润滑减阻试验研究. 中南大学硕士学位论文: 65.
侯景儒, 黄竞先. 1990. 地质统计学的理论与方法. 北京: 地质出版社.
侯增谦, 韩发, 夏林圻, 等. 2002. 现代与古代海底热水成矿作用——以若干火山成因块状硫化物矿床为例. 北京: 地质出版社: 423.
侯增谦, 莫宣学. 1996. 现代海底热液成矿作用研究现状及发展方向. 地学前缘, 3(4): 263-273.
胡彬, 陈建平, 向杰, 等. 2017. 信息不对称条件下的矿产资源三维预测评价——以陕西小秦岭金矿田为例. 金属矿山, (8): 127-137.
胡光道, 陈建国. 1998. 金属矿产资源评价分析系统设计. 地质科技情报, 17(1): 45-49.
胡武, 陈建平, 朱鹏飞. 2007. 基于证据权重法的中下扬子北缘下古生界油气地质异常. 吉林大学学报(地球科学版), 37(3): 458-462.
黄海峰. 2003. GIS 在成矿预测中的应用. 贵州地质, 20(3): 38-43.
黄威, 李军, 陶春辉, 等. 2011. 现代海底主要热液矿点贵贱金属元素组成及变化. 中南大学学报(自然科学版), 42(Z2): 56-64.

黄威, 陶春辉, 孙治雷, 等. 2017. 金在现代海底热液系统中的分布及演化. 地质论评, 63(3): 758-769.
季敏. 2004. 现代海底典型热液活动区环境特征分析. 中国海洋大学硕士学位论文: 86.
季敏, 翟世奎. 2005. 现代海底典型热液活动区地形环境特征分析. 海洋学报, 27(6): 46-55.
贾三石, 杨义彪, 门业凯, 等. 2010. 基于证据权重法的辽西钼-多金属矿床评价预测. 东北大学学报(自然科学版), 31(4): 572-575.
蒋少涌, 杨涛, 李亮, 等. 2006. 大西洋洋中脊 TAG 热液区硫化物铅和硫同位素研究. 岩石学报, 22(10): 2597-2602.
景春雷, 郑彦鹏, 刘保华, 等. 2013. 海底热液多金属硫化物分布及控矿因素. 海洋地质与第四纪地质, (1): 57-64.
李宾. 2011. 张家口南部铅锌矿成矿作用过程及远景区评价. 石家庄经济学院硕士学位论文: 53.
李兵. 2014. 南大西洋中脊 14.0°S 内角热液区成矿作用研究. 中国科学院研究生院(海洋研究所)博士学位论文: 122.
李超, 王登红, 赵鸿, 等. 2015. 中国石墨矿床成矿规律概要. 矿床地质, 34(6): 1223-1236.
李粹中. 1994. 海底热液成矿活动研究的进展、热点及展望. 地球科学进展, 9(1): 14-19.
李江海, 张华添, 李洪林. 2015. 印度洋大地构造背景及其构造演化——印度洋底大地构造图研究进展. 海洋学报, 37(7): 1-14.
李金铭. 2005. 地电场与电法勘探. 北京: 地质出版社: 473.
李军. 2007. 现代海底热液块状硫化物矿床的资源潜力评价. 海洋地质动态, 23(6): 23-30.
李娜. 2005. 最新地质调查-地质矿产勘查-资源评价实务全书. 银川: 宁夏大地音像出版社: 1687.
李三忠, 索艳慧, 戴黎明, 等. 2012. 大洋板内成矿作用、机制与成矿系统//上海: 第二届深海研究与地球系统科学学术研讨会: 271-272.
李三忠, 索艳慧, 刘鑫, 等. 2015. 印度洋构造过程重建与成矿模式: 西南印度洋洋中脊的启示. 大地构造与成矿学, 39(1): 30-43.
李少雄. 2010. 邯邢地区深部找矿中非典型磁异常解释研究. 河北工程大学硕士学位论文: 72.
李新中, 赵鹏大, 胡光道. 1995. 基于规则知识表示的模型单元选择专家系统的实现. 地球科学: 中国地质大学学报, (2): 173-178.
李雪治. 2006. 大洋富钴结壳综合评价. 中国地质大学(北京)硕士学位论文: 54.
李裕伟. 1998. 空间信息技术的发展及其在地球科学中的应用. 地学前缘, 5(2): 335-341.
李裕伟. 2013. 多边形法矿产储量估计. 地质与勘探, 9(4): 630-633.
李志军. 2001. 玉龙成矿带北段成矿多样性分析. 成都理工学院硕士学位论文: 69.
梁裕扬. 2014. 西南印度洋脊中段岩浆—构造动力学模式(49°~51°E)——来自精细地形数据的研究. 中国科学院研究生院(海洋研究所)博士学位论文: 105.
刘永刚. 2011. 深海固体矿产资源相关数据处理分析及定量评价方法. 中国海洋大学博士学位论文: 136.
刘展, 刘茂诚, 魏巍, 等. 2010. 基于细胞神经网络方法的重力异常分离. 中国石油大学学报(自然科学版), 34(4): 57-61.
栾锡武. 2004. 现代海底热液活动区的分布与构造环境分析. 地球科学进展, 19(6): 931-938.
毛先成, 戴塔根, 吴湘滨, 等. 2009. 危机矿山深边部隐伏矿体立体定量预测研究——以广西大厂锡多金属矿床为例. 中国地质, 36(2): 424-435.
祁士华. 1998. 地球化学探矿. 北京: 地质出版社.
曲鑫, 王盛. 2010. 传统地质块段法和地质统计计品位估值相结合的储量计算方法介绍. 硅谷, (8): 3.
戎景会, 陈建平, 尚北川. 2012. 基于找矿模型的云南个旧某深部隐伏矿体三维预测. 地质与勘探, 48(1): 191-198.
邵珂, 陈建平, 任梦依. 2015a. 西南印度洋中脊多金属硫化物矿产资源评价方法与指标体系. 地球科学进展, 30(7): 812-822.

邵珂, 陈建平, 任梦依. 2015b. 印度洋中脊多金属硫化物矿产资源定量预测与评价. 海洋地质与第四纪地质, 35(5): 125-133.

邵珂. 2016. 北大西洋海底多金属硫化物资源定量预测与评价. 中国地质大学(北京)硕士学位论文: 82.

邵明娟, 杨耀民, 苏新, 等. 2014. 南大西洋中脊26°S热液区烟囱体矿物学研究. 中国矿业, (5): 77-81.

史蕊, 陈建平, 王刚. 2013. 华北克拉通沉积变质型铁矿床的特征与预测评价模型. 岩石学报, 29(7): 2606-2616.

隋志龙, 李德威, 黄春霞. 2002. 断裂构造的遥感研究方法综述. 地理学与国土研究, 18(3): 34-37.

孙治雷. 2010. 热液喷口系统低温沉积物矿物学特征及地球化学特征: 以Lau盆地Valu Fa洋脊与Juan de Fuca洋脊为例. 中国科学院研究生院博士学位论文: 162.

孙治雷, 周怀阳, 杨群慧, 等. 2012. 现代洋底低温富Si烟囱体的构建: 以劳盆地CDE热液场为例. 中国科学: 地球科学, 42(10): 1544-1558.

索艳慧. 2014. 印度洋构造-岩浆过程: 剩余地幔布格重力异常证据. 中国海洋大学博士学位论文: 143.

唐永成, 何义权, 王永敏, 等. 2006. GIS应用于安徽省东部地区金矿资源评价研究//"十五"重要地质科技成果暨重大找矿成果交流会材料二——"十五"地质行业获奖成果资料汇编. 北京: 164.

唐勇, 和转, 吴招才, 等. 2012. 大西洋中脊Logatchev热液区的地球物理场研究. 海洋学报, 34(1): 120-126.

陶春辉. 2011. 中国大洋中脊多金属硫化物资源调查现状与前景//中国地球物理学会第二十七届年会论文集. 长沙: 16-17.

陶春辉, 李怀明, 黄威, 等. 2011. 西南印度洋脊49°39′E热液区硫化物烟囱体的矿物学和地球化学特征及其地质意义. 科学通报, 56(28): 2413-2423.

陶春辉, 李怀明, 金肖兵, 等. 2014. 西南印度洋脊的海底热液活动和硫化物勘探. 科学通报, 59(19): 1812-1822.

田京辉. 2001. 江西永平铜矿床成矿流体演化与矿床成因探讨. 南京大学硕士学位论文: 63.

汪玉琼. 2004. 贵州1∶50万大型超大型Au矿床多元信息成矿预测. 中国地质大学(北京)硕士学位论文: 54.

王成. 2006. 东天山康古尔塔格—黄山断裂带多元信息综合成矿预测. 新疆大学硕士学位论文: 71.

王功文. 2006. 基于遥感与GIS的区域矿床保存条件研究——以青海三江北段重点铜矿床为例. 中国地质大学(北京)博士学位论文: 193.

王江霞, 张连昌, 郝延海, 等. 2015. 西昆仑塔什库尔干沉积变质型铁矿基于GIS的多元信息成矿预测. 地质与勘探, 51(1): 36-44.

王世称. 2010. 综合信息矿产预测理论与方法体系新进展. 地质通报, 29(10): 1399-1403.

王世称, 陈永良. 1999. 大型、超大型金矿床综合信息成矿预测标志. 黄金地质, 5(1): 1-5.

王世称, 陈永清. 1994a. 成矿系列预测的基本原则及特点. 地质找矿论丛, (4): 79-85.

王世称, 陈永清. 1994b. 综合信息成矿系列预测图编制的基本原则. 中国地质, (3): 25-27.

王世称, 陈永清. 1995. 金矿综合信息成矿系列预测理论体系. 黄金地质, (1): 1-7.

王世称, 范继璋, 杨永华. 1990. 矿产资源评价. 长春: 吉林科学技术出版社: 21-28.

王世称, 许亚光, 侯惠群. 1992. 综合信息成矿系列预测的基本思路与方法. 中国地质, (10): 12-14.

王世称, 杨毅恒, 严光生, 等. 2000. 全国超大型、大型金矿定量预测方法研究. 地质论评, 46(z1): 17-24.

王卫东, 李艳平. 2014. 煤炭资源/储量估算地质块段法误差及其改进方法. 煤田地质与勘探, (5): 1-3.

王小红. 2005. GIS技术在"三江"北段纳日贡玛-高涌地区铜等矿产资源预测中的应用及初步成果. 中国地质大学(北京)硕士学位论文: 47.

王琰, 孙晓明, 徐莉, 等. 2015. 西南印度洋中脊热液区海底玄武岩元素地球化学原位分析. 光谱学与光谱分析, 35(3): 796-802.

王叶剑. 2012. 中印度洋脊 Kairei 和 Edmond 热液活动区成矿作用对比研究. 浙江大学博士学位论文: 128.

王玉往, 解洪晶, 李德东, 等. 2017. 矿集区找矿预测研究——以辽东青城子铅锌-金-银矿集区为例. 矿床地质, 36(1): 1-24.

王振波, 武光海, 韩沉花. 2014. 西南印度洋脊 49.6°E 热液区热液产物和玄武岩地球化学特征. 海洋学研究, 32(01): 64-73.

伍伟. 2010. 云南老君山成矿区找矿信息集成及勘查靶区优选. 昆明理工大学博士学位论文: 187.

武光海, 周怀阳, 杨树锋. 2000. 最近区域法与地质块段法在富钴结壳资源量评估中的综合应用. 海洋地质与第四纪地质, 20(4): 87-92.

向杰, 陈建平, 胡桥, 等. 2016. 基于矿床成矿系列的三维成矿预测——以安徽铜陵矿集区为例. 现代地质, (1): 230-238.

肖克炎, 李楠, 王琨, 等. 2015. 大数据思维下的矿产资源评价. 地质通报, 34(7): 1266-1272.

肖克炎, 邢树文, 丁建华, 等. 2016. 全国重要固体矿产重点成矿区带划分与资源潜力特征. 地质学报, 90(7): 1269-1280.

肖克炎, 张晓华, 王四龙. 2000. 矿产资源 GIS 评价系统. 北京: 地质出版社: 142.

肖志坚. 2000. 应用 GIS 进行矿产资源评价现状及技术方法研究方向. 新疆地质, 18(2): 181.

熊威, 陶春辉, 邓显明. 2013. 电磁方法在海底多金属硫化物探测中的应用. 海洋学研究, 31(2): 59-64.

徐善法, 陈建平, 叶继华. 2006. 证据权法在三江北段铜金矿床成矿预测中的应用研究. 地质与勘探, 42(2): 54-59.

薛良伟. 2004. 小秦岭(东段)金矿成矿机制及 GIS 定量评价研究. 中国地质大学(北京)博士学位论文: 83.

严琼, 陈建平, 尚北川. 2012. 云南个旧高松矿田芦塘坝研究区三维预测模型及靶区优选. 现代地质, 26(2): 286-293.

阳正熙, 高德政, 严冰. 2015. 矿产资源勘查学. 北京: 科学出版社: 408.

杨伟芳. 2017. 西南印度洋中脊断桥热液区成矿作用研究. 浙江大学博士学位论文: 147.

杨耀民, 石学法. 2011. 南大西洋脊多金属硫化物热液区的预测与发现. 矿物学报, (s1): 708-709.

姚会强, 陶春辉, 宋成兵, 等. 2011. 海底多金属硫化物找矿模型综合研究. 中南大学学报(自然科学版), 42: 114-122.

叶俊. 2010. 西南印度洋超慢速扩张脊 49.6°E 热液区多金属硫化物成矿作用研究. 中国科学院研究生院(海洋研究所)博士学位论文: 129.

叶俊, 石学法, 杨耀民, 等. 2011a. 超慢速扩张脊地质特征与多金属硫化物成矿探讨——以西南印度洋脊研究为例. 中南大学学报(自然科学版), 42(z2): 34-38.

叶俊, 石学法, 杨耀民, 等. 2011b. 西南印度洋超慢速扩张脊 49.6°E 热液区硫化物矿物学特征及其意义. 矿物学报, 31(1): 17-29.

殷卓. 2010. 基于重力异常研究九瑞矿集区断裂构造与控矿关系分析. 长安大学硕士学位论文: 59.

鹦鹉螺矿业公司, 澳大利亚 SRK 咨询有限公司. 2010. 海上作业系统释义与成本研究 NAT005. 文件编号: SL01-NSG-XSR-RPT-7105-001: 273.

于萍萍, 陈建平, 柴福山, 等. 2015. 基于地质大数据理念的模型驱动矿产资源定量预测. 地质通报, 34(7): 1333-1343.

曾志刚. 2011. 海底热液地质学. 北京: 科学出版社: 580.

翟裕生. 1999a. 论成矿系统. 地学前缘, (1): 13-18.

翟裕生. 1999b. 区域成矿学. 北京: 地质出版社: 286.

张海桃. 2015. 南大西洋中脊 19°S 附近玄武岩与斜长石斑晶熔体包裹体特征及其对岩浆作用的指示意义. 国家海洋局第一海洋研究所硕士学位论文: 100.

张海桃, 杨耀民, 梁娟娟, 等. 2014. 全球现代海底块状硫化物矿床资源量估计. 海洋地质与第四纪地质, (5): 107-118.

参 考 文 献

张华良. 1987. 地下开采矿块中各子矿块品位、厚度和储量的计算. 中国矿山工程, (12): 16-21.

张磊, 王秀全, 冯昂. 2009. 河南卢氏-栾川地区铅锌矿定量成矿预测与评价. 现代矿业, 25(5): 36-39.

张涛, Lin J, 高金耀. 2013. 西南印度洋中脊热液区的岩浆活动与构造特征. 中国科学: 地球科学, 43(11): 1834-1846.

章伟艳, 张富元, 程永寿, 等. 2010. 大洋钴结壳资源评价的基本方法. 海洋通报, 29(3): 342-350.

赵腊平. 2014. 一本指引矿业与国际接轨的指南——读大型工具书《矿产资源/储量国际分类标准》. 北京: 地质出版社: 91-93.

赵鹏大. 1990. 地质勘探中的统计分析. 武汉: 中国地质大学出版社: 288.

赵鹏大. 2002. "三联式"资源定量预测与评价——数字找矿理论与实践探讨. 地球科学-中国地质大学学报, 27(5): 482-489.

赵鹏大. 2003. 提高中国地质调查战略地位若干问题的思考. 地质通报, 22(12): 860-862.

赵鹏大. 2006. 矿产勘查理论与方法. 武汉: 中国地质大学出版社: 334.

赵鹏大. 2007. 成矿定量预测与深部找矿. 地学前缘, 14(5): 3-12.

赵鹏大. 2010. 在新起点上推进地质教育科学发展. 中国地质教育, 19(4): 1-5.

赵鹏大. 2015. 大数据时代数字找矿与定量评价. 地质通报, 34(7): 1255-1259.

赵鹏大, 陈建平, 陈建国. 2001. 成矿多样性与矿床谱系. 地球科学: 中国地质大学学报, 26(2): 111-117.

赵鹏大, 陈建平, 张寿庭. 2003. "三联式"成矿预测新进展. 地学前缘, 10(2): 455-463.

赵鹏大, 陈永清. 1998. 地质异常矿体定位的基本途径. 地球科学: 中国地质大学学报, 23(2): 111-114.

赵鹏大, 陈永清, 金友渔. 2000. 基于地质异常的"5P"找矿地段的定量圈定与评价. 地质论评, 46(z1): 6-16.

赵鹏大, 池顺都. 1991. 初论地质异常. 地球科学: 中国地质大学学报, 16(3): 241-248.

赵鹏大, 池顺都, 陈永清. 1996. 查明地质异常: 成矿预测的基础. 高校地质学报, (4): 361-373.

赵鹏大, 胡旺亮. 1992. 地质异常理论与矿产预测. 新疆地质, (2): 93-100.

赵鹏大, 孟宪国. 1993. 地质异常与矿产预测. 地球科学: 中国地质大学学报, (1): 39-47.

赵鹏大, 王京贵, 饶明辉, 等. 1995. 中国地质异常. 地球科学: 中国地质大学学报, 20(2): 117-127.

赵志芳, 党伟, 王瑞雪, 等. 2010. 基于证据权重法的区域地质环境稳定性遥感评价研究. 国土资源遥感, 22(s1): 9-13.

郑建斌, 曹志敏, 安伟. 2008. 东太平洋海隆 9°~10°N 热液烟囱体矿物成分、结构和形成条件. 地球科学: 中国地质大学学报, 33(1): 19-25.

郑翔. 2015. 冲绳海槽中部热液区及典型喷溢区地形地貌特征及成因分析. 中国科学院大学硕士学位论文: 76.

周怀阳, 吴自军, 彭晓彤, 等. 2007. 大西洋洋中脊 Logatchev 热液场水柱中甲烷羽状流的探测. 科学通报, 52(9): 1058-1063.

朱裕生. 1999. 矿产资源潜力评价在我国的发展. 中国地质, (11): 31-33.

Agterberg F P. 1970. Multivariate prediction equations in geology. Mathematical Geosciences, 2(3): 319-324.

Agterberg F P. 1992. Combining indicator patterns in weights of evidence modeling for resource evaluation. Nonrenewable Resources, 1(1): 39-50.

Agterberg F P, Bonham-Carter G F, Cheng Q, et al. 1993. Weights of evidence modeling and weighted logistic regression for mineral potential mapping//Davis J C, Herzfeld U C. Computers in geology: 25 years of progress. New York: Oxford Univ. Press: 13-32.

Agterberg F P, Kelly A M. 1971. Geomathematical methods for use in prospecting. Canadian Mining Journal, 92(5): 61-72.

Allais M. 1957. Method of appraising economic prospects of mining exploration over large territories: Algerian Sahara case study. Management Science, 3(4): 285-347.

Allen D E, Seyfried W E. 2005. REE controls in ultramafic hosted MOR hydrothermal systems: an experimental study at elevated temperature and pressure. Geochimica et Cosmochimica Acta, 69(3):

675-683.

Alt J C. 1995. Subseafloor processes in mid-ocean ridge hydrothermal systems. Geophysical Monograph-American Geophysical Union, 91: 85-114.

Alt J C, Teagle D A H. 1998. Probing the TAG hydrothermal mound and stockwork: oxygen-isotopic profiles from deep ocean drilling. Proceedings of the Ocean Drilling Program, Scientific Results, 158: 285-295.

Amador E S, Bandfield J L, Kelley D S, et al. 2013. The lost city hydrothermal field: a spectroscopic and astrobiological Martian analog//Lunar and Planetary Science Conference: 35-58.

Ames D E, Franklin J M, Hannington M D. 1993. Mineralogy and geochemistry of active and inactive chimneys and massive sulfide, Middle Valley, northern Juan de Fuca Ridge; an evolving hydrothermal system. The Canadian Mineralogist, 31(4): 997-1024.

Anderson D L. 1989. Composition of the Earth. Science, 243(4889): 367-370.

Anderson E M. 1943. The dynamics of faulting and dyke formation: with applications to Britain. The Journal of Geology, 51(2): 140-140.

Ark E M V, Detrick R S, Canales J P, et al. 2007. Seismic structure of the Endeavour Segment, Juan de Fuca Ridge: correlations with seismicity and hydrothermal activity. Journal of Geophysical Research Solid Earth, 112(B2): 1-22.

Arnulf A F, Harding A J, Kent G M, et al. 2014. Constraints on the shallow velocity structure of the Lucky Strike Volcano, Mid Atlantic Ridge, from downward continued multichannel streamer data. Journal of Geophysical Research: Solid Earth, 119(2): 1119-1144.

Bach W, Banerjee N R, Dick H, et al. 2002. Discovery of ancient and active hydrothermal systems along the ultra-slow spreading Southwest Indian Ridge 10°-16°E. Geochemistry, Geophysics, Geosystems, 3(7): 1-14.

Baker E T. 1994. A 6-year time series of hydrothermal plumes over the Cleft segment of the Juan de Fuca Ridge. Journal of Geophysical Research Solid Earth, 99(B3): 4889-4904.

Baker E T. 2009. Relationships between hydrothermal activity and axial magma chamber distribution, depth, and melt content. Geochemistry, Geophysics, Geosystems, 10(6): 329-332.

Baker E T. 2017. Exploring the ocean for hydrothermal venting: New techniques, new discoveries, new insights. Ore Geology Reviews, 86: 55-69.

Baker E T, Chen Y J, Morgan J P. 1996. The relationship between near-axis hydrothermal cooling and the spreading rate of mid-ocean ridges. Earth & Planetary Science Letters, 142(1): 137-145.

Baker E T, Edmonds H N, Michael P J, et al. 2004. Hydrothermal venting in magma deserts: the ultraslow-spreading Gakkel and Southwest Indian Ridges. Geochemistry, Geophysics, Geosystems, 5(8): 217-228.

Baker E T, Feely R A, Mottl M J, et al. 1994. Hydrothermal plumes along the East Pacific Rise, 8°40′ to 11°50′N: plume distribution and relationship to the apparent magmatic budget. Earth and Planetary Science Letters, 128(1): 1-17.

Baker E T, German C R. 2004. On the Global Distribution of Hydrothermal Vent Fields. American Geophysical Union Geophysical Monograph, 148: 245-266.

Baker E T, Hammond S R. 1992. Hydrothermal venting and the apparent magmatic budget of the Juan de Fuca Ridge. Journal of Geophysical Research: Solid Earth, 97(B3): 3443-3456.

Baker E T, Haymon R M, Resing J A, et al. 2013. High-resolution surveys along the hot spot-affected Galapagos Spreading Center: 1. Distribution of hydrothermal activity. Geochemistry, Geophysics, Geosystems, 9(9): 107-111.

Baker E T, Hémond C, Briais A, et al. 2015. Correlated patterns in hydrothermal plume distribution and apparent magmatic budget along 2500 km of the Southeast Indian Ridge. Geochemistry, Geophysics, Geosystems, 15(8): 3198-3211.

Baker E T, Hey R N, Lupton J E, et al. 2002. Hydrothermal venting along Earth's fastest spreading center: East Pacific Rise, 27.5°-32.3°. Journal of Geophysical Research Solid Earth, 107(B7): 1-2.

Baker E T, Lupton J E. 1990. Changes in submarine hydrothermal 3He/heat ratios as an indicator of magmatic/tectonic activity. Nature, 346(6284): 556-558.

Baker E T, Massoth G J. 1987. Characteristics of hydrothermal plumes from two vent fields on the Juan de Fuca Ridge, northeast Pacific Ocean. Earth and Planetary Science Letters, 85(1): 59-73.

Baker E T, Tennant D A, Feely R A, et al. 2001. Field and laboratory studies on the effect of particle size and composition on optical backscattering measurements in hydrothermal plumes. Deep Sea Research Part I: Oceanographic Research Papers, 48(2): 593-604.

Baker E T, Urabe T. 1996. Extensive distribution of hydrothermal plumes along the superfast spreading East Pacific Rise, 13°30′-18°40′S. Journal of Geophysical Research: Solid Earth, 101(B4): 8685-8695.

Barnicoat A C. 2007. The mechanism of veining and retrograde alteration of Alpine eclogites. Journal of Metamorphic Geology, 6(5): 545-558.

Barrett C B. 1999. Long term probabilistic river forecasting applied to international integrated water management projects. WRPMD'99: Preparing for the 21st Century: 1-9.

Barriga C, Jones W, Malet P, et al. 1998. Synthesis and characterization of polyoxovanadate-pillared Zn-Al layered double hydroxides: an x-ray absorption and diffraction study. Inorganic Chemistry, 37(8): 1812-1820.

Beaulieu S E, Baker E T, German C R. 2015. Where are the undiscovered hydrothermal vents on oceanic spreading ridges? Deep-Sea Research Part II -Topical Studies in Oceanography, 121(SI): 202-212.

Beaulieu S E, Baker E T, German C R, et al. 2013. An authoritative global database for active submarine hydrothermal vent fields. Geochemistry, Geophysics, Geosystems, 14(11): 4892-4905.

Beltenev V E, Ivanov A V, Rozhdestvenskaya I I, et al. 2008. New data about hydrothermal fields on the Mid-Atlantic Ridge between 11°-14°N: 32nd cruise of R/V Professor Logatchev. Geochemistry, Geophysics, Geosystems, 10(10): 1029.

Beltenev V E, Ivanov V N, Skolotnev S G, et al. 2004. New data on sulfide ore mineralizations in the Markov rift basin on the Mid-Atlantic Ridge (the equatorial Atlantic Ocean at 6°N). Dokl Akad Nauk, 395(2): 215-219.

Beltenev V E, Nescheretov A, Shilov V, et al. 2003. New discoveries at 12°58′N and 44°52′W MAR: initial results from the Professor Logatchev-22 cruise. InterRidge News, 12(1): 13-15.

Bischoff J L. 1969. Red sea geothermal brine deposits: their mineralogy, chemistry, and genesis//Hot Brines and Recent Heavy Metal Deposits in the Red Sea. Heidelberg: Springer: 368-401.

Blackman D K, Canales J P, Harding A. 2009. Geophysical signatures of oceanic core complexes. Geophysical Journal International, 178(2): 593-613.

Bluth G J, Ohmoto H. 1988. Sulfide-sulfate chimneys on the East Pacific Rise, 11° and 13°N latitudes. Part II: Sulfur isotopes. Canadian Mineralogist, 26(3): 487-504.

Bogdanov Y A, Gurvich E G, Kuptsov V M, et al. 1993. Relict sulfide mounds at the TAG hydrothermal field of the Mid-Atlantic Ridge (26°N, 45°W). Oceanology, 34: 534-542.

Bogdanov Y A, Gurvich E G, Lukashin V N. 1997. Geochemistry of ore occurrences in the 14°45′N hydrothermal field, Mid-Atlantic Ridge. Geochemistry International, 35(4): 359-367.

Bogdanov Y A, Lein A Y, Sagalevich A M, et al. 2006. Hydrothermal sulfide deposits of the Lucky Strike vent field, Mid-Atlantic Ridge. Geochemistry International, 44(4): 403-418.

Bonham-Carter G F. 1989. Integrating geological datasets with a raster-based geographic information system. Digital Geologic and Geographic Information Systems, 10: 1-13.

Bonham-Carter G F, Agterberg F P, Wright D F. 1989. Weight of evidence modeling: A new approach to mapping mineral potential. Geology Survey of Canada, 89: 171-183.

Boström K, Peterson M N A, Joensuu O, et al. 1969. Aluminum-poor ferromanganoan sediments on active oceanic ridges. Journal of Geophysical Research, 74 (12): 3261-3270.

Bougault H, Charlou J L, Fouquet Y, et al. 1990. Activité hydrothermale et structure axiale des dorsales Est-Pacifique et médio-Atlantique. Oceanologica Acta, 10: 199-207.

Bougault H, Luc C, Fouquet Y, et al. 1993. Fast and slow spreading ridges: structure and hydrothermal activity, ultramafic topographic highs, and CH_4 output. Journal of Geophysical Research: Solid Earth, 98(B6): 9643-9651.

Buck W R, Delaney P T, Karson J A, et al. 1998. Faulting and Magmatism at Mid-Ocean Ridges. Washington DC: American Geophysical Union: 325.

Buck W R, Lavier L L, Poliakov A. 2005. Modes of faulting at mid-ocean ridges. Nature, 434(7034): 719-723.

Cairns G W, Evans R L, Edwards R N. 1996. A time domain electromagnetic survey of the TAG hydrothermal mound. Geophysical Research Letters, 23(23): 3455-3458.

Canales J P, Carton H, Mutter J C, et al. 2012. Recent advances in multichannel seismic imaging for academic research in deep oceanic environments. Oceanography, 25(1): 113-115.

Canales J P, Detrick R S, Carbotte S M, et al. 2005. Upper crustal structure and axial topography at intermediate spreading ridges: seismic constraints from the southern Juan de Fuca Ridge. Journal of Geophysical Research Atmospheres, 110(B12): 238-239.

Canales J P, Nedimovi Cacute M R, Kent G M, et al. 2009. Seismic reflection images of a near-axis melt sill within the lower crust at the Juan de Fuca Ridge. Nature, 460(7251): 89.

Canales J P, Sohn R A, Demartin B J. 2007. Crustal structure of the Trans-Atlantic Geotraverse (TAG) segment (Mid-Atlantic Ridge, 26°10′N): implications for the nature of hydrothermal circulation and detachment faulting at slow spreading ridges. Geochemistry, Geophysics, Geosystems, 8(8): 1-18.

Cann J R, Elderfield H, Laughton A, et al. 1997. Where are the large hydrothermal sulphide deposits in the oceans? Philosophical Transactions of the Royal Society of London. Series A: Mathematical, Physical and Engineering Sciences, 355(1723): 427-441.

Cannat M, Rommevaux-Jestin C, Sauter D, et al. 1999. Formation of the axial relief at the very slow spreading Southwest Indian Ridge (49° to 69°E). Journal of Geophysical Research-Solid Earth, 104(B10): 22825-22843.

Cannat M, Sauter D, Mendel V, et al. 2006. Modes of seafloor generation at a melt-poor ultraslow-spreading ridge. Geology, 34(7): 605-608.

Carbotte S M, Canales J P, Nedimovi M R, et al. 2012. Recent seismic studies at the east Pacific rise 8°20′-10°10′N and Endeavour segment: insights into mid-ocean ridge hydrothermal and magmatic processes. Oceanography, 25(1): 100-112.

Carranza E J M. 2004. Weights of evidence modeling of mineral potential: a case study using small number of prospects, Abra, Philippines. Natural Resources Research, 13(3): 173-187.

Cave R R, German C R, Thomson J, et al. 2002. Fluxes to sediments underlying the Rainbow hydrothermal plume at 36°14′N on the Mid-Atlantic Ridge. Geochimica et Cosmochimica Acta, 66(11): 1905-1923.

Charlou J L, Dmitriev L, Bougault H, et al. 1988. Hydrothermal CH_4 between 12°N and 15°N over the Mid-Atlantic Ridge. Deep Sea Research Part A Oceanographic Research Papers, 35(1): 121-131.

Charlou J L, Donval J P. 1993. Hydrothermal methane venting between 12°N and 26°N along the Mid-Atlantic Ridge. Journal of Geophysical Research Atmospheres, 98(B6): 9625-9642.

Charlou J L, Donval J P, Douville E, et al. 2000. Compared geochemical signatures and the evolution of Menez Gwen (37°50′N) and Lucky Strike (37°17′N) hydrothermal fluids, south of the Azores triple junction on the Mid-Atlantic Ridge. Chemical Geology, 171(1): 49-75.

Charlou J L, Rona P, Bougault H. 1987. Methane anomalies over TAG hydrothermal field on Mid-Atlantic Ridge. Journal of Marine Research, 45(2): 461-472.

Chen H, Zhu B D, Cui Z G. 2006. A study on geological and geochemical characteristics of seafloor hydrothermal polymetallic deposits. Journal of Tropical Oceanography, 25(2): 79-84.

Chen J, Zhou N, Tao C, et al. 2007. Mid-ocean ridge research in China: discovery of the first active hydrothermal vent field at the ultraslow spreading Southwest Indian Ridge: Rio de Janeiro, Brazil 10th International Congress of the Brazilian Geophysical Society & EXPOGEF 2007: 1074.

Cherkashov G, Kuznetsov V, Kuksa K, et al. 2017. Sulfide geochronology along the Northern Equatorial Mid-Atlantic Ridge. Ore Geology Reviews, 87: 147-154.

Cherkashov G, Poroshina I, Stepanova T, et al. 2010. Seafloor massive sulfides from the northern equatorial Mid-Atlantic Ridge: new discoveries and perspectives. Marine Georesources & Geotechnology, 28(3): 222-239.

Cherkashev G A, Ivanov V N, Bel Tenev V I, et al. 2013. Massive sulfide ores of the northern equatorial Mid-Atlantic Ridge. Oceanology, 53(5): 607-619.

Chin C S, Klinkhammer G P, Wilson C. 1998. Detection of hydrothermal plumes on the northern Mid-Atlantic Ridge: results from optical measurements. Earth & Planetary Science Letters, 162(1-4): 1-13.

Christiansen F W. 1954. The Dynamics of Faulting and Dyke Formation: with Applications to Britain . The Journal of Geology, 62(4): 417-417.

Constable S, Kowalczyk P, Bloomer S. 2018. Measuring marine self-potential using an autonomous underwater vehicle. Geophysical Journal International, 215(1): 49-60.

Consulting H, Consultants N. 2012. Opportunities for the development of the Pacific Islands' Mariculture Sector-Report to the Secretariat of the Pacific Community. Noumea: Report to the Secretariat of the Pacific Community.

Corwin R F. 1976. Offshore use of the self-potential method. Geophysical Prospecting, 24(1): 79-90.

Cousens B L, Blenkinsop J, Franklin J M. 2013. Lead isotope systematics of sulfide minerals in the Middle Valley hydrothermal system, northern Juan de Fuca Ridge. Geochemistry, Geophysics, Geosystems, 3(5): 1-16.

Crane K, Aikman I F, Foucher J. 1988. The distribution of geothermal fields along the East Pacific Rise from 13°10′N to 8°20′N: implications for deep seated origins. Marine Geophysical Researches, 9(3): 211-236.

Cronan J E. 1983. Thermal regulation of membrane lipid fluidity in bacteria. Trends in Biochemical Sciences, 8(2): 49-52.

Crowhurst P, Lowe J. 2011. Exploration and resource drilling of seafloor massive sulfide (SMS) deposits in the Bismarck Sea, Papua New Guinea. Santander: OCEANS'11 MTS/IEEE KONA.

Currie R G, Davis E E. 1994. Low crustal magnetization of the Middle Valley sedimented rift inferred from sea-surface magnetic anomalies. Proceeding of the Ocean Drilling Program, Scientific Results, 139: 19-27.

Czarnota K, Blewett R S, Goscombe B. 2010. Predictive mineral discovery in the eastern Yilgarn Craton, Western Australia: an example of district scale targeting of an orogenic gold mineral system. Precambrian Research, 183(2): 356-377.

Davies E E. 1994. On the nature and consequences of hydrothermal circulation in the Middle Valley sedimented rift: inferences from geophysical and geochemical observations, Leg 139. Proceedings of the Ocean Drilling Program, Scientific Results, 139: 695-717.

Davis E E. 1992. Tectonic and thermal structure of the Middle Valley sedimented rift, northern Juan de Fuca Ridge. Proceedings of the Ocean Drilling Program, Scientific Results, 139: 9-41.

Delaney J R, Robigou V, Mcduff R E, et al. 1992. Geology of a vigorous hydrothermal system on the Endeavour Segment, Juan de Fuca Ridge. Journal of Geophysical Research Solid Earth, 97(B13): 19663-19682.

Demartin B J, Sohn R A, Canales J P, et al. 2007. Kinematics and geometry of active detachment faulting beneath the Trans-Atlantic Geotraverse (TAG) hydrothermal field on the Mid-Atlantic Ridge. Geology, 35(8): 711-714.

Demets C, Gordon R G, Argus D F, et al. 1990. Current plate motions. Geophysical Journal International, 101(2): 425-478.

Deschamps A, Tivey M, Embley R W, et al. 2007. Quantitative study of the deformation at Southern Explorer Ridge using high-resolution bathymetric data. Earth & Planetary Science Letters, 259(1-2): 1-17.

Detrick R S, Buhl P, Vera E, et al. 1987. Multi-channel seismic imaging of a crustal magma chamber along the East Pacific Rise. Nature, 326(6108): 35-41.

Devey C W, German C R, Haase K M, et al. 2010. The relationships between volcanism, tectonism, and hydrothermal activity on the southern equatorial Mid-Atlantic Ridge. Diversity of Hydrothermal Systems on Slow Spreading Ocean Ridges, 188: 133-152.

Devey C W, Lackschewitz K S, Baker E. 2013. Hydrothermal and volcanic activity found on the southern Mid-Atlantic Ridge. Eos Transactions American Geophysical Union, 86(22): 209-212.

Dias Á S, Barriga F J. 2006. Mineralogy and geochemistry of hydrothermal sediments from the serpentinite-hosted Saldanha hydrothermal field (36°34′N, 33°26′W) at MAR. Marine Geology, 225(1): 157-175.

Dick H J, Lin J, Schouten H. 2003. An ultraslow-spreading class of ocean ridge. Nature, 426(6965): 405-412.

Dickson A G, Goyet C. 1994. Handbook of Methods for the Analysis of the Various Parameters of the Carbon Dioxide System in Sea Water. Version 2. Washington DC: United States Department of Energy: 163-169.

Do uville E, Charlou J L, Oelkers E H, et al. 2002. The rainbow vent fluids (36°14′N, MAR): the influence of ultramafic rocks and phase separation on trace metal content in Mid-Atlantic Ridge hydrothermal fluids. Chemical Geology, 184(1-2): 37-48.

Duckworth R C, Knott R, Fallick A E, et al. 1995. Mineralogy and sulphur isotope geochemistry of the Broken Spur sulphides, 29°N, Mid-Atlantic Ridge. Geological Society London Special Publications, 87(1): 175-189.

Dyment J, Tamaki K, Horen H, et al. 2005. A positive magnetic anomaly at rainbow hydrothermal site in ultramafic environment. San Francisco: AGU 2005 Fall Meeting: 1-2.

Dymond J, Fischer K, Clauson M, et al. 1981. A sediment trap intercomparison study in the Santa Barbara Basin. Earth & Planetary Science Letters, 53(3): 409-418.

Edmond J M, Damm K L V, Mcduff R E, et al. 1982. Chemistry of hot springs on the East Pacific Rise and their effluent dispersal. Nature, 297(5863): 187-191.

Edmonds H N, Michael P J, Baker E T, et al. 2003. Discovery of abundant hydrothermal venting on the ultraslow-spreading Gakkel Ridge in the Arctic Ocean. Nature, 421(6920): 252-256.

Edwards R N. 1988. Two-dimensional modeling of a towed in-line electric dipole-dipole sea-floor electromagnetic system; the optimum time delay or frequency for target resolution. Geophysics, 53(6): 846-853.

Edwards R N, Chave A D. 1986. A transient electric dipole-dipole method for mapping the conductivity of the sea floor. Geophysics, 51(4): 984-987.

Ernst G G J, Cave R R, German C R, et al. 2000. Vertical and lateral splitting of a hydrothermal plume at Steinahóll, Reykjanes Ridge, Iceland. Earth & Planetary Science Letters, 179(3-4): 529-537.

Escartin J, Barreyre T, Cannat M, et al. 2015. Hydrothermal activity along the slow-spreading Lucky Strike ridge segment (Mid-Atlantic Ridge): distribution, heatflux, and geological controls. Earth and Planetary Science Letters, 431: 173-185.

Escartin J, Bonnemains D, Mevel C, et al. 2014. Insights into the internal structure and formation of striated fault surfaces of oceanic detachments from in situ observations (13°20′N and 13°30′N, Mid-Atlantic Ridge). San Francisco: AGU 2014 Fall Meeting: 63-69.

Escartin J, Smith D K, Cann J, et al. 2008. Central role of detachment faults in accretion of slow-spreading oceanic lithosphere. Nature, 455(7214): 790-794.

Evans D, King E L, Kenyon N H, et al. 1996. Evidence for long-term instability in the Storegga Slide region off western Norway. Marine Geology, 130(3-4): 281-292.

Fallon E K, Petersen S, Brooker R A, et al. 2017. Oxidative dissolution of hydrothermal mixed-sulphide ore: an assessment of current knowledge in relation to seafloor massive sulphide mining. Ore Geology Reviews, 86: 309-337.

Feely R A, Gammon R H, Taft B A, et al. 1987. Distribution of chemical tracers in the eastern equatorial Pacific during and after the 1982-1983 El Niño/Southern Oscillation event. Journal of Geophysical Research: Oceans, 92(C6): 6545-6558.

Feely R A, Massoth G J, Baker E T, et al. 1992. Tracking the dispersal of hydrothermal plumes from the Juan de Fuca Ridge using suspended matter compositions. Journal of Geophysical Research Solid Earth, 97(B3): 3457-3468.

Ferrini V L, Tivey M K, Carbotte S M, et al. 2008. Variable morphologic expression of volcanic, tectonic, and hydrothermal processes at six hydrothermal vent fields in the Lau back-arc basin. Geochemistry, Geophysics, Geosystems, 9(7): 488-498.

Field M P, Sherrell R M. 2000. Dissolved and particulate Fe in a hydrothermal plume at 9°45′N, East Pacific Rise: slow Fe (II) oxidation kinetics in Pacific plumes. Geochimica Et Cosmochimica Acta, 64(4): 619-628.

Fornari D J, Embley R W. 1995. Tectonic and volcanic controls on hydrothermal processes at the mid-ocean ridge: an overview based on near-bottom and submersible studies. Seafloor Hydrothermal Systems: Physical, Chemical, Biological, and Geological Interactions, 91: 1-46.

Fornari D J, Haymon R M, Perfit M R, et al. 1998. Axial summit trough of the East Pacific Rice 9°-10°N: Geological characteristics and evolution of the axial zone on fast spreading mid-ocean ridge. Journal of Geophysical Research Solid Earth, 103(B5): 9827-9855.

Fornari D J, Tivey M, Schouten H, et al. 2004. Submarine lava flow emplacement at the east Pacific rise 9°50′N: Implications for uppermost ocean crust stratigraphy and hydrothermal fluid circulation. Geophys Monogr Ser, 148: 187-217.

Fouquet Y. 1997a. Discovery and first submersible investigations on the Rainbow hydrothermal field on the MAR (36°14′N). Eos Transactions of American Geophysical Union, 78: 832.

Fouquet Y. 1997b. Where are the large hydrothermal sulphide deposits in the oceans? Philosophical Transactions of the Royal Society of London A: Mathematical, Physical and Engineering Sciences, 355(1723): 427-441.

Fouquet Y, Auclair G, Cambon P, et al. 1988a. Geological setting and mineralogical and geochemical investigations on sulfide deposits near 13°N on the East Pacific Rise. Marine Geology, 84(3-4): 145-178.

Fouquet Y, Cambon P, Etoubleau J, et al. 2010. Geodiversity of hydrothermal processes along the Mid-Atlantic Ridge and ultramafic-hosted mineralization: a new type of oceanic Cu-Zn-Co-Au volcanogenic massive sulfide deposit. Diversity of Hydrothermal Systems on Slow Spreading Ocean Ridges, 188: 321-367.

Fouquet Y, Charlou J L, Stackelberg U V, et al. 1993a. Metallogenesis in back-arc environments: the Lau Basin example. Economic Geology (plus the Bulletin of the Society of Economic Geologists); (United States), 88(8): 2154-2181.

Fouquet Y, Cherkashov G, Charlou J, et al. 2007. Diversity of ultramafic hosted hydrothermal deposits on the Mid-Atlantic Ridge: first submersible studies on Ashadze, Logatchev 2 and Krasnov vent fields during the serpentine cruise. San Francisco: AGU 2007 Fall Meeting: 167-173.

Fouquet Y, Eissen J P, Ondréas H, et al. 1988b. Extensive volcaniclastic deposits at the Mid-Atlantic Ridge axis: results of deep-water basaltic explosive volcanic activity? Terra Nova-Oxford, 10(5): 280-286.

Fouquet Y, Knott R, Cambon P, et al. 1996. Formation of large sulfide mineral deposits along fast spreading ridges. Example from off-axial deposits at 12°43′N on the East Pacific Rise. Earth & Planetary Science Letters, 144(1): 147-162.

Fouquet Y, Marcoux E. 1995. Lead isotope systematics in Pacific hydrothermal sulfide deposits. Journal of Geophysical Research Solid Earth, 100(B4): 6025-6040.

Fouquet Y, Ondreas H, Charlou J L, et al. 1995. Atlantic lava lakes and hot vents. Nature, 377(6546): 201.

Fouquet Y, Scott S D. 2009. The science of seafloor massive sulfides (SMS) in the modern ocean: a new global resource for base and precious metals. Houston, Texas: Offshore Technology Conference: 180-189.

Fouquet Y, Von Stackelberg U, Charlou J L, et al. 1991. Hydrothermal activity in the Lau back-arc basin: sulfides and water chemistry. Geology, 19(4): 303-306.

Fouquet Y, Wafik A, Cambon P, et al. 1993b. Tectonic setting and mineralogical and geochemical zonation in the Snake Pit sulfide deposit (Mid-Atlantic Ridge at 23°N). Economic Geology, 88(8): 2018-2036.

Fox C G, Cowen J P, Dziak R P, et al. 2001. Detection and Response to a Seafloor Spreading Episode on the Central Gorda Ridge, April 2001. San Francisco: AGU 2001 Fall Meeting: 78-88.

Francheteau J, Ballard R D. 1983. The East Pacific Rise near 21°N, 13°N and 20°S: inferences for along-strike variability of axial processes of the mid-ocean ridge. Earth and Planetary Science Letters, 64(1): 93-116.

Fujii M, Okino K, Honsho C, et al. 2015. High-resolution magnetic signature of active hydrothermal systems in the back-arc spreading region of the southern Mariana Trough. Journal of Geophysical Research Solid Earth, 120(5): 2821-2837.

Fujii M, Okino K, Sato T, et al. 2016. Origin of magnetic highs at ultramafic hosted hydrothermal systems:

Insights from the Yokoniwa site of Central Indian Ridge. Earth & Planetary Science Letters, 441: 26-37.

Gablina I F, Dobretsova I G, Beltenev V E, et al. 2012. Peculiarities of present-day sulfide mineralization at 19°15'-20°08'N, Mid-Atlantic Ridge. Doklady Earth Sciences, 442(2): 163-167.

Gallant R M, Von Damm K L. 2006. Geochemical controls on hydrothermal fluids from the Kairei and Edmond vent fields, 23°-25°S, Central Indian Ridge. Geochemistry, Geophysics, Geosystems, 7(6): 1-24.

Gamo T, Masuda H, Yamanaka T, et al. 2004. Discovery of a new hydrothermal venting site in the southernmost Mariana Arc: Al-rich hydrothermal plumes and white smoker activity associated with biogenic methane. Geochemical Journal, 38(6): 527-534.

Gebruk A V, Galkin S V, Vereshchaka A L, et al. 1997. Ecology and biogeography of the hydrothermal vent fauna of the Mid-Atlantic Ridge. Advances in Marine Biology, 32(32): 93-144.

Georgen J E, Lin J, Dick H J B. 2001. Evidence from gravity anomalies for interactions of the Marion and Bouvet hotspots with the Southwest Indian Ridge: Effects of transform offsets. Earth and Planetary Science Letters, 187(3-4): 283-300.

German C R. 1993. RS Bjarni Sæmundsson Cruise B8-93 10 Jun-24 Jun 1993. Hydrothermal activity on the Reykjanes Ridge: an ODP Site survey. Bmc Oral Health, 6(6): 3.

German C R. 2003. Hydrothermal activity on the eastern SWIR (50°-70°E): Evidence from core-top geochemistry, 1887 and 1998. Geochemistry, Geophysics, Geosystems, 4(7): 1-13.

German C R, Baker E T, Mevel C, et al. 1998a. Hydrothermal activity along the southwest Indian ridge. Nature, 395(6701): 490-493.

German C R, Bennett S A, Connelly D P, et al. 2008. Hydrothermal activity on the southern Mid-Atlantic Ridge: Tectonically-and volcanically-controlled venting at 4°-5°S. Earth and Planetary Science Letters, 273(3): 332-344.

German C R, Briem J, Chin C, et al. 1994. Hydrothermal activity on the Reykjanes Ridge-the steinahóll vent-field at 63°06'N. Earth and Planetary Science Letters, 121(3-4): 647-654.

German C R, Campbell A C, Edmond J M. 1991. Hydrothermal scavenging at the Mid-Atlantic Ridge: modification of trace element dissolved fluxes. Earth and Planetary Science Letters, 107(1): 101-114.

German C R, Connelly D P, Evans A J, et al. 2001. Hydrothermal activity along the central Indian Ridge: ridges, hotspots and philately. Eos Transactions American Geophysical Union, 82: 312-333.

German C R, Parson L M. 1998c. Distributions of hydrothermal activity along the Mid-Atlantic Ridge: interplay of magmatic and tectonic controls. Earth and Planetary Science Letters, 160(3): 327-341.

German C R, Parson L M, Murton B J, et al. 2005. Hydrothermal activity on the southern Mid-Atlantic Ridge: tectonically- and volcanically-hosted high temperature venting at 2-7°S. San Francisco: AGU 2001 AGU Fall Meeting: 91-99.

German C R, Petersen S, Hannington M D. 2016. Hydrothermal exploration of mid-ocean ridges: where might the largest sulfide deposits be forming? Chemical Geology, 420: 114-126.

German C R, Richards K J, Rudnicki M D, et al. 1998b. Topographic control of a dispersing hydrothermal plume. Earth and Planetary Science Letters, 156(3-4): 267-273.

German C R, Rudnicki M D, Klinkhammer G P. 1999. A segment-scale survey of the Broken Spur hydrothermal plume. Deep Sea Research Part I: Oceanographic Research Papers, 46(4): 701-714.

Gier E, Langmuir C H. 1999. Metalliferous sediments at ocean ridges and the distribution of high-temperature hydrothermal vents. Eos Trans AGU, 80(46): 213-222.

Gieskes J M, Simoneit B R, Goodfellow W D, et al. 2002. Hydrothermal geochemistry of sediments and pore waters in Escanaba Trough—ODP Leg 169. Applied Geochemistry, 17(11): 1435-1456.

Glasby G P. 1998. The relation between earthquakes, faulting, and submarine hydrothermal mineralization. Marine Georesources & Geotechnology, 16(2): 145-175.

Glasby G P, Notsu K. 2003. Submarine hydrothermal mineralization in the Okinawa Trough, SW of Japan: an overview. Ore Geology Reviews, 23(3): 299-339.

Goodfellow W D, Franklin J M. 1993. Geology, mineralogy, and chemistry of sediment-hosted clastic massive sulfides in shallow cores, Middle Valley, northern Juan de Fuca Ridge. Economic Geology,

88(8): 2037-2068.

Goto T N, Takekawa J, Mikada H, et al. 2011. Marine electromagnetic sounding on submarine massive sulphides using Remotely Operated Vehicle (ROV) and Autonomous Underwater Vehicle (AUV). Proceedings of the 10th SEGJ International Symposium: 1-5.

Graham U M, Bluth G J, Ohmoto H. 1988. Sulfide-sulfate chimneys on the East Pacific Rise, 11 degrees and 13 degrees N latitudes; Part I, Mineralogy and paragenesis. The Canadian Mineralogist, 26(3): 487-504.

Gramberg I S, Kaminsky V D, Kunin A F, et al. 1992. New data obtained by geophysical complex rift on hydrothermal activity and sulfide mineralization at the area between 12°40'-12°50'N of east Pacific uplift. Doklady Akademii Nauk, 323(5): 865-867.

Grindlay N R, Madsen J A, Rommevaux-Jestin C, et al. 1998. A different pattern of ridge segmentation and mantle Bouguer gravity anomalies along the ultra-slow spreading Southwest Indian Ridge (15°30'E to 25°E). Earth and Planetary Science Letters, 161(1-4): 243-253.

Grylls R J, Banerjee S, Perungulam S, et al. 1998. Elevated NH^{4+} in a neutrally buoyant hydrothermal plume. Deep Sea Research Part I Oceanographic Research, 45(11): 1891-1902.

Halbach M, Halbach P, Lüders V. 2002. Sulfide-impregnated and pure silica precipitates of hydrothermal origin from the Central Indian Ocean. Chemical Geology, 182(2-4): 357.

Halbach P, Pracejus B, Marten A. 1993. Geology and mineralogy of massive sulfide ores from the central Okinawa Trough, Japan. Economic Geology, 88(8): 2210-2225.

Hall C A, Porsching T A, Mesina G L. 1992. On a network method for unsteady incompressible fluid-flow on triangular grids. International Journal for Numerical Methods in Fluids, 15(12): 1383-1406.

Hannington M D, de Ronde C D, Petersen S. 2005. Sea-floor tectonics and submarine hydrothermal systems. Society of Economic Geologists: 111-141.

Hannington M D, Galley A G, Herzig P M, et al. 1998. Comparison of the TAG mound and stockwork complex with Cyprus type massive sulfide deposits. Proceedings of the Ocean Drilling Program, Scientific Results, 158: 389-415.

Hannington M D, Jamieson J, Monecke T, et al. 2010. Modern sea-floor massive sulfides and base metal resources: toward an estimate of global sea-floor massive sulfide potential. Society of Economic Geologists Special Publication, 15: 317-338.

Hannington M, Jamieson J, Monecke T, et al. 2011. The abundance of seafloor massive sulfide deposits. Geology, 39(12): 1155-1158.

Hannington M, Monecke T. 2009. Global exploration models for polymetallic sulphides in the area: an assessment of lease block selection under the draft regulations on prospecting and exploration for polymetallic sulphides. Marine Georesources and Geotechnology, 27(2): 132-159.

Harding A J, Orcutt J A, Kappus M E, et al. 1989. Structure of young oceanic crust at 13 N on the East Pacific Rise from expanding spread profiles. Journal of Geophysical Research: Solid Earth, 94(B9): 12163-12196.

Harris D P. 1969. Quantitative methods, computers, reconnaissance geology and economic in the appraisal of mineral potential. AIME Int Comput Appl And Operations Res. In Mineral Ind., Salt Lake City, Utah.

Harris D P. 1984. Mineral Resources Appraisal: Mineral Endowment, Resources, and Potential Supply: Concepts, Methods and Cases. Oxford: Oxford University Press: 445.

Hartmann M, Nielsen H. 1968. δ^{34}S-Werte in rezenten Meeressedimenten und ihre Deutung am Beispiel einiger Sedimentprofile aus der westlichen Ostsee. Geologische Rundschau, 58(2): 621-655.

Heinson G, White A, Robinson D, et al. 2005. Marine self-potential gradient exploration of the continental margin. Geophysics, 70(5): G109-G118.

Hekinian R, Francheteau J, Renard V, et al. 1983. Intense hydrothermal activity at the axis of the East Pacific Rise near 13°N: sumbersible witnesses the growth of sulfide chimney. Marine Geophysical Researches, 6(1): 1-14.

Herzig P M, Becker K P, Stoffers P, et al. 1988. Hydrothermal silica chimney fields in the Galapagos Spreading Center at 86°W. Earth and Planetary Science Letters, 89(3): 261-272.

Herzig P M, Hannington M D. 1995. Polymetallic massive sulfides at the modern seafloor a review. Ore Geology Reviews, 10(2): 95-115.

Herzig P M, Petersen S, Hannington M D. 1998. Geochemistry and sulfur-isotopic composition of the TAG hydrothermal mound, Mid-Atlantic Ridge, 26°N. National Science Foundation: 47-70.

Hochstein M P, Soengkono S. 1997. Magnetic anomalies associated with high temperature reservoirs in the taupo volcanic zone (New Zealand). Geothermics, 26(1): 1-24.

Houghton J L, Shanks Iii W C, Seyfried Jr W E. 2004. Massive sulfide deposition and trace element remobilization in the Middle Valley sediment-hosted hydrothermal system, northern Juan de Fuca Ridge. Geochimica et Cosmochimica Acta, 68(13): 2863-2873.

Hrischeva E, Scott S D, Weston R. 2007. Metalliferous sediments associated with presently forming volcanogenic massive sulfides: the SuSu knolls hydrothermal field, eastern Manus Basin, Papua New Guinea. Economic Geology, 102(1): 55-73.

Humphris S E. 2010. Relation between volcanism, tectonism, and hydrothermal activity along the mid-ocean ridges. Adapted from 2008-2009 AAPG Distinguished Lecture: 1-46.

Humphris S E, Cann J R. 2000. Constraints on the energy and chemical balances of the modern TAG and ancient Cyprus seafloor sulfide deposits. Journal of Geophysical Research: Solid Earth, 105(B12): 28477-28488.

Humphris S E, Fornari D J, Scheirer D S, et al. 2002. Geotectonic setting of hydrothermal activity on the summit of Lucky Strike Seamount (37°17′N, Mid-Atlantic Ridge). Geochemistry, Geophysics, Geosystems, 3(8): 1-25.

Humphris S E, Herzig P M, Miller D J, et al. 1995. The internal structure of an active sea-floor massive sulfide deposit. Nature, 377(6551): 713.

Humphris S E, Mccollom T. 1998. The cauldron beneath the seafloor. Life, 41(2): 18-21.

Huston. 2004. Efficient near-duplicate detection and sub-image retrieval. ACM Multimedia, 4(1): 5.

Hyndman R D, Drury M J. 1976. The physical properties of oceanic basement rocks from deep drilling on the Mid-Atlantic Ridge. Journal of Geophysical Research, 81(23): 4042-4052.

Ildefonse B, Blackman D K, John B E, et al. 2007. Oceanic core complexes and crustal accretion at slow-spreading ridges. Indications from IODP expeditions 304-305 and previous ocean drilling results. Geology, 35(7): 623-626.

International Seabed Authority. 2010. Decision of the assembly of the International Seabed Authority relating to the regulations on prospecting and exploration for polymetallic sulphides in the Area. Kingston, Jamaica: International Seabed Authority: 22-30.

Jakuba M, Yoerger D R, Chadwick W, et al. 2002. Multibeam sonar mapping of the explorer ridge with an autonomous underwater vehicle. San Francisco: AGU 2002 Fall Meeting: 45-51.

Jean-Baptiste P, Fourré E, Charlou J L, et al. 2004. Helium isotopes at the Rainbow hydrothermal site (Mid-Atlantic Ridge 36°14′N). Earth & Planetary Science Letters, 221(1): 325-335.

Jian H C, Singh S C, Chen Y J, et al. 2017. Evidence of an axial magma chamber beneath the ultraslow-spreading Southwest Indian Ridge. Geology, 45(2): G38351-G38356.

Johnson H P, Karsten J L, Vine F J, et al. 1982. Low-level magnetic survey over a massive sulfide ore body in the troodos ophiolite complex, Cyprus. Marine Technology Society Journal, 16(3): 76-80.

Jokat W, Micksch U. 2004. Sedimentary structure of the Nansen and Amundsen basins, Arctic Ocean. Geophysical research letters, 31(2): 178-183.

Kawada Y, Kasaya T. 2017. Marine self-potential survey for exploring seafloor hydrothermal ore deposits. Scientific reports, 7(1): 13552.

Kawada Y, Kasaya T. 2018. Self-potential mapping using an autonomous underwater vehicle for the Sunrise deposit, Izu-Ogasawara arc, southern Japan. Earth, Planets and Space, 70(1): 142.

Kawagucci S, Okamura K, Kiyota K, et al. 2008. Methane, manganese, and helium-3 in newly discovered hydrothermal plumes over the Central Indian Ridge, 18°-20°S. Geochemistry, Geophysics, Geosystems, 9(10): Q10002.

Kelley D S. 2001. Black smokers: incubators on the seafloor. Earth: Inside and Out: 183-189.

Kelley D S, Delaney J R, Yoerger D R. 2001. Geology and venting characteristics of the Mothra hydrothermal field, Endeavour segment, Juan de Fuca Ridge. Geology, 29(10): 959-962.

Kelley D S, Karson J A, Frühgreen G L, et al. 2005. A serpentinite-hosted ecosystem: the lost city hydrothermal field. Science, 307(5714): 1428-1434.

Kent G M, Harding A J, Orcutt J A. 1993. Distribution of magma beneath the East Pacific Rise between the Clipperton transform and the 9°17′N Deval from forward modeling of common depth point data. Journal of Geophysical Research: Solid Earth, 98(B8): 13945-13969.

Kent G M, Singh S C, Harding A J, et al. 2000. Evidence from three-dimensional seismic reflectivity images for enhanced melt supply beneath mid-ocean-ridge discontinuities. Nature, 406(6796): 614-618.

Kilias S P, Stathopoulou E, Goettlicher J, et al. 2013. New insights into hydrothermal vent processes in the unique shallow-submarine arc-volcano, Kolumbo (Santorini), Greece. Scientific reports, 3: 2421.

Knott R, Fouquet Y, Honnorez J, et al. 1998. Petrology of hydrothermal mineralization: a vertical section through the TAG mound. Proceedings of the Ocean Drilling Program, Scientific Results, 158(2): 5-26.

Kowalczyk P. 2011. Geophysical exploration for Submarine Massive Sulfide deposits. Santander: OCEANS'11 MTS/IEEE KONA. 1-5.

Kreuzer O P, Etheridge M A, Guj P, et al. 2008. Linking mineral deposit models to quantitative risk analysis and decision-making in exploration. Economic Geology, 103(4): 829-850.

Kumagai H, Nakamura K, Toki T, et al. 2008. Geological background of the Kairei and Edmond hydrothermal fields along the Central Indian Ridge: implications of their vent fluids' distinct chemistry. Geofluids, 8(4): 239-251.

Lackschewitz K S, Singer A, Botz R, et al. 2000. Formation and transformation of clay minerals in the hydrothermal deposits of Middle Valley, Juan de Fuca Ridge, ODP Leg 169. Economic Geology, 95(2): 361-389.

Lagabrielle Y, Guivel C, Maury R C, et al. 2000. Magmatic-tectonic effects of high thermal regime at the site of active ridge subduction: the Chile triple junction model. Tectonophysics, 326(3-4): 255-268.

Lalou C, Brichet E, Hekinian R. 1985. Age dating of sulfide deposits from axial and off-axial structures on the East Pacific Rise near 12°50′N. Earth & Planetary Science Letters, 75(1): 59-71.

Lalou C, Münch U, Halbach P, et al. 1998. Radiochronological investigation of hydrothermal deposits from the MESO zone, Central Indian Ridge. Marine Geology, 149(149): 243-254.

Lalou C, Reyss J L, Brichet E, et al. 1993. New age data for Mid-Atlantic Ridge hydrothermal sites: TAG and Snakepit chronology revisited. Journal of Geophysical Research Solid Earth, 98(B6): 9705-9713.

Lalou C, Thompson G, Arnold M, et al. 1990. Geochronology of TAG and Snakepit hydrothermal fields, Mid-Atlantic Ridge: witness to a long and complex hydrothermal history. Earth and Planetary Science Letters, 97(1-2): 113-128.

Langmuir C, Humphris S, Fornari D, et al. 1997. Hydrothermal vents near a mantle hot spot: the Lucky Strike vent field at 37°N on the Mid-Atlantic Ridge. Earth & Planetary Science Letters, 148(1-2): 69-91.

Langmuir C H, Klein E M, Plank T. 1993. Petrological systematics of mid-ocean ridge basalts: constraints on melt generation beneath ocean ridges. Mantle Flow and Melt Generation at Mid-Ocean Ridges,71: 183-280.

Laurila T E, Hannington M D, Petersen S, et al. 2014. Trace metal distribution in the Atlantis II Deep (Red Sea) sediments. Chemical Geology, 386: 80-100.

Lehuray A P, Church S E, Koski R A, et al. 1988. Pb isotopes in sulfides from mid-ocean ridge hydrothermal sites. Geology, 16(4): 362-365.

Lein A Y, Bogdanov Y A, Maslennikov V V, et al. 2010. Sulfide minerals in the Menez Gwen nonmetallic hydrothermal field (Mid-Atlantic Ridge). Lithology and Mineral Resources, 45(4): 305-323.

Lein A Y, Ulyanova N V, Ulyanov A A, et al. 1999. Mineralogy and geochemistry of sulfide ores in ocean-floor hydrothermal fields associated with serpentinite protrusions. Russian Journal of Earth Sciences, 3(5): 371-393.

Li J B, Jian H C, Chen Y S J, et al. 2015. Seismic observation of an extremely magmatic accretion at the ultraslow spreading Southwest Indian Ridge. Geophysical Research Letters, 42(8): 2656-2663.

Li J T, Zhao Z W. 2016. Kinetics of scheelite concentrate digestion with sulfuric acid in the presence of phosphoric acid. Hydrometallurgy, 163: 55-60.

Li J T, Zhou H Y, Fang J S, et al. 2016. Microbial distribution in a hydrothermal plume of the southwestern Indian ridge. Geomicrobiology Journal, 33(5): 401-415.

Lin J, Zhang C. 2006. The first collaborative China-international cruises to investigate mid-ocean ridge hydrothermal vents. InterRidge News, 15: 33-34.

Lipton I, Gleeson E, Munro P. 2018. Preliminary Economic Assessment of the Solwara Project, Bismarck Sea, PNG. Toronto: Nautilus Minerals Niugini Ltd: 242.

Lipton M L, Gellella E, Lo C, et al. 2008. Multifocal white matter ultrastructural abnormalities in mild traumatic brain injury with cognitive disability: a voxel-wise analysis of diffusion tensor imaging. Journal of Neurotrauma, 25(11): 1335-1342.

Lisitzin A P, Lukashin V N, Gordeev V V, et al. 1997. Hydrological and geochemical anomalies associated with hydrothermal activity in SW Pacific marginal and back-arc basins. Marine Geology, 142(1-4): 7-45.

Lonsdale P. 1976. Abyssal circulation of the southeastern Pacific and some geological implications. Journal of Geophysical Research Atmospheres, 81(6): 1163-1176.

Lowell R P, Farough A, Hoover J, et al. 2013. Characteristics of magma-driven hydrothermal systems at oceanic spreading centers. Geochemistry, Geophysics, Geosystems, 14(6): 1756-1770.

Lowell R P, Rona P A. 2002. Seafloor hydrothermal systems driven by the serpentinization of peridotite. Geophysical Research Letters, 29(11): (26-1)-(26-4).

Lupton J E, Baker E T, Massoth G J. 1999. Helium, heat, and the generation of hydrothermal event plumes at mid-ocean ridges. Earth & Planetary Science Letters, 171(3): 343-350.

Lupton J E, Craig H. 1981. A major helium-3 source at 15°S on the East Pacific Rise. Science, 214(4516): 13-18.

Lupton J, Lilley M, Baker E, et al. 2002. Gas Chemistry of Hydrothermal Systems of the Explorer Ridge, NE Pacific Ocean. San Francisco: AGU 2002 Fall Meeting: 239-248.

Macdonald K C. 1982. Mid-ocean ridges: fine scale tectonic, volcanic and hydrothermal processes within the plate boundary zone. Annual Review of Earth and Planetary Sciences, 10(1): 155-190.

Macdonald K C. 2001. Mid-ocean ridge tectonics, volcanism, and geomorphology*. Encyclopedia of Ocean Sciences: 852-866.

Madsen R. 1984. Morality and power in a Chinese village. California: Univ. of California Press, 15(1): 132.

Marchig V, Blum N, Roonwal G. 1997. Massive sulfide chimneys from the east pacific rise at 7°24'S and 16°43'S. Marine Georesources & Geotechnology, 15(1): 49-66.

Marchig V, Gundlach H, Möller P, et al. 1982. Some geochemical indicators for discrimination between diagenetic and hydrothermal metalliferous sediments. Marine Geology, 50(3): 241-256.

Marques A F A, Barriga F J A S, Scott S D. 2007. Sulfide mineralization in an ultramafic-rock hosted seafloor hydrothermal system: From serpentinization to the formation of Cu-Zn-(Co)-rich massive sulfides. Marine Geology, 245(1-4): 20-39.

Marques A F A, Scott S D, Guillong M. 2011. Magmatic degassing of ore-metals at the Menez Gwen: input from the Azores plume into an active Mid-Atlantic Ridge seafloor hydrothermal system. Earth and Planetary Science Letters, 310(1-2): 145-160.

Marquez L L, Nehlig P. 2000. 9. Textural analyses of vein networks and sulfide impregnation zones: implications for the structural development of the bent hill massive sulfide deposit. Proceeding Ocean Drilling Program, Scientific Results, 169: 1-25.

Martel S J, Muller J R. 2000. A two-dimensional boundary element method for calculating elastic gravitational stresses in slopes. Pure & Applied Geophysics, 157(6-8): 989-1007.

McCaig A M, Cliff R A, Escartin J, et al. 2007. Oceanic detachment faults focus very large volumes of black smoker fluids. Geology, 35(10): 935-938.

McCuaig T C, Beresford S, Hronsky J. 2010. Translating the mineral systems approach into an effective exploration targeting system. Ore Geology Reviews, 38(3): 128-138.

Melchert B, Devey C W, German C R, et al. 2008. First evidence for high-temperature off-axis venting of deep crustal/mantle heat: the Nibelungen hydrothermal field, southern Mid-Atlantic Ridge. Earth and Planetary Science Letters, 275(1): 61-69.

Melekestseva I Y, Kotlyarov V A, Khvorov P V, et al. 2010. Noble-metal mineralization in the Semenov-2 hydrothermal field (13°31′N), Mid-Atlantic Ridge. Geology of Ore Deposits, 52(8): 800-810.

Melekestseva I Y, Maslennikov V V, Tret Yakov G A, et al. 2017. Gold-and silver-rich massive sulfides from the Semenov-2 hydrothermal field, 13°31.13′N, Mid-Atlantic Ridge: a case of magmatic contribution? Economic Geology, 112(4): 741-773.

Melekestseva I Y, Tret'yakov G A, Nimis P, et al. 2014. Barite-rich massive sulfides from the Semenov-1 hydrothermal field (Mid-Atlantic Ridge, 13°30.87′N): evidence for phase separation and magmatic input. Marine Geology, 349: 37-54.

Mendel V, Sauter D, Parson L, et al. 1997. Segmentation and morphotectonic variations along a super slow-spreading center: the Southwest Indian Ridge (57°E -70°E). Marine Geophysical Researches, 19(6): 505-533.

Mendel V, Sauter D, Rommevaux Jestin C, et al. 2003. Magmato-tectonic cyclicity at the ultra-slow spreading Southwest Indian Ridge: evidence from variations of axial volcanic ridge morphology and abyssal hills pattern. Geochemistry, Geophysics, Geosystems, 4(5): 9102.

Mills R, Elderfield H, Thomson J. 1993. A dual origin for the hydrothermal component in a metalliferous sediment core from the Mid-Atlantic Ridge. Journal of Geophysical Research Solid Earth, 98(B6): 9671-9681.

Monecke T, Petersen S, Hannington M D. 2014. Constraints on water depth of massive sulfide formation: evidence from modern seafloor hydrothermal systems in arc-related settings. Economic Geology, 109(8): 2079-2101.

Mottl M J, Mcconachy T F. 1990. Chemical processes in buoyant hydrothermal plumes on the East Pacific Rise near 21°N. Geochimica et Cosmochimica Acta, 54(7): 1911-1927.

Mozgova N N, Borodaev Y S, Gablina I F, et al. 2005. Mineral assemblages as indicators of the maturity of oceanic hydrothermal sulfide mounds. Lithology and Mineral Resources, 40(4): 293-319.

Muhittin A A, Osman N U, Atilla O, et al. 2001. Separation of Bouguer anomaly map using cellular neural network. Journal of Applied Geophysics, 46(2): 129-142.

Münch U, Blum N, Halbach P. 1999. Mineralogical and geochemical features of sulfide chimneys from the MESO zone, Central Indian Ridge. Chemical geology, 155(1): 29-44.

Münch U, Lalou C, Halbach P, et al. 2001. Relict hydrothermal events along the super-slow Southwest Indian spreading ridge near 63°56′E—mineralogy, chemistry and chronology of sulfide samples. Chemical Geology, 177(3-4): 341-349.

Murton B J, Klinkhammer G, Becker K, et al. 1994. Direct evidence for the distribution and occurrence of hydrothermal activity between 27°N-30°N on the Mid-Atlantic Ridge. Earth and Planetary Science Letters, 125(1): 119-128.

Murton B J, Van Dover C, Southward E. 1995. Geological setting and ecology of the Broken Spur hydrothermal vent field: 29°10′N on the Mid-Atlantic Ridge. Geological Society London Special Publications, 87(1): 33-41.

Mutter J C, Carbotte S, Nedimovic M, et al. 2013. Seismic imaging in three dimensions on the East Pacific Rise. Eos Transactions American Geophysical Union, 90(42): 374-375.

Nakamura K, Morishita T, Bach W, et al. 2009. Serpentinized troctolites exposed near the Kairei Hydrothermal Field, Central Indian Ridge: Insights into the origin of the Kairei hydrothermal fluid supporting a unique microbial ecosystem. Earth and Planetary Science Letters, 280(1): 128-136.

Nakayama K, Saito A, Yamashita Y. 2010. Time-domain electromagnetic technologies for the ocean bottom mineral resources. Proceeding of the SEGJ Conference: 66-69.

Nayak B, Halbach P, Pracejus B, et al. 2014. Massive sulfides of Mount Jourdanne along the super-slow spreading southwest Indian Ridge and their genesis. Ore Geology Reviews, 63: 115-128.

Niu X, Ruan A, Li J, et al. 2015. Along-axis variation in crustal thickness at the ultraslow spreading southwest Indian Ridge (50°E) from a wide-angle seismic experiment. Geochemistry, Geophysics,

Geosystems, 16(2): 468-485.

Nobes D C, Law L K, Edwards R N. 1986. The determination of resistivity and porosity of the sediment and fractured basalt layers near the Juan de Fuca Ridge. Geophysical Journal of the Royal Astronomical Society, 86(2): 289-317.

Nobes D C, Law L K, Edwards R N. 1992. Results of a sea-floor electromagnetic survey over a sedimented hydrothermal area on the Juan de Fuca Ridge. Geophysical Journal of the Royal Astronomical Society, 110(2): 333-346.

Ohmoto H. 1996. Formation of volcanogenic massive sulfide deposits: the Kuroko perspective. Ore Geology Reviews, 10(10): 135-177.

Ohtagaki T, Abe Y, Kimura A, et al. 1969. Geological structure and ore deposits in the northeastern area of the Hokuroku basin, Akita Prefecture, Japan. Mining Geology, 19(94-95): 122-132.

Okino K, Nakamura K, Sato H. 2015. Tectonic background of four hydrothermal fields along the Central Indian Ridge//Ishibashi J, Okino K, Sunamura M. Subseafloor Biosphere Linked to Hydrothermal Systems. Tokyo: Springer: 133-146.

Ono S, Iii W C S, Rouxel O J, et al. 2007. S-33 constraints on the seawater sulfate contribution in modern seafloor hydrothermal vent sulfides. Geochimica Et Cosmochimica Acta, 71(5): 1170-1182.

Palma P J, Cunha M P, Lopes M P. 2013. EntrEPReneurial Behavior. New York: Springer: 155-184.

Palshin N A. 1996. Oceanic electromagnetic studies: a review. Surveys in Geophysics, 17(4): 455-491.

Parianos J. 2014. Nautilus minerals: progress made on our Solwara 1 project in Papua New Guinea. Lisbon: 53-69.

Party S S. 1998. Introduction: Investigation of hydrothermal circulation and genesis of massive sulfide deposits at sediment-covered spreading centers at Middle Valley and Escanaba Trough. Proceedings of the Ocean Drilling Program, Initial Reports, 169: 7-15.

Patriat P, Sauter D, Munschy M, et al. 1997. A survey of the Southwest Indian Ridge axis between Atlantis II Fracture Zone and the Indian Ocean Triple Junction: regional setting and large scale segmentation. Marine Geophysical Research, 19(6): 457-480.

Pattan J N, Jauhari P. 2001. Major, trace, and rare earth elements in the sediments of the central Indian Ocean Basin: their source and distribution. Marine Geotechnology, 19(2): 85-106.

Petersen S, Herzig P M, Hannington M D. 2000. Third dimension of a presently forming VMS deposit: TAG hydrothermal mound, Mid-Atlantic Ridge, 26°N. Mineralium Deposita, 35(2-3): 233-259.

Petersen S, Herzig P M, Kuhn T. 2005a. Shallow drilling of seafloor hydrothermal systems using the BGS rockdrill: Conical seamount(New Ireland fore-arc) and PACMANUS(Eastern Manus Basin), Papus New Guinea. Marine Georesources & Geotechnology, 23(3): 175-193.

Petersen S, Krätschell A, Augustin N, et al. 2016. News from the seabed-Geological characteristics and resource potential of deep-sea mineral resources. Marine Policy, 70: 175-187.

Petersen S, Kuhn K, Kuhn T, et al. 2009. The geological setting of the ultramafic-hosted Logatchev hydrothermal field (14°45′N, Mid-Atlantic Ridge) and its influence on massive sulfide formation. Lithos, 112(1): 40-56.

Petersen S, Kuhn T, Herzig P M, et al. 2005b. Factors controlling precious and base-metal enrichments at the ultramafic-hosted Logatchev hydrothermal field, 14°45′N on the MAR: new insights from cruise M60/3. Heidelberg: Springer: 679-682.

Petukhov S I, Alexsandrov P A, Andreev S I. 2010. Deformational model of hydrothermal sulphide ore fields for prediction of hydrothermal activity locations (for different areas of the Atlantic and Indian Oceans). Proceedings of the Joint International Conference on Minerals of the Ocean, Deep-sea Minerals and Mining: 70-72.

Petukhov S I, Anokhin V M, Mel'nikov M E, et al. 2015. Geodynamic features of the northwestern part of the Magellan Seamounts, Pacific Ocean. Journal of Geography & Geology, 7(1): 35-45.

Pontbriand C W, Sohn R A. 2014. Micro earthquake evidence for reaction-driven cracking within the Trans-Atlantic Geotraverse active hydrothermal deposit. Journal of Geophysical Research: Solid Earth, 119(2): 822-839.

Ramesh N, Duda J L. 2001. Predicting migration of trace amounts of styrene in poly (styrene) below the glass transition temperature. Food and Chemical Toxicology, 39(4): 355-360.
Ray D, Kamesh Raju K A, Baker E T, et al. 2013. Hydrothermal plumes over the Carlsberg Ridge, Indian Ocean. Geochemistry, Geophysics, Geosystems, 13(1): 107-118.
Revuelta M B. 2017. Mineral Resources. Cham: Springer: 35-40.
Rona P A. 1988. Hydrothermal mineralization at oceanic ridges. Canadian Mineralogist, 26(3): 431-465.
Rona P A, Bogdanov Y A, Gurvich E G, et al. 1993. Relict hydrothermal zones in the TAG hydrothermal field, Mid-Atlantic Ridge 26°N, 45°W. Journal of Geophysical Research Solid Earth, 98(B6): 9715-9730.
Rona P A, Davis E E, Ludwig R J. 1998. Thermal properties of TAG hydrothermal precipitates, Mid-Atlantic Ridge, and comparison with Middle Valley, Juan de Fuca Ridge. Proceedings of Ocean Drilling Program, Scientific Results. National Science Foundation: 329-336.
Rona P A, Scott S D. 1993. A special issue on sea-floor hydrothermal mineralization: new perspectives. Economic Geology, 88(8): 1935-1976.
Rona P A, Smith K L. 1984. Processes in the ocean. (book reviews: hydrothermal processes at seafloor spreading centers). Science, 226(4678): 1067-1068.
Rouxel O, Fouquet Y, Ludden J N. 2004. Subsurface processes at the lucky strike hydrothermal field, Mid-Atlantic ridge: evidence from sulfur, selenium, and iron isotopes. Geochimica et Cosmochimica Acta, 68(10): 2295-2311.
Rouxel O, Shanks W C, Bach W I, et al. 2008. Integrated Fe- and S-isotope study of seafloor hydrothermal vents at East Pacific rise 9°-10°N. Chemical Geology, 252(3-4): 214-227.
Rubin K. 1997. Degassing of metals and metalloids from erupting seamount and mid-ocean ridge volcanoes: Observations and predictions. Geochimica et Cosmochimica Acta, 61(17): 3525-3542.
Rubin K H, Soule S A, Jr W W C, et al. 2012. Volcanic Eruptions in the Deep Sea. Oceanography, 25(1): 142-157.
Rudnicki M D, Elderfield H. 1993. A chemical model of the buoyant and neutrally buoyant plume above the TAG vent field, 26 degrees N, Mid-Atlantic Ridge. Geochimica et Cosmochimica Acta, 57(13): 2939-2957.
Rusakov V Y, Shilov V V, Ryzhenko B N, et al. 2013. Mineralogical and geochemical zoning of sediments at the Semenov cluster of hydrothermal fields, 13°31′-13°30′N, Mid-Atlantic Ridge. Geochemistry International, 51(8): 646-669.
Safipour R, Hölz S, Halbach J, et al. 2017. A self-potential investigation of submarine massive sulfides: Palinuro Seamount, Tyrrhenian Sea Marine self-potential method. Geophysics, 82(6): A51-A56.
Sangster D F. 1980. Distribution and origin of Precambrian massive sulphide deposits of North America. The continental crust and its mineral deposits: Geol. Assoc. Canada Spec. Paper, 20: 725-759.
Sant T, Crowhurst P, Plunkett S, et al. 2010. Geology of the Solwara 1 deposit and techniques of seafloor massive sulphide exploration. Smart Science for Exploration and Mining, 1-2: 68-70.
Satake K, Atwater B F. 2007. Long-term perspectives on giant earthquakes and tsunamis at subduction zones*. Annual Review of Earth & Planetary Sciences, 35(1): 349-374.
Sato M. 1960. Oxidation of sulfide ore bodies, II. Oxidation mechanisms of sulfide minerals at 25℃. Economic Geology & the Bulletin of the Society of Economic Geologists: 55.
Sato T, Okino K, Kumagai H. 2009. Magnetic structure of an oceanic core complex at the southernmost Central Indian Ridge: analysis of shipboard and deep-sea three-component magnetometer data. Geochemistry, Geophysics, Geosystems, 10(6): 1-25.
Sauter D, Cannat M, Meyzen C, et al. 2009. Propagation of a melting anomaly along the ultraslow Southwest Indian Ridge between 46°E and 52°20'E: interaction with the Crozet hotspot? Geophysical Journal International, 179(2): 687-699.
Sauter D, Carton H, Mendel V, et al. 2004. Ridge segmentation and the magnetic structure of the Southwest Indian Ridge (at 50°30'E, 55°30'E and 66°20'E): implications for magmatic processes at ultraslow-spreading centers. Geochemistry, Geophysics, Geosystems, 5(5): 1-25.
Sauter D, Patriat P, Rommevaux-Jestin C, et al. 2001. The Southwest Indian Ridge between 49°15′E and 57°E:

focused accretion and magma redistribution. Earth and Planetary Science Letters, 192(3): 303-317.

Scheirer D S, Baker E T, Johnson K. 1998. Detection of hydrothermal plumes along the Southeast Indian Ridge near the Amsterdam-St. Paul Plateau. Geophysical Research Letters, 25(1): 97-100.

Schmidt K, Garbe-Schönberg D, Koschinsky A, et al. 2011. Fluid elemental and stable isotope composition of the Nibelungen hydrothermal field (8°18′S, Mid-Atlantic Ridge): constraints on fluid-rock interaction in heterogeneous lithosphere. Chemical Geology, 280(1): 1-18.

Schmidt K, Koschinsky A, Garbe-Schönberg D, et al. 2007. Geochemistry of hydrothermal fluids from the ultramafic-hosted Logatchev hydrothermal field, 15°N on the Mid-Atlantic Ridge: temporal and spatial investigation. Chemical Geology, 242(1): 1-21.

Schöpa A, Pantaleo M, Walter T R. 2011. Scale-dependent location of hydrothermal vents: stress field models and infrared field observations on the Fossa Cone, Vulcano Island, Italy. Journal of Volcanology & Geothermal Research, 203(3): 133-145.

Scott S D. 2011. Marine minerals: their occurrences, exploration and exploitation Santander: OCEANS'11 MTS/IEEE KONA: 1-8.

Seal R R. 2006. Sulfur isotope geochemistry of sulfide minerals. Reviews in Mineralogy & Geochemistry, 61(1): 633-677.

Seyfried Jr W E. 1987. Experimental and theoretical constraints on hydrothermal alteration processes at mid-ocean ridges. Annual Review of Earth and Planetary Sciences, 15: 317-335.

Seyfried Jr W E, Ding K, Berndt M E. 1991. Phase equilibria constraints on the chemistry of hot spring fluids at mid-ocean ridges. Geochimica et Cosmochimica Acta, 55(12): 3559-3580.

Seyfried Jr W E, Ding K, Berndt M E, et al. 1999. Experimental and theoretical controls on the composition of mid-ocean ridge hydrothermal fluids//Volcanic-Associated Massive Sulfide Deposits: Processes and Examples in Modern and Ancient Settings. Reviews in Economic Geology, 8. Littleton, CO, USA: Economic Geology Publishing Company: 181-200.

Shah K, Kumar R G, Verma S, et al. 2001. Effect of cadmium on lipid peroxidation, superoxide anion generation and activities of antioxidant enzymes in growing rice seedlings. Plant Science, 161(6): 1135-1144.

Shanks W C. 2001. Stable isotopes in seafloor hydrothermal systems: vent fluids, hydrothermal deposits, hydrothermal alteration, and microbial processes. Reviews in Mineralogy and Geochemistry, 43(1): 469-525.

Shanks W C, Bischoff J L, Rosenbauer R J. 1981. Seawater sulfate reduction and sulfur isotope fractionation in basaltic systems: interaction of seawater with fayalite and magnetite at 200-350℃. Geochimica et Cosmochimica Acta, 45(11): 1977-1995.

Shannon R V. 1976. Two-tone unmasking and suppression in a forward-masking situation. Journal of the Acoustical Society of America, 59(6): 1460-1470.

Shearme S, Cronan D S, Rona P A. 1983. Geochemistry of sediments from the TAG hydrothermal field, MAR at latitude 26°N. Marine Geology, 51(3): 269-291.

Shinohara M, Yamada T, Ishihara T, et al. 2015. Development of an underwater gravity measurement system using autonomous underwater vehicle for exploration of seafloor deposits Genova: Oceans IEEE: 1-7.

Sinclair A J, Blackwell G H. 2002. Applied Mineral Inventory Estimation. Cambridge: Cambridge University Press: 381.

Singer D A, Menzie W D. 2008. Map scale effects on estimating the number of undiscovered mineral deposits//Progress in Geomathematics. Heidelberg: Springer: 271-283.

Singer D A, Mosier D L. 1981. A review of regional mineral resource assessment methods. Economic Geology, 76(5): 1006-1015.

Singh A, Pathirana S, Shi H. 2005. Assessing Coastal Vulnerability Developing A Global Index for Measuring Risk. Nairob: UNEP.

Singh S C, Collier J S, Harding A J, et al. 1999. Seismic evidence for a hydrothermal layer above the solid roof of the axial magma chamber at the southern East Pacific Rise. Geology, 27(3): 219-222.

Singh S C, Crawford W C, Carton H, et al. 2006. Discovery of a magma chamber and faults beneath a

Mid-Atlantic Ridge hydrothermal field. Nature, 442(7106): 1029.
Sinton J M, Detrick R S. 1992. Mid ocean ridge magma chambers. Journal of Geophysical Research Solid Earth, 97(B1): 197-216.
Sleep N H. 1991. Hydrothermal circulation, anhydrite precipitation, and thermal structure at ridge axes. Journal of Geophysical Research: Solid Earth, 96(B2): 2375-2387.
Slichter L B. 1960. The need of a new philosophy of prospecting. Transactions of the American Institute of Mining and Metallurgical Engineers, 217: 84-90.
Smirnov V O, Ratushnyi O V, Сапожников, Я И. 2013. Выбор оптимального сечения трубопровода. Сучасні технології у промисловому виробництві: матеріали науково-технічної конференції викладачів, Наукові видання (ТеСЕТ), 2: 88.
Smith E, Conrad C P, Plank T, et al. 2008. Testing models for basaltic volcanism: implications for yucca mountain, nevada. Transactions of the American Nuclear Society: 157-164.
Sohn R A, Fornari D J. 1998. Seismic and hydrothermal evidence for a cracking event on the East Pacific Rise crest at 9°50'N. Nature, 396(6707): 159-161.
Son J, Pak S J, Kim J, et al. 2014. Tectonic and magmatic control of hydrothermal activity along the slow-spreading Central Indian Ridge, 8°S-17°S. Geochemistry, Geophysics, Geosystems, 15(5): 2011-2020.
Speer K G. 1998. A new spin on hydrothermal plumes. Science, 280(5366): 1034-1035.
Speer K G, Rona P A. 1989. A model of an Atlantic and Pacific hydrothermal plume. Journal of Geophysical Research: Oceans, 94(C5): 6213-6220.
Spencer A, Ramsey A. 2011. Improving geotechnical drilling to reach seafloor massive sulfide deposits. Sea Technology, 52(9): 10-13.
Spiess F N, Macdonald K C, Atwater T, et al. 1980. East pacific rise: hot springs and geophysical experiments. Science, 207(4438): 1421-1433.
Standish J J, Dick H J B, Michael P J, 2008. MORB generation beneath the ultraslow spreading Southwest Indian Ridge (9°-25°E): major element chemistry and the importance of process versus source. Geochemistry, Geophysics, Geosystems, 9(5): 1-39.
Stapel J O, Cortesero A M, Moraes C M D, et al. 1997. Extrafloral nectar, honeydew, and sucrose effects on searching behavior and efficiency of Microplitis croceipes (Hymenoptera: Braconidae) in cotton. Environmental Entomology, 26(3): 617-623.
Stein J S, Fisher A T, Langseth M, et al. 1998. Fine-scale heat flow, shallow heat sources, and decoupled circulation systems at two sea-floor hydrothermal sites, Middle Valley, northern Juan de Fuca Ridge. Geology, 26(12): 1115-1118.
Stranne C, Sohn R A, Liljebladh B, et al. 2010. Analysis and modeling of hydrothermal plume data acquired from the 85°E segment of the Gakkel Ridge. Journal of Geophysical Research Oceans, 115(C6): 1-17.
Stuart F M, Ellam R M, Duckworth R C. 1999. Metal sources in the Middle Valley massive sulphide deposit, northern Juan de Fuca Ridge: Pb isotope constraints. Chemical Geology, 153(1-4): 213-225.
Stüben D, Taibi N E, Mcmurtry G M, et al. 1994. Growth history of a hydrothermal silica chimney from the Mariana backarc spreading center (southwest Pacific, 18°13'N). Chemical Geology, 113(3-4): 273-296.
Sudarikov S M, Roumiantsev A B. 2000. Structure of hydrothermal plumes at the Logatchev vent field, 14°45'N, Mid-Atlantic Ridge: evidence from geochemical and geophysical data. Journal of Volcanology and Geothermal Research, 101(3-4): 245-252.
Svetlana B, Vnii O. 2014. Geochemical types of sulfide ore as indicators of mineral evolution at the hydrothermal vent field Jubileynoye (MAR). Lisbon: The 43rd Conference of the Underwater Mining Institute.
Tao C H, Chen S, Baker E T, et al. 2017. Hydrothermal plume mapping as a prospecting tool for seafloor sulfide deposits: a case study at the Zouyu-1 and Zouyu-2 hydrothermal fields in the southern Mid-Atlantic Ridge. Marine Geophysical Research, 38(1-2): 3-16.
Tao C H, Li H M, Jin X B, et al. 2014. Seafloor hydrothermal activity and polymetallic sulfide exploration on the southwest Indian ridge. Chinese Science Bulletin, 59(19): 2266-2276.

Tao C H, Lin J, Guo S Q, et al. 2012. First active hydrothermal vents on an ultraslow-spreading center: Southwest Indian Ridge. Geology, 40(1): 47-50.

Tao C H, Wu G H, Deng X M, et al. 2013. New discovery of seafloor hydrothermal activity on the Indian Ocean Carlsberg Ridge and Southern North Atlantic Ridge—progress during the 26th Chinese COMRA cruise. Acta Oceanologica Sinica, 32(8): 85-88.

Tao C H, Wu G H, Ni J, et al. 2009a. New hydrothermal fields found along the SWIR during the Legs 5-7 of the Chinese DY115-20 Expedition. San Francisco: AGU 2009 Fall Meeting: 73-88.

Tao C H, Wu G H, Su X, et al. 2009b. The inactive hydrothermal vent fields discovered at Southwest India Ridge 50.5°E by the Chinese DY115-20 Leg 5 Expedition. InterRidge News, 16: 25-26.

Tivey M A. 1994. High-resolution magnetic surveys over the Middle Valley mounds, northern Juan de Fuca Ridge. Proceedings of Ocean Drilling Program, Scientific Results, 139: 29-35.

Tivey M A, Johnson H P, Salmi M S, et al. 2014. High-resolution near-bottom vector magnetic anomalies over Raven hydrothermal field, Endeavour Segment, Juan de Fuca Ridge. Journal of Geophysical Research Solid Earth, 119(10): 7389-7403.

Tivey M A, Rona P A, Schouten H. 1993. Reduced crustal magnetization beneath the active sulfide mound, TAG hydrothermal field, Mid-Atlantic Ridge at 26°N. Earth and Planetary Science Letters, 115(1-4): 101-115.

Tivey M A, Schouten H, Kleinrock M C. 2003. A near-bottom magnetic survey of the Mid-Atlantic Ridge axis at 26° N: implications for the tectonic evolution of the TAG segment. Journal of Geophysical Research: Solid Earth, 108(B5): 1-13.

Tivey M K. 1995. Modeling chimney growth and associated fluid flow at seafloor hydrothermal vent sites. Seafloor Hydrothermal Systems: Physical, Chemical, Biological, and Geological Interactions: 158-177.

Tivey M K. 2007a. Generation of seafloor hydrothermal vent fluids and associated mineral deposits. Oceanography, 20(1): 50-65.

Tivey M K. 2007b. Trace element sulfide geochemistry as an indicator of vent fluid pH. Geochimica et Cosmo-chimica Acta, 71(15S): A1024.

Tolstoy M, Waldhauser F, Bohnenstiehl D R, et al. 2011. Seismic identification of along-axis hydrothermal flow on the East Pacific Rise. Nature, 451(7175): 181.

Tostevin R, Turchyn A V, Farquhar J, et al. 2014. Multiple sulfur isotope constraints on the modern sulfur cycle. Earth & Planetary Science Letters, 396(396): 14-21.

Tucholke B E, Behn M D, Buck W R, et al. 2008. Role of melt supply in oceanic detachment faulting and formation of megamullions. Geology, 36(6): 455-458.

Tufar W. 1990. Modern hydrothermal activity, formation of complex massive sulfide deposits and associated vent communities in the Manus back-arc basin (Bismarck Sea, Papua New Guinea). Mitteilungen der Österreichischen Geologischen Gesellschaft, 82: 183-210.

Tunnicliffe V, Botros M, Burgh M E D, et al. 1986. Hydrothermal vents of Explorer Ridge, northeast Pacific. Deep Sea Research Part A Oceanographic Research Papers, 33(3): 401-412.

Turner R, Ames D E, Franklin J M, et al. 1993. Character of active hydrothermal mounds and nearby altered hemipelagic sediments in the hydrothermal areas of Middle Valley, northern Juan de Fuca Ridge: data on shallow cores. Canadian Mineralogist, 31(4): 973-995.

Tyler P A, Young C M. 2003. Dispersal at hydrothermal vents: a summary of recent progress//Migrations and Dispersal of Marine Organisms. Netherlands: Springer: 9-19.

U. S. Geological Survey. 2010. Mineral commodity summaries 2010. Washington. [2019-4-18]http: // minerals. usgs. gov/ minerals/pubs/mcs/2010/mcs2010.pdf.

Uglov B D. 2013. Geological-geophysical methods of allocation of circumstances, favorable for the deep sulfide ores formation. Modern methods for study the composition of deep-sea polymetallic sulphides of the World ocean-M VIMS, Углов: 25-46.

Van Ark E, Detrick R, Canales J P, et al. 2004. Seismic characterization of crustal magma bodies at the endeavour segment, Juan de Fuca Ridge. San Francisco: AGU 2004 Fall Meeting: 157-169.

Von Damm K L, Parker C M, Zierenberg R A, et al. 2005. The Escanaba Trough, Gorda Ridge hydrothermal system: temporal stability and subseafloor complexity. Geochimica et Cosmochimica Acta, 69(21): 4971-4984.

Von H R P, Kirklin J, Becker K. 1996. Geoelectrical measurements at the TAG hydrothermal mound. Geophysical Research Letters, 23(23): 3451-3454.

Walter P, Stoffers P. 1985. Chemical characteristics of metalliferous sediments from eight areas on the Galapagos Rift and East Pacific Rise between 2°N and 42°S. Marine Geology, 65(3-4): 271-287.

Wang H, Li X, Chu F, et al. 2018. Mineralogy, geochemistry, and Sr-Pb isotopic geochemistry of hydrothermal massive sulfides from the 15.2°S hydrothermal field, Mid-Atlantic Ridge. Journal of Marine Systems, 180: 220-227.

Wang H, Yang Q, Ji F, et al. 2012. The geochemical characteristics and Fe (II) oxidation kinetics of hydrothermal plumes at the Southwest Indian Ridge. Marine Chemistry, 134: 29-35.

Weekly R T, Wilcock W S D, Hooft E E E, et al. 2013. Termination of a 6 year ridge-spreading event observed using a seafloor seismic network on the Endeavour Segment, Juan de Fuca Ridge. Geochemistry, Geophysics, Geosystems, 14(5): 1375-1398.

Wetzel L R, Shock E L. 2000. Distinguishing ultramafic-from basalt-hosted submarine hydrothermal systems by comparing calculated vent fluid compositions. Journal of Geophysical Research: Solid Earth, 105(B4): 8319-8340.

White C H, Montigny R, Sevigny J, et al. 1992. K-Ar and 40Ar-39Ar ages of central Kerguelen Plateau basalts. Proceedings of the Ocean Drilling Program, Scientific Results, 120: 71-77.

White R S, Minshull T A, Bickle M J, et al. 2001. Melt generation at very slow-spreading oceanic ridges: constraints from geochemical and geophysical data. Journal of Petrology, 42(6): 1171-1196.

Wilcock W S D, Archer S D, Purdy G M. 2002. Microearthquakes on the Endeavour segment of the Juan de Fuca Ridge. Journal of Geophysical Research, 107(107): 1-4.

Wilcock W S D, Delaney J R. 1996. Mid-ocean ridge sulfide deposits: evidence for heat extraction from magma chambers or cracking fronts? Earth & Planetary Science Letters, 145(1-4): 49-64.

Wilcock W S D, Hooft E E E, Toomey D R, et al. 2009. The role of magma injection in localizing black-smoker activity. Nature Geoscience, 2(7): 509-513.

Woodruff L G, Shanks W C. 1988. Sulfur isotope study of chimney minerals and vent fluids from 21°N, East Pacific Rise: hydrothermal sulfur sources and disequilibrium sulfate reduction. Journal of Geophysical Research: Solid Earth, 93(B5): 4562-4572.

Wu T, Tao C, Liu C, et al. 2016. Geomagnetic models and edge recognition of hydrothermal sulfide deposits at mid-ocean ridges. Marine Georesources & Geotechnology, 34(7): 630-637.

Wyborn L A I, Gallagher R, Jagodzinski E A. 1994. A conceptual approach to metallogenic modelling using GIS: examples from the Pine Creek Inlier. Proceedings of a Symposium on Australian Research in Ore Genesis: 10.

Wynn J. 1988. Titanium geophysics-a marine application of induced polarization. Geophysics, (53): 386-401.

Wynn J, Grosz A. 1986. Application of the induced polarization method to offshore placer resource exploration. Macromolecules, 35(19): 7172-7174.

Yang W F, Tao C H, Li H M, et al. 2016. 230Th/238U dating of hydrothermal sulfides from Duanqiao hydrothermal field, Southwest Indian Ridge. Marine Geophysical Research, 38: 1-13.

Yang W F, Tao C H, Li H M, et al. 2017. Sulfide geochronology along the Southwest Indian Ridge. New Orleans, Louisiana, AGU 2017 Fall Meeting.

Yao H Q, Zhou H Y, Peng X T, et al. 2009. Metal sources of black smoker chimneys, Endeavour Segment, Juan de Fuca Ridge: Pb isotope constraints. Applied Geochemistry, 24(10): 1971-1977.

Yeats C J, Hollis S P, Halfpenny A. 2017. Actively forming Kuroko-type volcanic-hosted massive sulfide(VHMS) mineralization at Iheya North Okinawa Trough, Japan. Ore Geology Reviews, 84: 20-41.

Zeng Z G, Jiang F Q, Zhai S K, et al. 2000. Lead isotopic compositions of massive sulfides from the Jade hydrothermal field in the Okinawa Trough and its geological implications. Geochimica, 29: 239-245.

Zhang T, Lin J, Gao J Y. 2013. Magmatism and tectonic processes in Area a hydrothermal vent on the Southwest Indian Ridge. Science China-Earth Sciences, 56(12): 2186-2197.

Zhao M, Zhang J, Qiu X, et al. 2011. Preliminary results of 3D seismic structure in the Southwest Indian Ocean Ridge (37°50'S). San Francisco: AGU 2011 Fall Meeting.

Zhao M H, Qiu X L, Li J B, et al. 2013. Three-dimensional seismic structure of the Dragon Flag oceanic core complex at the ultraslow spreading Southwest Indian Ridge (49°39′E). Geochemistry, Geophysics, Geosystems, 14(10): 4544-4563.

Zhou H Y, Dick H J B. 2013. Thin crust as evidence for depleted mantle supporting the Marion Rise. Nature, 494(7436): 195-200.

Zhu J, Lin J, Chen Y J, et al. 2010. A reduced crustal magnetization zone near the first observed active hydrothermal vent field on the Southwest Indian Ridge. Geophysical Research Letters, 37(18): 389-390.

Zierenberg R A. 1993. Genesis of massive sulfide deposits on a sediment-covered spreading center, Escanaba Trough, southern Gorda Ridge. Economic Geology, 88(8): 2069-2098.

Zierenberg R A, Fouquet Y, Miller D J, et al. 1998. The deep structure of a sea-floor hydrothermal deposit. Nature, 392(6675): 485-488.

Zierenberg R A, Koski R A, Morton J L, et al. 1993. Genesis of massive sulfide deposits on a sediment-covered spreading center, Escanaba Trough, southern Gorda Ridge. Economic Geology, 88(8): 2069-2098.

Zierenberg R A, Miller D J. 2000. Overview of Ocean Drilling Program Leg 169: sedimented ridge II. Proceedings of the Ocean Drilling Program, Scientific Result, 169: 1-39.

Zierenberg R A, Shanks W C, Bischoff J L. 1984. Massive sulfide deposits at 21°N, East Pacific Rise-chemical-composition, stable isotopes, and phase-equilibria. Geological Society of America Bulletin, 95(8): 922-929.

附录　本书作者简介

陶春辉　1968 年生，博士，自然资源部第二海洋研究所研究员，浙江大学、吉林大学、中国地质大学（武汉）等多所高校兼职教授，浙江省特级专家，"万人计划"科技创新领军人才。2007 年起，多次担任中国大洋硫化物调查航次首席科学家，发现了国际上首个超慢速扩张洋中脊热液活动区，负责我国在西南印度洋 1 万 km^2 的海底硫化物资源勘探合同区的勘探与评价研究。

Email：taochunhuimail@163.com

陈建平　1959 年生，教授，博士生导师，中国地质大学（北京）国土资源与高新技术研究中心主任，国土资源部非传统矿产资源开放研究实验室主任，北京市重点实验室——国土资源信息开发研究实验室主任，中国地质学会理事、数学地质与地学信息专业委员会主任，中国科学技术协会"3S 技术与地学"科学传播专家团队首席科学家。主要从事矿产资源预测评价、遥感和地理信息系统技术应用的教学与科学研究。

Email：3s@cugb.edu.cn

（按姓氏汉语拼音排序）

曹 亮 1988年生，矿产普查与勘探专业硕士，安徽省公益性地质调查管理中心助理工程师。主要从事地质矿产勘查相关研究及项目管理工作。
Email：609919306@qq.com

陈 升 1989年生，地球物理专业博士，杭州电子科技大学讲师。主要从事洋中脊热液羽状流探测方法与技术研究。
Email：chensh@hdu.edu.cn

陈钦柱 1990年生，地球探测与信息技术专业硕士，温州科技职业学院讲师。主要从事地应力模拟及海底硫化物勘探研究。
Email：chenqinzhu@aliyun.com

邓显明 1981年生，自然资源部第二海洋研究所高级工程师。主要从事海底硫化物资源调查及电磁法勘探研究。作为航段首席参加大洋39、43和49航次海上调查。
Email：xmdeng@sio.org.cn

丁 腾 1988年生，南京大学地球化学专业博士，河海大学讲师。主要从事洋中脊多金属硫化物成矿作用的地球化学研究。
Email：dingteng16@hhu.edu.cn

顾春华 1978年生，自然资源部第二海洋研究所高级工程师。主要从事海底多金属硫化物调查航次组织与支撑工作，曾组织支撑过10多个航次调查。
Email：siogch@vip.163.com

附录　本书作者简介

郭志馗　1990年生，中国地质大学（武汉）和自然资源部第二海洋研究所联合培养博士研究生，专业为地球物理学。主要从事海底热液流体动力学数值模拟及重磁位场数据处理方法研究。
Email：zguoch@gmail.com

黄　威　1981年生，硕士，中国地质调查局青岛海洋地质研究所助理研究员。主要从事海底热液硫化物贵金属成矿作用及物源示踪研究。曾多次参与中国大洋调查。
Email：sio_huangwei@126.com

李　泽　1993年生，自然资源部第二海洋研究所硕士研究生，专业为海洋地球物理。主要从事海底多金属硫化物电磁法勘探研究。
Email：lize@sio.org.cn

李怀明　1977年生，自然资源部第二海洋研究所副研究员，毕业于中国海洋大学。主要从事印度洋多金属硫化物找矿与评价研究。
Email：huaiming_lee@163.com

梁　锦　1986年生，自然资源部第二海洋研究所助理研究员，矿床地球化学博士。主要从事海底硫化物成矿作用与成矿过程研究。
Email：kamleung@aliyun.com

廖时理　1986年生，自然资源部第二海洋研究所助理研究员，矿产普查与勘探专业博士。主要从事海底硫化物勘查与评价研究。
Email：yyxyzlsl@126.com

刘　颖　1989年生，中国大洋矿产资源研究开发协会办公室工程师，海洋地质学专业硕士。主要从事承包者勘探合同履约相关的项目管理工作。自2015年起参与西南印度洋硫化物合同区项目管理工作，参加了大洋28、37航次调查。
Email：liuying@comra.org

刘露诗　1992年生，吉林大学和自然资源部第二海洋研究所联合培养博士研究生，专业为地学信息工程。主要从事海底硫化物勘查与评价研究。
Email：liulushi92@163.com

刘为勇　1984年生，自然资源部第二海洋研究所助理研究员，海洋地质专业硕士。主要从事热液硫化物探测与找矿评价方面的工作。
Email：liuweiyong1213@163.com

柳云龙　1988年生，博士，自然资源部第二海洋研究所助理研究员。主要从事洋中脊OBS地震监测等相关研究工作。研究方向为海洋地球物理学、地震学。
Email：lyljlu@126.com

潘东雷　1994年生，自然资源部第二海洋研究所硕士研究生，研究方向为海洋地球物理。主要从事海底地形分析与成矿预测研究。
Email：pandl@sio.org.cn

彭自栋　1988年生，中国科学院地质与地球物理研究所博士后，矿床学专业博士。主要从事前寒武纪条带状铁建造和火山成因块状硫化物矿床研究工作。
Email：pengzidong2007@126.com

附录　本书作者简介

任梦依　1988年生，博士，中国地震局地球物理研究所助理研究员。主要从事地质建模、地震活动性相关研究。
Email：renmengyi@163.com

邵　珂　1991年生，地质工程专业硕士，毕业于中国地质大学（北京）。主要从事海底硫化物勘查与评价研究。
Email：914709527@qq.com

苏　新　1957年生，中国地质大学（北京）教授、博士生导师。主要从事海洋地质学研究工作。1996年参加国际大洋钻探168航次胡安德福卡洋中脊热液循环的钻探。自2007年以来参加了我国对三大洋洋中脊和热液硫化物的调查与研究。
Email：xsu@cugb.edu.cn

孙金烨　1994年生，中国地质大学（北京）和自然资源部第二海洋研究所联合培养硕士研究生，专业为地质工程，遥感信息技术及地学应用方向。目前主要研究方向为基于多波束数据的西南印度洋海底底质类型分类。
Email：1229078615@qq.com

王　鼐　1989年生，中国地质大学（武汉）和自然资源部第二海洋研究所联合培养博士研究生，专业为地球物理学。主要从事基于多波束和侧扫声呐等数据的西南印度洋海底底质类型分类和地形地貌研究。
Emai：norma08071425@163.com

王　渊　1982年生，物理海洋学硕士，自然资源部第二海洋研究所助理研究员。主要从事海洋水文调查工作。
Email：zonalwind@163.com

209

王汉闯 1986 年生，海洋地球物理专业博士，自然资源部第二海洋研究所助理研究员。主要从事硫化物探测方面的研究工作。
Email: wanghc@sio.org.cn

吴 涛 1988 年生，博士，自然资源部第二海洋研究所助理研究员，毕业于吉林大学。主要从事海底资源与成矿相关研究工作，研究方向为海洋地球物理、近海底磁法。
Email: wutao1988@126.com

杨 振 1979 年生，中国地质大学（武汉）讲师，矿物学、岩石学、矿床学专业博士。主要从事成矿规律与成矿预测研究工作。自 2014 年起参与西南印度洋合同区硫化物勘查工作，多次参加了中国大洋调查航次。
Email: yangzhyf2007@hotmail.com

杨伟芳 1985 年生，自然资源部第二海洋研究所助理研究员，矿物学、岩石学、矿床学专业博士，毕业于浙江大学地球科学学院。主要从事海底热液成矿等研究。
Email: yangweifang@sio.org.cn

袁 园 1988 年生，自然资源部第二海洋研究所助理研究员，固体地球物理专业博士。主要从事海洋重力和重力梯度的仪器研发、数据处理和解释等工作。
Email: yuanyuan_sio@126.com

於俊宇 1991 年生，浙江大学和自然资源部第二海洋研究所联合培养博士研究生，海洋资源与环境专业。主要从事于海底热液成矿等方面的研究，参加了大洋 40、52 航次调查。
Email: yujunyu@zju.edu.cn

附录　本书作者简介

张富元　1952 年生，研究员。1975 年毕业于山东海洋学院（现中国海洋大学）海洋地质系。主要从事海洋沉积学调查研究和海洋矿产资源评价工作。
Email：fyzhang2003@163.com

张国堙　1984 年生，硕士，自然资源部第二海洋研究所工程师。主要从事海底声学探测技术研究与应用，多次参与我国大洋海底多金属硫化物调查，在海底地形地貌探测、浅地层剖面探测及声学底质分类等方面经验丰富。
Email：zgysir@126.com

章伟艳　1972 年生，自然资源部第二海洋研究所研究员，地球探测与信息技术专业博士。主要从事海洋沉积与矿产资源评价研究。
Email：zwy885@163.com

朱忠民　1988 年生，中国石油大学（北京）和自然资源部第二海洋研究所联合培养博士研究生。主要从事海底硫化物探测的瞬变电磁和自然电位等方法与应用研究。
Email：591149254@qq.com

周建平　1974 年生，自然资源部第二海洋研究所研究员。长期从事大洋资源调查工作，主要开展海洋底质声学和原位地球物理探测技术方法等研究，多次担任硫化物调查航段首席科学家。
Email：zhoujp@sio.org.cn